U0332763

中国农业发展简史

徐旺生　田　阡
包艳杰　陈桂权　｜编著

ZHONGGUO NONGYE
FAZHAN JIANSHI

人民出版社

目　　录

绪　　论

农业起源于距今大约 1 万年前,它是人类用以摆脱纯粹依赖自然界现存食物为生的伟大进步。新石器时代黄河流域与长江流域的古代先民不约而同地孕育了农业,并在长期与自然相处的过程中,运用自己的聪明才智,规避各种不利条件,形成了天人合一,与自然和谐相处的农学理念,拥有大量的发明与创造,积淀了深厚的农耕文化,为中华文明的发展奠定了坚实的基础。这些珍贵的遗产,其价值在今天日益突显。我们知道,随着现代工业文明的高歌猛进,无机的农药与化肥大量使用,负面影响越来越大。化肥农药使用固然能够提高产量,减少劳动力投入,提高生产效率,温饱问题得到解决,但土壤中毒、水污染严重,粮食的质量安全问题开始显现出来,农业可持续发展面临严峻挑战。而中国的传统农耕文明,持续几千年,循环利用,一直没有任何废弃物存在,更别说有毒物质。传承传统的农耕文明在今天已经迫在眉睫。了解中国农耕文明的历史,发掘传统农耕文明的价值,对于今天的和谐社会建设,可持续发展局面的营造,均具有重要意义。2015 年,原农业部计划司印发的《全国农业可持续发展规划(2015—2030 年)》指出,农业关乎国家食物安全、资源安全和生态安全,大力推动农业可持续发展,是实现"五位一体"战略布局、建设美丽中国的必然选择,是中国特色新型农业现代化道路的内在要求。

回望历史,以史为镜,从传统中寻找智慧,解决现实中的环境问题,是我们的不二选择。为了便于大众阅读,本书试图用简明的方式叙述中国的农业发展历程,从中提炼出发展规律与影响因素,找寻中国农耕文明的生存智慧,为当今中国农业发展提供现实的借鉴。

　　本书依据《中国农业通史》的历史分期,按朝代分别叙述中国农业发展历程,并将其分为原始社会、夏商至春秋时期、战国秦汉时期、魏晋南北朝时期、隋唐五代时期、宋元时期、明清时期、近代时期共八章。由于历史时期技术发展过程中分段叙述容易碎片化,某些跨越两个以上朝代的重要内容,在其重要发展阶段叙述时适当前伸后延,而对涉及多个朝代的重大文化现象,则设综论章专门论述。

　　本书叙述的中国农业发展的简史,并不仅限于农业生产本身发展的历史,而是同时旁及政治、经济、技术,希望让读者把握历史发展的主线,了解决定历史发展方向的因素是什么?

　　这本简史要向读者扼要展示,中国的农耕文明发展的基本理念,也许能对当今中国经济发展引起了世界特别是西方世界的所谓不安与担忧,给予有力的回击。

　　本书认为,植根于农业,并且以中原地区为核心区域代表的中国文明,是一个和平型的农耕文明。中国人生活的方式如同草丛中的一群鸡一样,母鸡只顾自己保护一群小鸡,让它们免于外界的侵害,但它从不想着要对周围的动物发动任何攻击。因为它是一种草食性文明,所以它常常被外来的游牧文明入侵所摧残,文明进程被干扰。在漫长的历史长河中,农耕文明被游牧文明不断地撞击,游牧文明不断地向其输入"野蛮基因",改变其进程,但是一旦和平来临,它又回归到它原来的本原状态,自我完善,像老牛拉车一样,奋勇向前。它有"二枚腰",总是能够在打倒以后重新站立起来。

　　中华农耕文明是人类历史上从文本的角度来看唯一能够持续维持其文明的存在的文明形态,这是当前学术界所不断提到的观点。如果这个观点能够成立,其主要原因是其农耕基因,即中国古代人们顽强地以农耕作为其生活方式,水稻这个作物在其中起了决定作用。历史进程表明,游牧文明总是在与农耕文明的争斗中占住上风,但是游牧文明高品位生活方式总是在其后的历史中常常"不接地气",它的人口规模总是不及农耕所能够养活的人口规模,总是存在向外武力扩张的欲望,但往往难以为继。因为,杀戮不是人类文明的常态,当游牧文明与农耕文明的争斗告一段落,向土地要粮总比向异族要粮食要来得更符合自然法则与人性,农耕文明渐渐又重新着生。

"野火烧不尽,春风吹又生",一方面代表它的顽强,另一方面也意味着起点低。费孝通在《乡土中国》一书中指出,中国人到了西伯利亚,第一件事是看看能够种什么庄稼?这是与生俱来的本能。其他文明也根本无法对它斩草除根。南方低湿地水稻农业,产量高,且无法被游牧方式所征服或被外来作物替代,所以其农耕生活一直被承继。工业革命发源地西欧农业,带有明显的游牧色彩。其模式不是中国的和谐模式,而是干预模式或征服模式,主要要素化肥与农药,固然能够提高效率与产量,但问题多多。

　　本书在进行分朝代叙述农业发展历史之前,有必要对中国农业发展过程中产生重要影响的诸多因素,以及中国农业发展中形成的重要文化现象做一扼要的介绍,因为这些要素决定了中国农耕文明发展的方向。

一、古代农业的地理与气候资源特点

　　自远古以来,中国的地理环境特点是由四大高原——青藏高原、黄土高原、云贵高原和内蒙古高原组成一个半月形的屏障,环抱东部的平原。随着青藏高原隆起到一定高度以后,阻挡了大部分来自印度洋的水汽,亚洲内陆从此呈现出干旱少雨的特点。中国属于温带大陆性季风气候,夏季高温多雨,也就是雨热同期。影响中国的夏季风主要来自太平洋的东南季风,少部分来自印度洋的西南季风,但影响较小。季风气候给东部地区带来丰沛降水,有利于农业生产,特别是有利于水稻的生长。

　　中国农业的资源主要有以下特点。

　　其一是光、热条件优越,但干湿状况的地区差异大。中国南北相距5500多公里,跨近50个纬度,大部分地区位于北纬 20°—50° 之间的中纬度地带。全年太阳辐射总量一般是西部大于东部,高原大于平原。

　　其二是土地资源的绝对量大,但按人平均占有的相对量少。中国按人平均占有的各类土地资源数量显著低于世界平均水平。目前人均耕地面积仅约 1.5 亩,为世界平均数 4.5 亩的 1/3,是人均占有耕地少的国家之一。

　　其三是生物种属繁多,群落类型丰富多样。造成这种多样性的原因是中国不同地区的自然条件十分复杂,另外也与引起北半球温带许多第三纪动植物种系灭绝的第四纪冰川的影响相对较小有关。发源于中国的栽培作

物种类繁多,尽管我们今天饭桌上的食物很多是后来引进的,但是基本的粮食与蔬菜水果类作物如粟类作物、水稻、大豆、白菜、桃、梨等起源于本地,是丰富生物群落的结晶。其中主粮水稻、小米、大豆的驯化被视为中国农业的重大发明,对中国和世界农业的发展起了重要的作用。

二、古代农业土壤环境特点

中国农业文明存在中心迁移现象,与中心地区的土壤特点密切相关。王建革认为,如果回顾一下最近 4000 年的历史,就会发现,首先黄土高原成为早期的文明繁荣地,支持了最初的 1500 年左右。后来中心向华北平原转移,繁荣了长达 1000 年。到了隋唐以后,南方的低湿地区成为中心,支持中国文明后期的大约 1500 年。也就是说,华北旱作农业支持了前 2500 年,而南方的水田稻作支持了后面的 1500 年。① 这些变化受当地的土壤特性所支配。

在早期,北方的黄土高原的特殊土壤性能支撑了农业文明的发展及繁荣。黄土生成于更新世,当时中亚内陆沙漠的粉尘被上升气流输送到 2000米以上的高空,被大量的雨水、河水和湖水不断地冲刷,形成的黄土,沉积在沿河地区和较低的平原地区。黄土区的总面积要超过 100 万平方公里。在黄土化过程中,发生了次生碳酸盐化并使土壤呈疏松多孔的状态,并具有大孔隙的结构,特别细腻而疏松、肥沃。

土壤类型对农业生产影响非常大,这在早期农业上表现得尤为突出。黄土高原上的黄土非常适合农业的发展,这是由于它的"自我加肥"的生物化学特性所决定。据何炳棣研究,经典的砍倒烧光或者游耕制的农业一般需要休耕 7 年以上才能恢复再耕,地力才能大致维持在可循环利用而不致衰竭的程度。② 游修龄先生则指出,先秦文献中反映的轮耕周期最多只有 3年,说明黄土地带的远古农夫,每年最多只需要实耕三分之一的土地,也证

---

① 王建革:《从人口负载量的变迁看黄土高原农业和社会发展的生态制约》,《中国农史》1996 年第 3 期。
② 何炳棣:《华北原始土地耕作方式:科学、训诂互证示例》,《农业考古》1991 年第 1 期。

实了黄土这种"自我加肥"的性能具有相当的优越性。①

黄土高原为旱作农业，以及为早期人类生活和生产提供了比较优越的地理条件和比较稳定的生态环境，为中国文明的起源、发展和形成提供了坚实的物质基础。

黄土高原和华北平原地区支撑了中国农业文明发展的前期，但是至少到了隋唐时期，经济中心开始南移，南方低湿地的水田农业开始担起支撑人口增长的重任，其主要依赖水稻的高产特性，以及雨热同季的气候条件。这时北方黄河流域开始出现环境问题。黄土地带经过长时间的开垦后，水土流失严重。具有明显的指标意义的是汉代以前黄河称之为河，没有黄字做定语。因为上游地区长期的流失的土壤，进入河流造成泥沙淤积，水质变浑浊。环境的恶化直接造成了北方经济的萧条。加之魏晋南北朝时期北方游牧民族南侵，促使北方农业人口大量向江南一带迁徙，转而依赖江南低湿地区的水稻为生。

江南地区的稻田基本上种植在地势比较低的地方，没有土壤流失的问题，稻田与湿地合为一体。低湿地会沉积上游的各种有机质，土壤中的氮和有机质相当的丰富，是水稻生长的养分。水田稻作可以提供比北方旱地高出一倍的产量。在南方，特别是宋代以后，尽管人口的增加，人均土地面积减少，封建地租在后期达到很高的水平，剥削程度远超过北方，但一直到清末，除了太平天国运动之外，南方水稻产区并未发生大规模社会动乱。历史上农民起义主要发生在北方的旱作农业区，充分体现了以水稻为主体的稳定的南方低湿地农业生态系统对社会系统的支持作用。

中华文明能够不断延续，早期是旱地黄土，中期是华北平原的功劳，后期更多归因于南方低湿地的贡献。

三、古代农耕文化的哲学及生存理念

中国是一个原生型农业文明的国家，具有悠久的种植与养殖传统，畜牧业曾经占有重要地位，但是凭借黄河流域优越的土壤条件便于早期农具的

---

① 游修龄：《农业研究文集》，农业出版社 1999 年版。

耕作,逐渐形成了以种植为主的生产方式。这种生产方式相对于游牧民族逐水草而居来说,尤其强调与自然和谐相处。如果说游牧文明体现出是一种征服模式的话,那么,中国传统的农耕文明可以称之为和谐模式。这种模式试图适应自然而不是改造自然。其具体的技术路线是精耕细作,用地养地,循环利用,形成了北方耕、耙、糖抗旱保墒技术体系和南方耕、耙、耖技术体系。在这些生产实践之上,形成了一整套农耕哲学理念,可以归纳为以下六点:

(一)和谐统一的三才观

中国传统农业的指导思想是"三才"理论。这一理论主张,人和自然不是对抗的关系,而是协调统一的关系,渗透着人与自然和谐的理念。在"三才"理论中人既不是大自然的奴隶,也不是主宰,而是"赞天地化育"的参与者与调控者。

(二)顺天应季的农时观

中国传统农业有着很强的农时观念,以达到趋利避害的目的。先秦诸子虽然政见多有不同,但都主张"勿失农时""不违农时"。"顺时"的要求也被贯彻到林木砍伐、水产捕捞和野生动物的捕猎等方面。"顺时"的深刻意义在于保证生物体的自然再生产按照自然的节律正常进行,在此基础上加以利用。孟子在总结牛山森林受到破坏的教训时指出:"苟得其养,无物不长;苟失其养,无物不消。"因为强调顺天应时,于是影响深远的二十四节气在这块土地上产生并广泛利用。

(三)肥瘠可变的地力观

中国古代农民在长期的生产实践中通过施肥与精耕细作,不断培肥地力,使地力永不衰退,达到持续利用的效果。在此基础上,宋代出现了"地力常新壮"学说。正是这种理论和实践,使一些原来贫瘠的土地被改造成为良田,并在提高土地利用率和生产率的条件下保持地力长盛不衰,为农业持续发展奠定了坚实的基础。

(四)因势利导的物性观

农作物各有不同的特点,需要根据不同的土壤条件,采取不同栽培技术与管理措施。人们将其概括为"物宜"、"地宜"和"时宜",统一称为"三宜"。著名的橘逾淮而为枳,讲的就是这个道理。但是,古人认识到作物的风土适应性是可以改变的。在物性可变论的指引下,中国古代先民们不断培育新品种和引进外来新物种,为农业持续发展增添新的要素。

（五）废物可用的循环观

在中国传统农业体系中,施肥是废弃物质资源化利用,并实现农业系统内部物质良性循环的关键一环。古人们一直在开辟肥料来源。至清代,农学家杨屾在《知本提纲》中提出"酿造粪壤"十法,有人粪、牲畜粪、草粪（天然绿肥）、火粪（包括草木灰、熏土、炕土、墙土等）、泥粪（河塘淤泥）、骨蛤灰粪、苗粪（人工绿肥）、渣粪（饼肥）、黑豆粪、皮毛粪等,人们生产和生活中的几乎所有剩余或废弃物都成为有用的物质,被循环利用。

（六）开源备储的节用观

春秋战国的一些思想家、政治家,把"强本节用"列为治国重要措施之一。《荀子·天论》说:"强本而节用,则天不能贫。"唐代陆贽在《均节赋税恤百姓六条》中指出:"地力之生物有大数,人力之成物有大限,取之有度,用之有节,则常足;取之无度,用之无节,则常不足。"这在某种意义上告诫人们不能竭泽而渔,否则适得其反。古人提倡"节用",目的是积储备荒。同时更重要的是想告诫统治者,对物力的使用不能超越自然界和老百姓所能负荷的限度,否则就会出现巨大的危机。

四、古代农业经营主体——小农家庭的规模

中国古代到秦汉时期,已经出现以小规模家庭人口为主体的小农经济。自汉代以降,多数农户家庭一直维系在三代五口的规模上,归因于兄弟平均析产。其对中国经济与文化的影响,没有得到学术界的足够重视。诸子平均析产方式从商鞅变法后即成定制,并一直在民间通行,至迟在唐代已见诸法律规定:"应分田宅及财物者,兄弟均分",《宋刑统》照抄并详解了这则令文。到明代又进一步规定"其分析家财田产,不问妻妾所生,止以子数均分",《大清律例》的条文也与之相同,是不分长幼、嫡庶,凡为同一父亲的儿子者都有相同的继产权。甚至到近现代,继承法虽然加进了女子继承权的内容,但也仅仅是加在法令条文上,千家万户所通行的依然是传统的诸子平

均析产方式。由上述家庭分家析产的原因,导致家庭规模很小,另外税赋也是以男丁为单位,即男口计税,促使人数较少的核心家庭占比大,复合家庭基本上很少见。①

与中国的财产继承以诸子均分为主相对应的,西欧则以诸子中一人继承为主。更进一步讲,中国的财产继承是父系全部财产的彻底均分,而西欧则流行土地财产的不可分割继承,动产和现金财产的可分割继承(甚至均分)。古代大部分时期,耕地中的主要部分为私人所拥有,使用权和所有权是合一的。由于没有外界掣肘父家长对家庭财产的分配,均分是可能采取的最理想方式。②

隐藏在分家背后的是以什么为本位的问题,是以人为本位,还是以财富为本位。在中国以人为本位来处理财产,所有的人都具有分取遗产的权利;而在西欧,则是财产本位,即财产不分割,所以兄弟之间就存在巨大的不平等,有人通吃,有人一无所有;财产本位的国家,财富不会因为分家而析散;以人本位的国家,则因为人人平等,所以容易陷入小家庭境地。日本于1673年制定了《分家限制令》,目的是怕农民因为分家而陷入破产的境地。所以之后才有浪人阶层,即无家产继承者出现。西欧到了文艺复兴时代,才强调人人平等,才给予每个男子平等的权利,主要是财富权利。当然也要看到,财产本位与人本位并不是对立的概念,财产本位的结果是限制人口出生率,从而在高水平的层面形成以人为本。

均分财产的结果是自秦汉时期开始,一直到晚清,小农家庭占整个社会的主流。方行对河北获鹿县清代户籍进行整理,发现在嘉庆、道光、咸丰三朝,70%左右的民户人口不超过5人,即小农家庭占主体,很少有复合家庭存在。均分的存在使得只要能够分割的东西,都将被均分。只有不能分的,如碾和磨等,还有王位、侯位,不能两兄弟均分。不断均分而形成的小规模家庭的优点是产权明晰,劳动积极性高,但是缺点是经济实力过于弱小,有时难以备齐全套基本农具,更别说大型农具如碾、磨等。

---

① 邢铁:《我国古代的诸子平均析产问题》,《中国史研究》1995 年第 4 期。
② 王跃生:《中世纪中西财产继承的差异对人口发展的影响》,《史学理论研究》1999 年第
    2 期。

五、古代农业主要作物的构成特点

中国是世界作物起源中心之一,小米、稷、大豆、水稻等主要作物被驯化,同时通过汉唐陆地丝绸之路与后来的海上丝绸之路,不断地引进境外作物,如小麦、蚕豆、豌豆、玉米、红薯、马铃薯等,这些作物在中国各地不断与本土作物重新组合,形成新的作物结构。

总体上,由于人地关系持续紧张,中国的作物构成体现出依赖高产作物的特点。选取作物主要看是否高产,品质要求则退居其次。但是作物的高产性能能否发挥,还需要土壤、灌溉与工具等多种要素是否具备来决定。在外来作物引进之前,肯定是本土作物率先表现。所以早期局面是南稻北粟。因为黄土便于耕作以及肥沃等特殊性能促进了小米的广泛种植。小麦在距今 4000 前被引进之后,尽管其产量要比小米高,但并没有立即取代小米的地位。因为灌溉条件还不太完备,而小米的抗旱性能决定了它比小麦优越。一位美国植物学家曾用小米、高粱、小麦、玉米、大豆等作物进行农作物对水分利用率对比的实验,结果表明,粟的水分利用率最高,高粱次之,玉米又次之,而小麦耗水量最多,比粟的耗水量要高 1 倍多,从这一点来看,以粟类农作物为主的中国旱作农业的特点,因为其耗水量少,可能与中国文明早期发展过程不曾中断有关。世界上其他几个古文明的消失与距今 4000 年左右的气候变化以及过分依靠灌溉的农业有关。但是这一局面至秦汉时期发生改变,起因是在北方需水量是小米一倍的小麦开始逐渐在局部地区占主导。郑国渠的修建即是因为灌溉对小麦产生重要的促进作用,能够亩收一钟。而韩国没有认识到灌溉对小麦产量有如此大的提升价值,所以献疲秦之计以修渠,最后被秦所灭。汉代开始小麦又由春天播种改秋天播种,避免了不利条件的制约。外来的小麦到了唐代取代本土小米跃居北方粮食作物第一的位置。当然小麦需水性能又与华北干旱化加剧有着密切联系。随着小麦引进后栽培范围的不断扩大,华北地区在本来逐渐干旱化的程度上不断加剧,小麦比小米需要 1 倍以上水分这一特性在后面起作用,明清时期引进的玉米与小麦需水量相当,所以华北的干旱化进程,至少开始于早期小麦的引进,加剧于明清以来玉米的引进。20 世纪后半叶,随着抽取地下水能力的不断增强,华北平原形成了一个大的漏斗,地下水位不断下降,而长期困扰人们的土壤盐碱化问题不治而愈。

水稻一直是南方的首选作物,没有其他作物替代它的地位,原因是独特的高产性能,把北方人看起来没有价值的低湿地变成了良田。水稻的地位没有在多次海外农作物引进的冲击下受到威胁。并且水稻成为与其他物种进行生态组合的主导作物。水稻参与到了南方人、牛、猪、土地的大循环过程,构成农牧结合。具体来说是用牛耕地,人吃其产品稻谷,牛和猪又充分利用其人不能吃的稻草、稻糠,其粪便用于肥田,稻草还可以用于房顶遮雨,做草鞋等,适用于垫畜圈并成为肥料回归土地。这个系统具有高度循环利用的特点,几乎没有废弃物。水稻同时参与到与鱼、鸭、虾、蟹的种养结合之中,构成农渔结合。鱼和鸭子等动物在田里生活,可以吃杂草和各种害虫,产生的粪便可以做肥料,相互利用,没有废物,形成了又一循环利用系统。水稻同时还参与到南方稻麦二熟水旱轮作组合之中,这也是一种非常符合生态的种植方式,可以减少病虫害对作物的危害。总之,水稻在南方一直没有其他作物可以威胁它的地位,京杭大运河的开凿,就是要把南方稻米运到北方,以解决北方粮食不足的问题。

美洲作物玉米、红薯与马铃薯成为南北方的共同旱作作物,对提高土地利用率,特别是南方山区灌溉条件较差地区的开发起了重要的作用。美洲作物在南北方旱作区迅速大量种植,其原因是相对小米,它们有产量优势;相对小麦,它们有抗旱优势。但是对西南山区的生态环境产生了破坏,山地水土流失问题严重,淤积导致长江的河床高出地面,谓之悬河,夏天雨季长江沿岸经常面临洪水威胁,溃堤致灾。

六、古代农业的技术演进路径

在人多地少的背景下,中国古代农业技术路径只能是朝节约土地的方向发展,而不是西欧人少地多,向节约劳动力方向发展。西欧孕育了工业革命,在农业领域发明了机械、化肥与农药,都是替代人力,解决人手不足问题的结果。而中国则因为很早就表现出人多地少,所以中国的农业技术路线非常确定,也没有选择,就是提高单位面积上的作物产量,选择高产作物与提高土地利用程度,在有限的土地上通过施肥等措施进行循环利用。这非常符合拉坦的诱致性变迁理论。该理论认为,在人多地少的国家或地区,技术发明通常朝节约土地的方向进行;而在地广人稀的国家或地区,技术发明与选择倾向于节约劳力方式。

中国农业变迁的方向主要是节约土地,中国近代以来完成一大壮举,仅仅用约占世界 7% 的耕地,供养约占世界 22% 的人口,也就是说以少量的耕地产出较多的粮食。这里面,主要是通过以下几个具体措施实现的。

一是选择种植业为主,养殖业为辅助。因为单位面积上种粮食养活的人口数量多,所以历史上农耕民族的人口规模要比游牧民族大;我们的养殖业更多的是为种植业服务,如养牛是为了耕地,养猪是为了肥田;历史上曾经有法律规定,无故杀牛的人等罪于杀人犯。越到后来,越依靠高产作物如水稻。隋唐以后,中国经济重心转向江南地区,来自江南水稻产区的赋税占全国一半以上。

二是在充分利用自然条件的基础上,寻求与自然的和谐相处。为了掌握农时,发明了二十四节气理念等。为了抗旱保墒,人们在北方构建了耕、耙、耱结合的精耕细作技术体系。

三是采取集约的方式从事生产,即利用有限的人力与物力在适当规模的土地上耕作,保证收成,而不是广种薄收的方式。从事耕种必须考虑种子与肥料等的投入与收成之间要有一个合理的比例关系。

四是认识到水利是农业的命脉,灌溉对于种植业的重要性,所以历代王朝都强调修水利工程,著名的都江堰就是其代表与杰作。

五是努力提高复种指数,间作套种。北方很早就连年种植,后来发展成为二年三熟,长江流域一年两熟;珠江流域则一年三熟,与西欧土地部分休闲不一样。

六是采取循环利用的方式,各种废弃物质都被作肥料。充分利用动物粪便,利用动物吃秸秆,人不吃的糠麸等,过腹还田,利用绿肥,达到循环利用的目的。

七是采取生态种养的方式。历史上存在两个层面上的种养结合。一是农牧之间的种养结合,即养牛养猪与种植作物如水稻的结合;二是农渔之间的种养结合,也就是稻与鱼等动物共生,利用一块田,既从事种植,又从事养殖,趋利避害。

七、古代农业的贡献

中国农业对中华文明的发展产生了重要的推动作用。其贡献也许用一位美国学者的评价来阐述,可能显得更为客观、准确与全面。20 世纪初,美国国家土壤局局长金(F.H.King)专程来中国考察农业。他感到惊奇的是中国农民用 1 英亩土地养活了一家人,中国人生活的土地上人口过载是不争的事实。但让他感叹的是,中国如此密集的人口所生存的土地连续耕种了几千年,不仅没有出现土壤退化的现象,反而越种越肥沃。他在《四千年农夫》一书中总结了中国农业以豆科作物为核心的合理轮作和使用有机肥的 8 种农法,希望西方农业学习。换言之,中国农业用少量的耕地养活了不相称的众多人口,而且没有出现任何的环境与污染问题,具有可持续发展的特点。

而 1840 年以后,开始引进西方现代技术,改造传统农业,工业文明体系下的农业要素如化肥、农药与机械大量使用,尽管效率提高了,但是问题也同时产生。因此中国传统农耕文明,在今天具有重要的借鉴意义。

中国农业不仅在本土对中华文明发展做出了重要的贡献,对世界农业也作出了重要贡献,主要有以下几点:

第一,中国是世界栽培植物起源中心之一,小米、水稻、茶和大豆等作物都是首先在这里驯化栽培,后来传到世界各地。中国又是世界上最早栽桑养蚕织绸的国家。这些作物资源和生产技术通过陆上和海上丝绸之路传遍世界,对其他国家的农业发展产生了重要的推动作用。中国的二十四节气被国际气象界视为农业四大发明之外的第五大发明,被联合国教科文组织列入人类非物质文化遗产名录。

第二,拥有丰富的古农书与农业技术,不仅指导中国历代农业生产的发展,在世界农业发展史上也占有重要地位,对各国农业生产和农业科学的发展产生了深远影响,受到各国农史界的极大关注。中国的《齐民要术》很早就传入周边如日本等国,促进了当地农业的发展。

第三,在农具方面有不少发明与创造。曲辕犁的发明是传统农业阶段的一个重要成就。据研究,全世界共有六种犁,分别是:地中海勾辕犁、日耳曼方型犁、俄罗斯对犁、印度犁、马来犁及中国框形犁。中国框形犁与其他五种类型相比,有两个突出的特点:一是机动性强,便于调节耕深、耕幅,而且轻巧柔,便利于回旋周转,适合于在细小的地块上耕作;二是至迟到了公元一世纪前后的汉代就已采用了铁制的曲面犁壁,有了犁壁不仅能够更好地碎土,还可作垡起垄,进行条播,有利于田间操作及管理。再如耧车,为汉武帝时赵过所创,距今已有 2000 多年的历史。欧洲农学家普遍认为,欧洲在 18 世纪从亚洲引进了曲面犁壁、畜力播种和中耕的农具"耧犁"以后,改变了中世纪的二圃、三圃休闲地耕作制度,是近代欧洲农业革命的起点。

中国农业的优良传统受到西方学者的高度推崇。如禾本科作物与豆科作物轮作方式;驯化水稻利用了低湿地空间,并与旱作作物轮作,大大改善了土壤结构,提高了产量。另外,如太湖地区采用粮、畜、桑、蚕、鱼相结合的办法。据《沈氏农书》和《补农书》记述,以农副产品喂猪,以猪粪肥田;或者以桑叶饲羊,以羊粪壅桑;或者以鱼养桑,以桑养蚕,以蚕养鱼,桑蚕鱼相结合。这样不仅使当地的农业生产结构得以优化,促进了多种经营的积极开展,也有利于生态循环趋向平衡。桑基鱼塘在明代中后期江南地区出现,后来在珠江三角洲地区又发展出果基鱼塘、菜基鱼塘、蔗基鱼塘、花基鱼塘等多种形式并存的基塘生态。

中国传统农业所使用的方法,循环利用与可持续发展的特性,对今天的农业具有重要的指导作用。德国农业化学创始人李比希认为中国对有机肥的利用是无与伦比的创造,他将中国农业视为"合理农业的典范"。在全球环境问题突出的今天,中国传统农耕文明的许多智慧,将会为其提供一个解决的良方,促成人与自然的和谐发展模式与可持续发展局面的到来。

需要说明的是本书在编写过程中,除了参考《中国农业通史》《中国农业百科全书·农史卷》《中国农业科学技术史稿》等著述以外,还大量参考了时贤有关的各类论文,没有他们的研究成果,本书难以完稿。编写本书的目的主要是把相关的大量研究成果大而化小,繁而化简,给今天读者快速了解农业文明漫长论文历程提供方便。由于时间仓促,且作者水平所限,错误之处难免,敬请批评指正。

第一章　原始社会时期的农业

原始社会包括旧石器时代和新石器时代。一般认为,农业起源于新石器时代,所以本章所叙述的原始社会时期的农业,实际上是指新石器时代的农业。农业起源经历了一个漫长的过程,我们可以将其分为观念萌芽期和实体产生期两个阶段。农业观念萌芽于旧石器时代晚期,农业实体产生于新石器时代初期。考古学将距今约300万年—1万年的时期称之为旧石器时代。这一时期原始人类学会了使用工具,以粗放的打制石器为特征。由于食物依赖于采集,且并不充裕,加之各种威胁与挑战层出不穷,所以在很长一段时间,人类智力进步相当迟缓,人口稀少。不过经过慢慢积累,到了更新世末期,远古人类的智力已达到很高的水平。在更新世末期气温突然大幅度下降,食物获取出现困难之际,人类面临着巨大的挑战。在迎接这个挑战的过程中,中纬度地区的人们经过艰苦应对,孕育了观念农业,到了新石器时代,气温升高,各种条件具备,促成了农业的起源。

中国黄河流域与长江流域均位于中纬度地区,具备产生农业的外在条件,而考古发现也证实这里是农耕起源地。这一地区在作物驯化与动物驯养上,均取得了重要的成就。人们驯化了水稻、小米、大豆,利用了蚕桑,驯养了猪、狗与水牛等。在工具方面,耒、耜和石犁相继出现。

凭借着北方黄河流域黄土的独特理化条件,新石器时代中国农业迅速发展起来,支撑了原始文明的发达。许倬云认为:"中国在新石器时代的聚落分布密度,是同时期其他文化无法相比的。从现在已经发掘的考古资料来看,大约在黄河中游一带有两三千个居住遗址,密集的程度和今天的现象相当类似。"考古发现的中国新石器时代的密集村落,足以说明其原始农业达到了相当发达的程度。

第一节 农业起源的过程

追溯农业的起源,虽然有大量的考古与历史学家的研究成果,但是关于农业是怎样产生的问题,目前依然难以摆脱推论的色彩。中国古代将其归功于神农"因天之时,分地之利,制耒耜,教民农作"。随着研究的深入,国内外出现了绿洲说、地理环境说、新气候变化说、人口压力说、周缘地带说、宴享说、共同进化说,等等,不一而足。我们认为,古代神话有关农业起源的解释过于虚幻,而根据考古学证据提出的假设有一定科学性。我们倾向于农业产生是多种因素综合作用的结果,而气候因素是重要的诱因,促使农业产生。

距今1万多年前的晚更新世冰期气温较低,而到了全新世,气温迅速回升,接着全球多数中纬度地区出现了农业起源,这说明气候与农业起源之间可能存在一定关系。具体来说,在晚更新世末期气温下降,食物普遍缺乏之际,中纬度地区的人们开始寻找解决办法,进而孕育出农业观念,但是不能马上将这种观念付诸现实,需要等全新世来临,气候变暖以后,人们才有条件持续进行种植与畜养行为,实体农业才能得以产生。

一、旧石器时代人类的进步使得农业的产生具备了内在条件

在农业未出现之前的旧石器时代,人们依靠采集与狩猎生活。旧石器时代考古发现表明,蓝田人使用的石器类型主要是打制石器,包括砍砸器、刮削器、尖状器、手斧和石球,这些石器丰富了原始人类的采集、狩猎手段。北京房山周口店人能够利用火,使得人类抗御自然灾害和野兽的能力大为提高,人们还可以吃到煮熟的食品,为当时人类智力发育创造了更好的条件。距今1.8万年前的山顶洞人的脑量已经基本接近现代人的水平。距今2.8万年前山西峙峪遗址,以及后来的陕西沙苑遗址、东北扎赉诺尔遗址,都出土过石箭头,说明当时人们狩猎技术达到了很高的水平。实际上这时的人类具备驯化动植物的能力,只是缺乏一个契机。

二、末次冰期促使人们必须贮藏食物

到了距今大约 7 万年前,末次冰期来临,特点是全球性的气温大幅度下降。这时中国有大理冰期,如蓝田人所在地区气温比现在平均低 8℃。河北平原平均气温 4℃—5℃,多被冰原覆盖。中国华南地区以山麓冰川为主,某些植物得以幸存。而欧洲大陆则为大陆冰川所覆盖,欧洲魏克塞尔冰期最盛时期的平均气温为 -2℃。北美威斯康星冰期的气温比现在低 13℃—15℃。发源于北美的真马在新大陆全部灭绝,仅其中的一支在旧大陆幸存,成为今天我们所见的马的祖先。

面对环境的变化与挑战,人类必须做出反应。当然不同地区所面临挑战的严峻程度不同,产生的影响不同,往往也意味着结局不同。高纬度地区气候过于寒冷,人类无法生存;低纬度地区由于气温下降有限,采集与狩猎生活基本上能够满足人类对食物的需求,原有的生存方式没有必要改变。中纬度地区的原始人,勉强能够生存。其中部分人开始尝试一种新的生活方式——种植与畜养。

中纬度地区由于温度下降,采集生活变得极其艰难,人们为了生存必须使出浑身解数。其一是寻找新的食物来源。气温大幅度下降直接造成浆果类植物减少,但同时促成禾本科类植物大量发育,禾谷类种子便成为人类的主要采集对象。其二是贮藏食物以备食物匮乏季节食用。因为温度下降幅度太大,采集出现明显的淡季和旺季之分,这就要求人们在旺季采集足够多的食物以备淡季食用。必须要贮藏食物,以备冬天之用。那些没能贮藏足够食物的人很可能熬不过冬天而饿死。

中纬度地区贮藏什么食物为最佳呢? 一般来说,要寻找易于保存而不会腐烂变质的食物。显然浆果类食物不易保存,或者说不易较长时间保存,而禾本科植物的种子最易保存。较为常见的如水稻、粟、稷类植物种子,一般情况下保存两年左右没有问题。禾谷类是因为气候寒冷而大量发育的,是气候变冷后大自然带给人们的礼物,后来的农业也主要以禾本科为主要对象。从距今 1 万年前开始,在中国的北方,粟,也就是小米的野生种狗尾巴草,成为人们的主要采集对象;而在南方,沼泽地的野生稻成为主要采集对象。

三、在贮藏过程中产生了观念农业

贮藏行为开启了人类对植物的真正认识过程。在食物缺乏的时代,人类对动植物认识的需求远比冰期来临之前要迫切。在采集和贮藏过程中,他们需要熟悉所采集植物的一般生活习性,例如何时结实,以便于及时采集,否则植物种子脱落入土,就无法利用了。人们在此过程中会了解到植物种子的发芽现象——食物在贮藏过程中有时会有自动发芽、生长现象。他们会思考这些"奇怪"现象是怎么回事。由此诱发人类有意识地把贮藏的种子播种在他们的周围,观念农业开始产生。

但是观念农业的产生,并不意味着农业起源。将观念变成现实,需要其他物质条件作为保证。在晚更新世末期的寒冷气候中,贮藏食物以备食用并经常性有剩余的情况是极少的,即便偶尔有剩余,出现种植行为,也不能判定农业已经产生。因为以种植为特征的农业产生,必须要有长时间的连续性种植作保证,只有在种植行为能够持续进行,植物长时间被人类干预,发生相关特征变化的前提下,实体农业才会真正产生,而冰期中的贮藏或者偶尔播种行为,只能意味着观念农业的产生。

四、全新世来临,观念农业变成了实体农业

大约在距今 1 万年前,全球性冰期退却,气温开始升高。可采集的果实和猎取的猎物变得相对丰富,越冬到第二年依然有剩余的情况会时常出现,据此人们才有条件连续开展种植与畜牧,实体农业才开始具备起源条件,观念农业阶段结束。中纬度地区生存下来的某个小群体,他们具备对植物的充分认识,同时找到了不间断地种植与驯化的办法。

更新世晚期食物不足和全新世的食物有余,已得到考古发现的证实。考古发现表明,晚更新世部分地区由于气候寒冷而食物不足,全新世气候温暖造成食物略有剩余的结论是可靠的。在更新世末期的遗址中,除了吃剩的兽骨外,一般很难见到食物遗存,如炭化的粮食作物等。而在新石器时代的许多遗址中,常有一些完整的炭化粮食遗存,说明温度的适宜与否与食物的充足与否存在直接关联。更新世末期贮藏的食物不足限制了农业产生,全新世某一时期相对的剩余,使得古人具备了产生原始农业的基本条件,即

不像晚更新世末期那样仅仅偶尔从事种植活动,他们可以通过连续的种植、贮藏走上驯化作物道路。

因此,原始农业和畜牧业的产生时间,主要取决于冰期结束,全新世来临气温上升的时间。这可以解释在世界历史上,中国和西亚相隔如此遥远的地方(各自最早的考古遗址年代相差很长时间),农业是各自独立起源,而不是经传播而来的现象。

苏联学者瓦维洛夫在研究驯化植物的起源时,将世界的栽培植物起源地区分为八大中心。这八大中心主要位于地球上的中纬度地区,亦即观念农业产生的地区。

原始农业的产生是人类历史上一件意义深远的大事。它是人类经济方式由攫取经济转为生产经济的一次重大革命,这一革命最重要的结果是导致人类社会逐步脱离原始状态而进入文明时代。原始农业与文明起源有着密切关系,主要表现在三个方面:一是原始农业的发展奠定了人类进入文明时代的物质基础;二是不同地区古代文明形成的不同途径和不同模式,相当程度上是由该地区原始农业的特点所决定的;三是原始农业在这些文明身上打下了自己深深的印记。

总之,农业塑造了文明的类型。

第二节　栽培作物起源与家养动物起源

一、栽培作物的起源

中国是农业起源中心之一,也是重要的驯化作物起源中心之一。近百年来,一批遗传学家和资源学者根据作物种质资源分布多样性情况,归纳出它们在世界上的分布集中地点,从而推断这些集中点是该作物的起源中心。首先提出这一看法的是法国的德·康多尔,他认为中国、西亚、埃及和热带美洲是世界作物最先驯化的起源地。其次是苏联的瓦维洛夫,他认为世界栽培植物有八大起源中心,1940年他又扩充为19个起源中心。接着达灵顿等修订瓦维洛夫的八大中心,变成了12个起源中心。1955年,库佐夫另外提出10个起源地。到1968年茹可夫斯基提出大基因观点,把世界分为

12 个大中心。1970 年,佐哈利主张存在 10 个中心。不管上述这些学者的观点在细节方面的分歧有多大,他们对中国的看法都颇为一致,中国在他们的心中都占有突出的地位。但是,他们都把中国中心放在华北、黄河流域,以粟黍为作物代表,这是因为长江流域有关水稻的考古发掘资料在 1975 年以前未被大量报道。

瓦维洛夫的八大起源中心以中国中心的栽培植物最丰富,共 136 种,占全世界 666 种主要粮食、经济作物、果树、蔬菜的 20.4%。茹可夫斯基的 12 个中心共 167 科 2297 种栽培植物,中国 284 种,占 12.4%,居世界第二位。最集中的是禾本科、豆科、菊科、葱科、十字花科、百合科、锦葵科和莎草科。

(一)粟的栽培起源

粟(俗称小米、谷子)和黍是中国北方以黄河中游为中心驯化的栽培谷物。国内外从事植物起源研究的学者都认为,谷子起源于中国。孙培业等对欧洲各国、印度、日本,以及中国山西和西藏等地区的谷子品种的染色体核型进行观察,发现印度地区和中国西藏地区 3 个品种的核型都有不同程度的变化,均不属于原始类型,而中国东北平原、华北平原、黄土高原的 8 个品种以及欧洲大陆的 2 个品种,最长染色体与最短染色体长度比值都小于 2,核型都比较对称,均属于原始类型。这从染色体方面证明了中国和欧洲是谷子的两个可能的起源中心。1882 年,德·康多尔首次提到在欧洲的黑尔湖居遗址也有种植谷子的遗迹,并出现谷料遗物,但他仍然认为欧洲不是粟谷的原产地,认为谷子的原产地应在中国。[①]

考古发现也能够证实中国是小米的起源地,因为中国出土的谷子遗存数量多时代早。据游修龄统计,中国新石器时期遗址中有黍和粟出土的遗存共 49 处,从中可以看出,西起新疆和硕县,自西至东,经甘肃、青海、陕西、山西、河北、河南、山东,遍及黄河流域,而以甘肃、陕西、河南 3 省最为密集,年代也以这一中心地带为最早,一般距今 6000 年左右,最早距今 8000 年左右。2015 年,在内蒙古赤峰市敖汉旗东部距今 8000 多年的兴隆沟聚落遗

① 孙培业、周翔、侯变英、孙涛、仇玉玲:《谷子的细胞遗传学研究Ⅵ.谷子起源初探》,《遗传》1994 年第 3 期。

址,出土了 1500 多粒炭化植物种子,这是目前中国乃至世界上所发现的最早的小米遗存,不论是年代还是种属鉴定都确定无误,说明小米起源于距今至少 8000 年前。

(二)稻作栽培的起源

关于稻作的起源问题,涉及的内容相当复杂。在中国考古发现稀少的年代,曾经有西方学者提出稻作起源于印度阿萨姆的观点,因为当时该地发现了年代较早的稻谷遗址。但是随着 20 世纪 70 年代以来长江流域及其他地区考古发现的丰富与深入,含有炭化稻谷米或者稻的茎秆的遗址不断增加,至 20 世纪 90 年代达到 80 多处,遗址的年代距今 3000—9000 年,跨度为 6000 年。到了 20 世纪 70 年代末,发现的浙江余姚河姆渡遗址及桐乡罗家角遗址,距今 7000 年。后来纪录又被 20 世纪 80 年代发现的距今 8000 年左右的河南舞阳贾湖遗址所打破。进入 20 世纪 90 年代后,贾湖的"最早"纪录又被距今 8000—9000 年的湖南常德市澧县梦溪八十垱及澧阳平原彭头山、安乡县汤家岗等遗址的新发现所刷新,这些新遗址的陆续发现,大大丰富了原始稻作农业的起源研究的证据。越来越多的、年代越来越早的中国长江流域的早期稻作的考古发现,证明中国是栽培稻的故乡,这一结论是符合西方学者的推论逻辑的。

将栽培水稻的起源地指向中国,不仅仅是因为此地考古发现众多,而且还因为历史上和今天野生稻在中国有相当广泛的分布基础。

全世界"稻属"(Oryza)下的"种"(Species)经过鉴定并认可的,约有 20—25 个,其中栽培种仅 2 个,即亚洲栽培稻(Oryza sativa)和非洲栽培稻(O.glaberrima),其余都是野生稻。亚洲栽培稻的祖先种,公认的是"普通野生稻"(O.perennis 或 O.rufipogon)。中国境内分布的野生稻有 3 个种,即疣粒野生稻(O.meyeriana)、药用野生稻(O.officinalis)和普通野生稻,前两者与栽培稻没有关系,新石器时期驯化栽培的是普通野生稻。

现代普通野生稻在中国境内的分布范围为:南起海南省三亚,北至江西东乡,东至台湾桃园,西至云南盈江。南北跨纬度与东西跨经度都很大。普通野生稻是以多年生宿根繁殖为主,也能开花结少量的种子,收获指数不超过 20%;另一种为一年生的野生稻(O.nivara),以种子繁殖为主,其收获指数可达60%。翻检古籍中有关野生稻的记载，起自三国吴，迟至北宋，共得13条，其分布的北界较现在偏北，约从北纬30°至北纬38°。唐代至北宋早年气温较现在为高，故野生稻分布也较现在偏北。

通过考古发现与对野生稻分布的考察，忽略东南亚地区，率先考虑中国长江流域为稻作起源地是有充分理由的。稻作起源的依靠——普通野生稻的分布范围包括了整个东南亚及其岛屿，若说它们的北界在温带北纬30°上下，在为期近万年的历史长河中颇多徘徊移动，那么，它们在东南亚热带岛屿的分布是最稳定的，栽培稻的最初起源为什么偏偏不在这一带，却在长江中下游北纬30°上下这一带呢？游修龄认为历史和考古事实一再表明，东南亚岛屿的原始农业可能是从块根类芋头、木薯等开始的，至今还处于石器时期的新几内亚西部的伊利安加高地的拉尼族，就是如此。拉尼人已懂得种植芋、薯类和葫芦，以及养猪，但主要还处于狩猎阶段。继芋头木薯以后种植的是粟、黍、薏苡等，水稻是最后才取代粟类登上主粮地位的。讨论水稻起源地不能没有野生稻存在这个大前提，但野生稻不是唯一的大前提。[1]

南洋岛屿的原始农业主要在山区，因为在相当长的时期内，这里的原始居民仍然要通过狩猎获得动物性食物，而低地的环境条件并非理想的生活场所。食物来源既然通过林地采集、狩猎和少量种植便可以充分满足，自然没有必要想到采集野生稻，进而加以驯化栽培。换言之，缺乏驱使他们驯化栽培水稻的压力。长江中下游多江河湖泊的地带，既是野生稻分布的北部边缘，又同样生长着丰富的野生稻群落，野生稻早已是人们采食的粮食，人们在采食过程中有意识地加以培育，这可能就是水稻的驯化栽培起源于这一带的原因。

此外，我们此前所论述的农业起源于中纬度地区的观点，也支持这一结论，即长江流域在第四纪冰期中，处于食物大幅度减少的情形，驯化野生稻以满足人类生存的需要成为稻作农业起源的一个重要因素。而东南亚地区受影响相对较少，其自然会舍水稻而选择当地丰富的采集物如块茎类，从事

---

[1] 游修龄：《中国农业通史·原始社会卷》，中国农业出版社2008年版，第182页。

稻作农业的时间会大大延后。

（三）大豆的栽培起源

全世界的大豆属共 9 个种,分布于亚洲、大洋洲和非洲等地。其中中国的野生大豆公认是栽培大豆的祖先种,所以栽培的大豆原产中国的结论,今天在世界范围内是没有争议的,只是具体细节上存在分歧。由于野生大豆在中国的分布极广,中国大豆驯化起源的具体地区,不同学者存在不同的看法。有起源于东北说、华南说、华北东北部说、两河源头说、黄河中下游说、青藏高原说,还有起源多中心说。近年来国外一些学者多同意大豆最初栽培在中国有冬小麦和高粱的地区,即以山东为中心的华北平原。

（四）大麻的栽培起源

大麻在古籍上一般单字为麻,在古代列为"五谷"之一("五谷"之一说为稻、稷、麦、豆、麻),是新石器时代极为重要的纤维作物兼食用作物。仰韶文化陶器底部常发现布纹,安特生在 1923 年认为最有可能是大麻布。瓦维洛夫则主张华北可能是大麻原产地之一。近来的研究也认为仰韶时期的纤维作物只能是大麻。各地新石器遗址出土的纺织工具都以麻、丝为其纺织对象。曾有甘肃东乡林家马家窑文化出土大麻的报道,并经扫描电子显微镜鉴定。其出土的大麻已与现代栽培的相似,是已发现的最早的大麻标本。证明中国栽培大麻已有近 5000 年历史。

（五）苎麻的栽培起源

苎麻属于荨麻科苎麻属,本属共有 50 余种,人工驯化栽培的仅 2 种,即白叶苎麻和绿叶苎麻。驯化栽培的起源时间较难确认。白叶苎麻因叶背面密生白色茸毛,故名,主要分布于中国温带和亚热带,后传到日本南部,故又名中国苎麻。绿叶苎麻叶背无白色茸毛,分布于马来西亚,故又名马来西亚苎麻。国外文献认为苎麻原产中国西南,绿叶苎麻可能是中国苎麻和另一未明的种杂交而成的。[1]

（六）大麦的栽培起源

麦有大小麦之分,古籍中所记载的麦往往包括小麦和大麦。小麦被认

---

[1]　游修龄:《中国农业通史·原始社会卷》,中国农业出版社 2008 年版,第 214 页。

为是从西亚引进而来的,时代在距今 4000 年前。《诗经·大雅·生民》在追述周始祖后稷儿时所种庄稼时称有麦,说明黄河流域在原始社会末期可能已经种麦。大麦可能起源于中国西部地区。近年来中国科学工作者在青藏高原发现野生二棱大麦、野生六棱大麦和中间型野生大麦,并通过实验证明野生二棱大麦是栽培大麦的野生祖先,因此,中国西南地区很可能是大麦起源地或起源地之一。《旧唐书·吐蕃传》记载古代藏族"麦熟为岁首",与中原地区华夏族以当地原产的禾(粟)熟为一年之首异曲同工。这表明大麦很可能是藏族先民最早种植的作物之一。《诗经》所谓"贻我来牟",说明大麦(牟)和小麦(来)一样可能是从少数民族地区引进中原地区的。

二、家养动物的起源

家畜驯化是如何发生的,目前在国内外学术界有多种解释:我们倾向于前述的由于冰期到来,人们不得不为食物而奔忙,产生观念农业,包括种植与养殖的理念同时产生,但是由于条件所限,实体养殖业无法在那个时代成为现实,到了全新世,人们才有对野生动物实施连续拘养行为。

(一)起源方式

拘系、圈禁牲畜是把野生的动物驯化成家畜的必经阶段。这种对动物的"贮藏",诱发畜牧养殖行为的产生。一些动物被拘禁以后,性格慢慢发生改变,驯化开始并连续进行,于是猪、牛、羊、马、骆驼、狗、鸡、鸭等被人们驯化,成为家养动物。这些动物的驯化存在先后顺序,其取决于该动物的驯化难易程度和当时人们对其需求的迫切程度。易于驯化的动物肯定会较早被驯化。拘禁与贮藏是对动物与植物驯化所施加的根本措施,两者在本质上是一致的。从古文字学、民族学的研究和考古材料来看,野生动物的驯化必然要经过一段时间的强制拘禁。更为直接的说明是在古代文献《淮南子·本经训》上有"拘兽以为畜"的叙述,由此可见野生动物成为家畜的过程,经过了一个被强制干预的阶段。

在一些文化遗址中发现了一些相关的证据,证明拘系驯化这一过程真实存在。如在浙江河姆渡遗址中出土了木桩围成的小围栏,每个围栏的直径约为 1 米,也有两个围栏相互交错的。由于围栏的面积太小,缺乏活动场所,视其为已经驯化后的家畜的居住地较为勉强,推测可能是用来拘禁野兽以期驯化的场所。

（二）起源时间

在末次冰期之中，由于长期拘系动物的机会不多，驯服动物也就难以做到，驯化就不能连续进行。到了全新世，局面完全改观。在距今1万年左右，度过冰期的人们有条件开展种植和驯化的尝试。因此，中国家畜驯化的起源时间，如果从驯化行为开始，跨度的上限是距今1万年左右。不过由于驯化从开始到完成，不是短时间内就能够完成的，所以必须要很多代人甚至几十代人的努力才能实现。驯化也不是在某一单个动物身上就能实现的，因此不可能在单一动物的身上找到表明畜牧开始或者驯化已经产生的证据。

（三）草原地区游牧式畜牧业的起源方式

关于游牧生产方式的起源，学者们认为可能有如下几条途径，其一是通过野牧直接转为游牧，亦即从狩猎占有很大的比重的刀耕农业阶段，进入以畜牧为主的游牧经济阶段；其二是直接通过狩猎辅以采集的生产方式，进入游牧阶段；其三是由初期的刀耕农业，进入比较发达的长期定居的锄耕农业阶段，最后转为以游牧为主的方式生活。

关于第一条途径，目前没有直接的考古发现来证实。第二条产生途径，在西方的一些民族学的研究视野中，可以看到这种方式产生的痕迹，如北美西部的印第安人，见到兽群以后，暂不猎食，而将之留作别用。有时全村人跟随野兽移动，接下来围绕这些动物开始游牧生活。历史上俄罗斯曾经采用将野兽驱入围栏的方式驯化野鹿。也有人认为蒙古草原东部的大兴安岭的森林狩猎民，如鄂伦春人、鄂温克人，曾有过原始的畜牧萌芽阶段，因为那时他们一直生活在森林中，并且饲养过驯鹿。因此，循着这一思路，推测蒙古草原地区也可能存在着从游猎直接到游牧的发展历史阶段。不过，在考古上并未找到相应的证据。

相对来说，游牧源于第三条途径更为可靠。原因之一是由于单纯的游牧生活所要求的物质文化水平较高，在茫茫的大草原上，如果没有一定的生活资料作为物质基础，很难在野兽出没的环境里生存。因此，游牧民族的产生，是在农业和定居发展到一定的程度以后，才有可能。因为只有经过长期定居,才能够具备足够的物质积累、文化积累和技术积累。其中物质积累是必须拥有游牧所必需的居住工具——帐篷,以及易于管理的足够多的草食动物——牛、羊、马等;文化和技术积累是必须拥有能够驾驭家畜的能力,并能够抵御野生动物的袭击。原因之二是:现今的中国最适合游牧的西北甘肃、青海地区,华北内蒙古自治区,出土了大量新石器时代的与农业有关的文物,饲养的家畜也多是与农耕关系密切的动物,例如猪,说明当时这些地区的人们,其生产活动主要是农耕,而不是游牧。

因而,就中国草原地区的具体历史发展过程来看,存在上述前两条途径的可能性较小,中国北方游牧民族的产生,很可能是通过第三条途径完成的。比较可信的观点是游牧起源于农耕发展到相当程度的时候,大约为新石器时代末期。

(四)家养动物的起源

1. 家猪的起源

猪在动物分类学上属于哺乳纲,偶蹄目,猪科,猪种。家猪和野猪有着共同的祖先,家猪是由野猪驯化而来的,理由是直到今天,在野猪出没的地区,常有野猪和家猪混群自行交配,并产生正常的后代的事情发生。世界上目前报道最早的驯化猪的是在距今约9000年的土耳其的安纳托利亚东南部的卡永遗址,发现了驯化猪骨骼化石。似乎其他地区的驯化猪都是从此地传入的。但是,中国可能是一个例外,因为中国的广西桂林甑皮岩遗址和河北保定市徐水区南庄头遗址,都发现了距今9000年以上的可能是被驯化了的猪的骨骼化石。而中国南方确认的有家猪骨骼化石的较早遗址是浙江萧山跨湖桥遗址和河南舞阳贾湖遗址,二者年代都在距今8000年以上。因此,得出中国的家猪是由别的地区传入而来的结论还为时尚早。我们可以初步地认为,中国是最早的家猪的起源地之一。

猪是少数几个从野生到家养过程中体型发生了明显变化的驯化动物。野猪经过长时间的人工圈养驯化、选择,在生活习性、体态、结构和生理机能等方面逐渐起变化,终于与野猪有了明显的区别,体型发生了改变。自然界的野猪因为寻找食物的缘故,经常需要觅食拱土,使嘴进化得长而有力,犬齿发达,头部强大、伸直,头长与体长之比例大约为1∶3,而被人类控制的野猪,经过长期的给料喂养,无须费劲觅食,在被限制活动后,头部明显缩短,犬齿退化,胴体伸长,头长与体长的比约为1∶6。年代在距今大约7000年的浙江余姚河姆渡遗址,在出土了猪的骨骼化石的同时,还出土了陶制的猪模型。其形象极有可能参考了当时猪的形体特征,研究发现余姚河姆渡遗址中出土的陶猪的前后躯的比例为5∶5,介于野猪的比例7∶3和家猪的比例3∶7之间,属于驯化和野生之间的中间型,因而从侧面间接地反映出河姆渡文化时期的猪远远不是最初开始驯化时的猪,而是比较进步的家猪了。

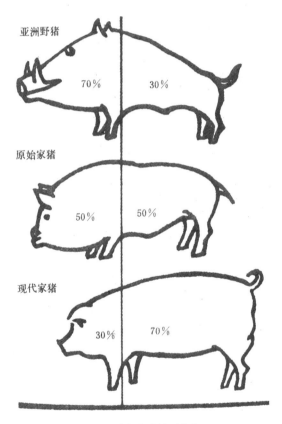

图1-1　野猪与家猪体型变化图示

2. 家狗(犬)的起源

狗在分类上属于哺乳纲,食肉目,犬科。现有的犬属动物可以分为十大类,所有的犬属动物都可以杂交,基本特征完全相同。野生的犬属动物可以分为六个种,它们分别是:狼、美洲山狗、豺、斯门士胡狼、黑背胡狼、侧纹胡狼等。达尔文在研究动物的变异时,已注意到了世界各地的家犬,在形态和习性上大都与当地的野生的狼相差甚微。犬与狼的平均寿命都是 12 年,染色体为 $2n = 78$,并且犬和狼有许多共同的体内、体外寄生虫,患相同的传染病。因此最近几十年来,大多数人逐步相信家犬是由狼驯化而来的。尽管有的研究者分析了家犬和野生的犬属动物的狩猎特征,发现生活在野外的犬与狼的狩猎特征有区别,而且犬与除狼以外的犬属动物也可以杂交,但是还是相信狼与犬关系最紧密。小型的西亚狼是大部分欧洲犬和南亚犬的祖先;小型中国狼是早期中国犬的祖先;北美狼是爱斯基摩犬的祖先。有考古研究报道,在距今 12000—10000 年前的耶利哥的特尔早期遗址和伊拉克的巴勒哥拉洞穴之中发现了家养犬的骨骼化石,是已知的最早的家养全骨骼化石。中国在新石器时代也有大量的狼生存,在畜养起源的过程中,狼被驯化成为犬。已有报道表明,磁山遗址出土的动物骨骼中,狗和猪的可以肯定属于家畜。在贮粮窖穴的底层发现有个别完整的狗和猪的骨架,其余的狗骨一般比较破碎。狗的额部明显隆起,吻部较短,臼齿适合于杂食习性,其下颌骨的角突明显向上弯成钩形。成年个体的体型都不算大,鼻骨长度明显比狼的小。从头骨及下颌骨的特征和测量数据看,可以肯定为家犬。因而可以认为狗的饲养时间不应晚于距今 7000 年前。河南新郑裴李岗遗址、浙江余姚河姆渡遗址也出土了狗的骨骼,此外,余姚河姆渡遗址还出土了陶塑小狗,由此可以判断,大约在距今 7400 年前,狗可能已在中国被驯化成为家养动物了。

3. 牛的驯化

牛类家畜在动物分类学上属哺乳纲、偶蹄目、反刍亚目、洞角科,其下分为牛属和水牛属,牛属的有牛种、牦牛种及半野牛和野牛等。关于家牛的野生祖先,目前国内存在着两种观点。其一是一元起源说,即认为家牛的祖先是原始牛。原始牛曾普遍分布于欧亚大陆,而且其化石已在上新世和更新世的地层中被发掘到了。中国的华北和东北等地更新世的地层中也有发现,因此认为中国和东南亚地区的现代牛种都起源于原始牛。

其二是多元起源说,这主要是由谢成侠提出来的,他对安徽涡阳、宿县等地的更新世晚期地层中发掘的原始牛头骨化石与华北各地曾发现的原始牛化石,如北京西郊发现的化石进行比较,发现在同一地层中出现了不同种的原始牛化石,说明在相同的时代里曾经生活着多种野牛,现今的驯化牛很有可能是几种野牛的杂交种。多元起源说可能更确切的含义是驯化在多地区完成,驯化的牛后来又逐渐融合杂交,逐渐形成今天的驯化牛品种。

4.水牛的驯化

水牛在分类学上属于哺乳类,偶蹄目,牛科,水牛属。水牛属下可以分为两个亚属,分别是亚洲水牛属,非洲水牛属。研究表明,野生的非洲水牛虽然能够或者可能被驯化,并在圈养的情况下能够繁殖,但是始终没有被驯化成功。现在世界上所有的驯化的水牛都是亚洲水牛属的后代。对于中国驯化的水牛是起源于本土,还是从境外引进来的这一问题,国内的畜牧学界较多地倾向于其起源于印度和东南亚地区。我们认为水牛的起源问题应该分成两个不同性质的问题,不能混为一谈。其一是水牛的种质起源地问题,其二是家养水牛即驯化水牛的起源地问题。国内畜牧学界倾向于起源于印度和东南亚地区的结论,应是从种质起源的角度即生物学的角度得出的,因为印度和东南亚地区的气候环境更适合于水牛的生存。现今的水牛种群也较丰富,从种质起源的角度来看,最早的水牛可能发源于此地。但是,水牛从野生到家养并不会仅仅限于东南亚及南亚地区。因为从考古发现的角度来看,中国的驯化水牛完全有可能是在本土产生的。自更新世到现在,地球上的气候出现过多次的冷暖交替变化,现今无水牛分布的华北和东北一带陆续出土的水牛化石,说明当地在更新世时期就有水牛分布。水牛的种质起源地极有可能是现今的东南亚或南亚地区,但也不能排除中国华南地区。一旦水牛种在某地起源后,肯定会有一部分慢慢迁徙到别的适合其生存的地区生活,其分布就不以人的意志为转移了,也就是不可能只在起源地生活。某一动物的驯化地并不一定是其种质起源地,中国的华南乃至于华北地区在距今 1 万年左右已较广泛地有水牛分布,因此全新世以来随着农耕和畜牧的产生,而水牛又在中国大地上均有分布,水牛在此地被驯化也就不奇怪了。而浙江余姚河姆渡遗址出土了被认为是驯化水牛的骨骼，更能够证明中国驯化水牛起源于本土。

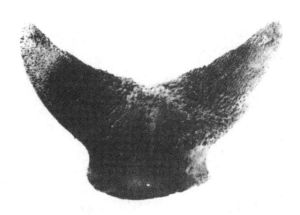

图 1-2 河姆渡遗址出土的水牛骨骼

5. 羊的驯化

羊类家畜在动物分类学上属哺乳纲、偶蹄目、反刍亚目、洞角科、羊亚科，其下有绵羊和山羊两个属。世界上羊驯化最早的地区可能是西亚，在公元前 9000 年的伊拉克扎维·舍米·萨尼达遗址中，发现了被认为是驯养的绵羊的遗骸，其判断依据是遗址中出土的年龄较小的羊的比例较高。在伊朗和伊拉克交界的扎格罗斯山脉地区，发现了距今 9000 年前的山羊，其判断依据依然是遗址中出土的年龄较小的羊的比例较高。也有人认为距今 1 万年左右的伊朗高原的阿萨巴，出现了最早的驯化的羊。西亚和中亚地区的草原非常适合羊的生长和繁殖，其成为羊的最早驯化地区有一定可能性。

由于西亚地区羊的驯化历史如此之早，中国的驯化羊起源问题就免不了要受传播论的影响，即中国的驯化羊可能来自西亚地区。不过，羊的化石在中国北方地区也时有发现，北京周口店第九地点发现了源羊的化石，其地质年代在更新世，和三门马是同一时期生存的动物。这种源羊在形态上和华北和西藏等地的现有的巨角野绵羊很相似。裴李岗遗址中发现了一些动物形塑品，其中有羊头一件，角长且粗，造型简单。不知名器物一件，形象似一羊头，中部鼻梁稍突，两侧下陷，似为鼻孔。新石器时代北方地区的西安半坡、临潼姜寨也出土过羊的牙齿。浙江余姚河姆渡遗址中，也出土了陶制的羊模型,塑造得十分逼真,很有可能是以家羊为"模特"塑造的,说明江南一带也可能很早饲养了羊。中国南北地区之间有所不同的是北方饲养的多是绵羊,而南方饲养的多是山羊。

6. 马的驯化

马在动物分类学上属于奇蹄目,马科,马属动物,现今世界上马属动物仅 7 种,包括马、驴、斑马三大类。其中的马分为家马和野马,家马是由野马驯化而来的。更新世晚期,中国大地上多处发现有野马生存,其中又以西部和北部最多。甘肃庆阳、河北阳原、河南新蔡、辽宁建平、山西阳高许家窑、北京山顶洞及内蒙古宁夏的河套地区等地,发现了距今 20 万年至 2 万年左右的野马化石。全新世以后,野马依然频繁出现在中国大地上,现今世界上唯一存在的蒙古野马就生活在中国西部的高原上。

世界上最早的驯化马遗骨出土在乌克兰的青铜时代的遗址中,距今约5500 年。因此,国外学者们认为,马的驯化可能在中亚和西亚的干旱的草原上,后来扩散到世界其他地方。

在中国,马的驯化可能很早,但是考古发现的家马的遗存所属年代则相当晚。比较肯定的被鉴定为家马骨骼的是河南安阳殷墟出土的,一同出土的有马车,马已被人们驯化的证据十分确切。商代甲骨文中有关于马的文字,此外先秦时期的文献如《通典·王礼篇》:"黄帝作车,至少昊始驾牛,及陶唐氏制彤车,乘白马,则马驾之初也。"又《史记·五帝本纪》:"彤车乘白马。"《易经·系辞》:"服牛乘马,引重致远以利天下。"这些都清楚地表明,在商代马已被中国人驯化。

考古发现所反映的中国商代开始有家马的结论,并不被所有研究者认可。如谢成侠教授认为中国马的驯化历史很久,可能远至距今六七千年前,相当于仰韶文化时期。一个可能的重要证据是甘肃永靖大河庄出土了距今约 5000 年前的马的下臼齿,经鉴定发现与现代的马没有区别,可能是被家养的马。因此在中国马的驯化历史可能有 5000 年以上。

7. 驴的驯化

驴在动物分类学上属于奇蹄目,马科,马属动物,驴种。家驴是由野生的驴驯化而来的。据研究,家驴和野驴属于同源动物,两者的染色体均是

$2n=62$，都是由在更新世与人类一同在地球上出现的真马发展起来的。国外学者相信，家驴是由非洲野驴驯化而来的。对驯养群贡献最大的是努比亚驴，这是一种来自埃及的石板色、长耳、有特殊肩纹和无条纹腿的驴。努比亚驴远在八九千年以前的新石器时代后期就开始被驯化成为家驴。国内的学者认为家驴来自域外。当然也有人认为中国的骞驴分布很广，数量又多，历史又相当悠久，家驴可能起源于中国，即便不是起源于中国，也会受中国骞驴的影响。也许家驴起源于何处的问题还需要更多的证据才能下结论。

8. 鸡的驯化

鸡在动物分类学上属于鸟纲、鸡形目、雉科、原鸡属。家鸡是由野生的原鸡驯化而成的。原鸡属中有四种原鸡，分别是红原鸡、绿领原鸡、黑尾原鸡、灰纹原鸡等四种，其中的红原鸡被认为是现代家鸡的直接祖先，这一点已经被各国的学者们所公认。野生的红原鸡至今仍然分布在南亚次大陆自巴基斯坦以东至中南半岛地区，并向南达爪哇岛和苏门答腊岛，以及中国的云南、广西和海南岛一带。在中国的西南一带曾经发现过半野生的"茶花鸡"，已被证明是家养的红原鸡。而郑作新通过对考古资料进行研究，认为野生的原鸡在古代可能分布至中国中部。

中国北方一些年代很早的新石器时代遗址中，均有鸡的遗骸出土，如河北保定市徐水区南庄头遗址、河南新郑裴李岗文化遗址、河北武安市磁山文化遗址和山东省滕州市北辛遗址等。其中最早的鸡骨骼是在河北保定市徐水区南庄头遗址中发现的，有19根至少代表3个个体的鸡骨，但尚不能肯定是家鸡的。在河北省武安市磁山遗址出土的鸡的标本中，雄鸡的跗跖骨长度的观察变异范围是72.0—86.5毫米，平均长度是79.0毫米。雌鸡标本一件，跗跖骨长度为70.0毫米。与雉族的现代原鸡、红腹锦鸡、褐马鸡、雉鸡河北亚种相比较，可以看出磁山出土的鸡骨之跗跖骨的长度与现代原鸡的测量数据最为接近，其除与红腹锦鸡稍稍接近外，与其他各种属都相差悬殊。此外，磁山鸡的标本稍稍大于现代原鸡，而小于现代家鸡。因此磁山鸡的标本属于原鸡属的可能性很大，并且有可能是驯化中的早期家鸡。因此大致可以确信，距今大约7000年前，中国已开始驯化家鸡。曾经有人依据中国古代文献中有"鸡为西方之物"的说法，判断鸡为印度最早驯化的，已经证明结论是错误的。

9. 蚕的驯化

家蚕是由野生的桑蚕经过长时间的驯化而成的。学者们对蚕的染色体进行研究后发现，家蚕和野蚕的染色体均是 $2n=56$ 条，这就为两者是同一祖先提供了生物学方面的证明。世界上的家蚕起源于中国已是定论。关于家蚕在中国的起源问题，传说和文献给人们提供了一些线索。一说伏羲氏最早驯化蚕，《皇图要览》记曰："伏羲化蚕"；《史记·五帝本纪》称黄帝"淳化鸟兽虫蛾"，所言的"虫蛾"即是指蚕或与蚕相似的经济类昆虫。不过，传说和先秦文献难以准确地告诉我们家蚕被人工养殖的时间，只有考古发现能够提供值得信赖的信息。

从纺织工具的情况来看，黄河流域的磁山、裴李岗以及仰韶文化各期的遗址中，曾经不止一次地出土了纺轮和骨针等原始纺织工具，说明至少8000年前，当时人们已经能够利用自然界的原料，制作衣物。半坡遗址曾出土了大量的陶制、石制的纺轮，轮盘直径为26—70毫米，孔径为3.5—12.0毫米，厚度为4—20毫米，重约12—66克，说明到了半坡文化所处时代，人们已经大致掌握了不同粗细的纱线纺织技术，纺织原料很有可能是蚕丝。目前比较可靠的考古证据是来自距今5600年前的山西夏县的蚕蛹和纺坠和距今5400年前的河北正定南杨庄的蚕蛹。这些证据综合起来，足够证明养蚕与缫丝起源于中国。

第三节　农业工具的发明与进步

一、农业工具的特点与特征

"人猿相揖别"，人类的文明史是从制造工具开始的。在现在看来，农业产生时代的工具虽然相当简陋，但比起此前的旧石器时代，已有明显的进步，为后世农具的发展和完备奠定了基础。新石器时代的农业工具大体有如下主要特点：

（一）制作工具主要利用自然物

与旧石器时代相比，新石器时代的工具的取材更为广泛，制作原始农具所利用的天然物主要有 3 类：天然的石头、树木、动物的遗骸——骨、角（牙）、蚌壳等。有所区别与进步的是开始利用人造物——陶质材料来制作工具，如制作陶刀。

（二）工具制作技术比旧石器时代有较大的进步

原始农业时代工具制作技术的进步，突出表现为磨光和钻孔技术广泛应用，以及大量复合工具，主要是装柄工具的出现。磨光技术、钻孔技术和复合工具的制作均萌芽于旧石器时代晚期，但只是到了以农业生产为主要经济内容的新石器时代，才获得充分的发展和广泛的应用。其中复合工具主要表现在单体结构向组合结构转变，主要包含两大类：一类是用石料制成器体后，装上骨、木或者角质的柄；另一类是骨、木、角质制成器体，在其刃部装上石刃。

（三）工具种类增加，已有比较明确的分工，并初步定型和规格化

旧石器时代的工具比较简陋，种类不多，因此往往是一器多用的"万能工具"，这一情况在新石器时代发生了变化，不但加工制作比旧石器时代精致得多，而且工具种类增多，分工比较明确，虽然还没有完全排除某一类器具"身兼数职"的现象，但已逐步形成了各种基本定型和规整化的、适合不同用途的工具，基本上满足了不同生产项目和不同生产环节的需要。依据用途，这里将原始农业时代农具分为整地播种农具、收获加工农具、纺织农具、渔猎农具加以介绍。

二、整地播种农具

（一）砍伐农具

砍伐农具主要有石斧和石锛等。石斧的历史比农业悠久。其形状一般有方形、长方形、梯形。横剖面可分为椭圆形和长方形。斧刃可分为正刃和斜刃、直刃和弧刃。此外，还可分为有孔石斧和有肩石斧。在旧石器时代，人们用它来打击野兽，也可用它来砍伐森林、加工木材、制造木器和骨器。在原始农业发明以后，它又成为砍伐林木、开辟和清理耕地的主要工具，是

最有代表性、用途相当广泛的砍伐农具。在中国的新石器时代遗址中,南到海南岛、北至黑龙江畔、东达山东半岛、西及青藏高原,到处都有石斧出土。

石锛主要是砍斫木材的手工工具,可以用来砍伐树木或砍斫树根,有些大型有段石锛还可能用来掘土挖坑,故也可视为原始农业的农具之一。石锛的形状主要有梯形、梭形、长条形。横剖面可分为拱形(即一面鼓起的长方形)和长方形、偏长方形。刃部有直刃、斜刃和弧刃之分。此外,还可分为有孔石锛和有段石锛,其中有孔者不多。

（二）播种农具

起源于旧石器时代的尖木棒,在新石器时代成为原始农业最初的播种工具。民族学资料可资佐证,如云南的独龙族近世曾使用长约1米多的尖木棒、尖竹棒点穴播种。新石器时代遗址中出土有一种穿孔重石,被认为是一种播种农具。穿孔重石的用途是套于尖木棒下端以增加尖木棒的分量,便于播种。

（三）翻地农具

石斧是原始的农业阶段——火耕农业(或称刀耕农业)最有代表性的翻地农具,进入锄耕农业阶段以后,石斧就丧失了在农业中的主导地位,代之而起的是效率更高的耒、耜、锄、铲,以及犁耕农业阶段的犁。耒、耜、锄、铲和犁是原始农业时代新兴的翻地农具。

1. 耒

耒是一种带尖端的木质翻地农具,在原始农业时代广泛使用,并延续到传统农业的早期。耒分单齿耒和双齿耒。单齿耒是由尖木棒发展来的,比较长,为便于刺土安装有脚踏横木。原始农业因为播种而需要翻土,人们开始是利用现成的尖木棒翻土的,但有的木棒较短,掘土时要弯腰,为使用方便,人们增加木棒长度,把尖木棒延长到可以立着身子把持的程度,同时在近尖端处添加一根供脚踩的短横木,便成为耒。掘土时利用脚踩的力量,把尖刺入土中,利用杠杆作用,翻掘土壤,效率比尖木棒高,而且省力。最初的耒,可能是直尖的,形如"十"字,后来发展成斜尖的,形成直尖和斜尖两种形式。后又从单尖耒发展为双尖耒或多尖耒,且有的耒上端装一曲柄便于手扶。从其变化过程可窥见其特点,即由一根直尖木棒发展成三根木棒

（一直两横）、由单纯的用于播种发展为用于掘土翻地。

2. 耜

耜由耒演进而来。耜有各种材质，包括木质、石质、骨质、蚌质，它们都是比较锋利的翻地农具。单齿耒翻地面积小，工具也不锋利，故效率低，并且易折坏。于是古人在生产中改进了耒的形制，除向双齿耒发展外，又加宽了刃部，于是木耒演变成了木耜。此外，以石、骨、蚌为耜刃并装柄，这种耜变成了一种复合农具。从农具的发展看，最初的耜是全木制的，后来出现了复合耜（有多种质地的耜冠）。耜在新石器时代得到普遍使用，一直沿用到商周时期，被锸所取代。

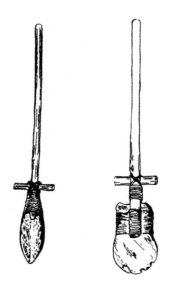

图 1-3　耜

3. 铲

铲和耜同为原始农业时代直插式整地农具，两者并无明显的区别，都是耜耕农业阶段主要的松土农具。现在一般将器身较宽而扁平、刃部平直或微呈弧形的称为铲，而将器身较狭长、刃部较尖锐的称为耜。

4. 锄

锄是横斫式翻土农具。最早的锄是木制鹤嘴锄，起源于采集时期，用以刨土、挖掘根块。原始农业产生后，继续用于翻地、中耕、播种等多种农活。

以后又出现石质和骨质的锄具。大型的锄用于挖土,小型的锄用于松土锄草,属于中耕农具。现在考古界一般称用于深挖土地的大型锄为镢,称用于中耕的小型锄为锄。实际上,原始农业阶段的锄一器多用,既是翻土工具,同时又是中耕除草工具。

5. 石犁

犁是用动力牵引的耕地农具,也是农业生产中最重要的整地农具。新石器时代晚期考古出土不少石犁,可证原始农业的晚期已经出现犁耕,当然不会是牛做动力,而是由人来牵引。石犁在江浙两省陆续被发现,总数不下百例。另在黄河流域的山西芮城、襄汾陶寺等遗址也有发现。江浙的石犁一般用片页岩制成,平面呈三角形,刃部在两腰,夹角在 40°—50° 之间。犁体上有一孔至数孔,这些孔有的在中线呈直向排列,有的呈三角形分布。犁的底面平直,未见被磨光和摩擦的痕迹。正面稍稍隆起,正中平坦如背,两侧磨出光滑的刃部,且都有磨损的痕迹。从形制看,可区分为小型石犁、大型石犁、三角形石犁。

三、收获加工工具

(一)收割农具

原始农业阶段的收割农具,主要有两种:刀和镰,其质料有竹、木、陶、石、骨、蚌等。

1. 刀

当原始农业产生之后,石刀成为最早的主要收获农具。早期的石刀只是一块稍加打制的小石片,后来才逐渐加以磨制,并在两边打出缺口或在器身上钻孔,以便穿绳套在手指上使用。石刀的器形可分为无缺口石刀、有孔或两侧带缺口的石刀、镰形石刀、有柄石刀等四大类。新石器时代的刀具不仅有石、骨、蚌、陶等单一材料制成的,还可成为多种材料制成的复合工具。在原始的刀具中,石刀使用最普遍,历史也最古老,山西省朔县峙峪旧石器晚期遗址曾出土过一些打制的小石刀,其年代距今 2.8 万年。

除石刀以外,蚌刀也很普遍,形式最常见的为长方形,也有一定数量的长条形、半月形、三角形和不规则形。

原始刀具质料和形式各异,多需拴绳索使用。如仰韶文化的石刀和陶刀,两侧打出缺口,再在两个缺口之间拴一根绳索,使用时将大拇指插入套内,刀刃朝下,以拇指和刃部配合将粟穗割下来。

2. 镰

镰是刀之外的另一种重要的收割工具,它是一种安装有柄的刀,以木柄为主。新石器文化遗址中发现了各种石镰、蚌镰和少数骨镰。最早的镰出土于新石器时代早期的裴李岗文化遗址中。裴李岗、磁山等遗址出土的石镰不仅数量多,且相当精致,呈拱背长条形,通体磨光,刃部有小锯齿,柄部较宽,并往上翘,下部有拴木柄的缺口,其夹角大于90°,说明是装柄的收割工具。石镰大多装柄使用。蚌镰一般比较长,前端窄,尾端宽,具有一定的弧度。

(二)加工农具

1. 石磨盘、石磨棒

石磨盘、石磨棒的出现早于农业的发明,它是在旧石器时代晚期随着采集的高度发展、加工野生谷物的需要而出现的。农业发明后,石磨盘、石磨棒得到进一步的完善和发展。在新石器时代的裴李岗文化、磁山文化、兴隆洼文化、新乐文化、北辛下层文化等均有较多的石磨盘、石磨棒出土。石磨盘、石磨棒在新石器时代发展到顶峰,成为日常生活用具之一。

2. 杵臼

杵臼是加工粮食的工具。新石器时代考古发现的杵有石质、木质与陶质等之分,臼则仅见陶臼、石臼,不见木臼。新石器时代的石杵发现较多,遍布全国各地,木杵发现较少,仅长江下游出现二三例,陶杵有二例。浙江余姚河姆渡遗址、山东滕县北辛遗址都发现距今7000年左右的木杵和石杵,但未发现臼。安徽定远侯家寨遗址曾发现7000年前的石臼。从杵臼的演变看,石杵由木杵发展而来。石臼由地臼、木臼发展而来。随着农业生产的发展,木杵臼不能适应粮食产量不断增长而产生的加工需要,人们创造了生产效率较高的石杵臼。石杵较木杵密度高,石臼质地坚硬,两者相互碰撞产生的摩擦力和撞击力较大,故石杵比木杵相对省时、省力,效率更高。

四、纺织工具

中国是世界上最早养蚕缫丝的国家,原始农业时期已经开始养蚕,浙江湖州市吴兴区钱山漾遗址出土的丝织物和麻织品,不仅说明中国原始农业时期以蚕丝和麻类纤维为主要纺织原料,而且反映了钱山漾的居民已掌握了相当高的纺织技术。

与纺织技术配套的必然有织机,各地新石器时代遗址中普遍发现纺轮等原始纺织工具,某些遗址还发现了当时非常先进的踞织机。

当时的织机今天无法看到,但是其组件纺轮是见证物。新石器时代的纺轮,出土数量多,地域广,时空跨度大。纺轮的质地有石、陶两种,其中陶质纺轮居多。形状有扁圆形、算珠状、截头圆锥状,各有大、中、小之分。纺轮多为素面,也有点、线压划纹装饰。纺轮加杆组成纺坠,纺坠结构虽然比较简单,但已具有现代纺机上纺锭的部分功能,既能用于加捻,也能起牵伸作用。可以加捻麻、丝、毛各种原料,也可以纺粗细程度不同的纱。除纺轮外,考古发现的原始纺织工具还有不同质料制成的针、刀、匕首、梭、梭形器等。

五、渔猎工具

渔猎是旧石器时代狩猎采集部落居民的主要谋生方式,也是新石器时代农耕部落居民生活重要依靠。新石器时代的渔猎手段和渔猎工具,与旧石器时代相比已有很大进步,遗址中出土渔猎工具数量之多、制作之精巧,都是旧石器时代难以比拟的。

(一)石球

旧石器时代中期的石球已被发现,旧石器晚期出土的石球相比就更多了,如山西许家窑、辽宁海城仙人洞等遗址,都出土了数以千计的石球,这是利用飞石索投掷的猎具,分一球、二球和三球等飞石索。到了新石器时代后,石球依然是狩猎工具,同时也是看护农具,它的作用范围扩大了,且种类和大小也富于变化。如西安半坡遗址出土石球240枚,特点是射程远、杀伤力大,是当时重要的看护农具。

（二）箭镞

弓与箭是中石器时代的产物,普遍推广则是从新石器时代开始的。其中的箭镞由石、骨、蚌等材料制成,是当时的狩猎工具,也是部落之间战争的武器。一般的新石器遗址能出土数十计的石镞、骨镞和蚌镞,有的遗址甚至出土数以百计、千计的石镞、骨镞和蚌镞。河姆渡遗址先后出土 1000 多件骨镞,西安半坡遗址出土近 300 件骨镞和石镞。

（三）矛

矛是凭借其尖锐的特点而用于刺杀行为,既能用于猎捕兽类,又能用于捕获鱼类。按制作材料可分为木矛、石矛、骨矛等,后两种皆有矛头,需安装木柄组成复合工具。矛头起源于圆柱状尖木棒。旧石器时代晚期,随着狩猎经济的发展,开始出现木、石复合的标枪——矛。河北阳原虎头梁出土了形式多样的尖状器,其中包括可以组合于木棒上的石矛头。新石器时代的矛头以石骨两类为多,其形状多为梭形和桂叶形,有的和箭镞一样保留有短铤。

（四）网

考古发现的大量新石器时代的网坠,证实了网捕及网的存在。半坡遗址出土的陶罐上有鱼网状图案,宝鸡北首岭遗址出土的彩陶船形壶上绘有网纹图案,应该是当时人们乘船撒网捕鱼的艺术反映。拴在渔网上的网坠,有石质、陶质和蚌质的。网坠形状多种多样,有圆柱形、椭圆形、亚腰形、秤砣形、舟形等。最常见的石网坠是用扁平小砾石在两侧打成缺口制成的,流行于黄河流域的仰韶文化中,仅西安半坡一处,就出土 320 件。长江中游新石器遗址,也多此类石网坠。南方新石器时代早期的陶网坠,多长条形或方块形,两侧带凹槽。

（五）鱼钩

鱼钩为钓鱼的工具,多骨制,有的还带倒刺。鱼钩的发明说明人们能从容地在岸上从深水中钓得活鱼。半坡遗址出土 9 件骨质鱼钩,制作均很精巧,有的还有倒钩,这已是相当了不起的形制。最初使用鱼钩钓鱼,一定出现在半坡文化时代之前。

第二章　夏商至春秋时期的农业

　　从公元前 21 世纪开始,地处黄土高原的中原地区相继进入夏(约前2070—前1600)、商(公元前 1600 年—公元前 1046 年)、西周(前 1046 年—前 771 年)、春秋时期(公元前 770 年—公元前 476 年),时间跨度 1600 多年。这一时期的农业,上承以木、石、骨和蚌等自然材质工具为特征的原始农业,下启旱作精耕细作技术体系初步形成的战国秦汉农业时期(以使用铁器为主),是中国农业发展的重要时期。

　　夏商至春秋时期的农业的最大进步是出现了金属农具。夏代已经出现青铜器,主要用作礼器和兵器,少量的为青铜农具。商代中期青铜器品种已很丰富,不过仍然主要用作兵器与礼器。但是有限的青铜农具远远比自然材质的工具劳动效率要高很多。随着夏商至春秋时期金属冶炼技术的逐渐进步,使得农具的制作和改进相对容易,青铜农具在生产上的使用比例上升,有利于提高劳动效率,扩大耕地资源。

　　这一时期的农业,逐渐进入以精耕细作为主要特征的传统农业萌芽时期,摆脱了原始农业那种刀耕火种之后"听其自生自灭"的粗放状态,选种、整地、播种、中耕锄草、灌溉施肥、防治病虫害及至收获等大田生产的各个环节都有进步,给作物生长创造了较好的条件。

第一节　气候条件

　　据历史时期气候研究表明,夏商至春秋时期黄河流域的气候,除了西周早期有过一短暂寒冷时期外,要比现在温暖。考古学家在华北地区的新石器时代和商代、西周遗址中发现了象、犀牛、獐、竹鼠、貘、水牛等动物遗骨，这些动物后世只生活于热带和亚热带地区，间接说明当时气温较高。甲骨文卜辞中有"今夕其雨，获象"的描述，说明殷商统治的地域有象分布，《诗经》中也有反映黄河中下游地区有象、犀、梅、竹等亚热带动植物存在的语句。温暖湿润的气候有利于农作物的生长，也使农时的安排要比今天略早些。

不过也要看到，这一时期黄河流域气候的另一个主要特点是春季干旱多风，全年的降雨量有 70% 集中在七、八、九这三个月，因而有时会形成夏秋之际暴雨成灾的情形。《夏小正》记载夏历一月"时有俊风"，俊风即大风。又记载三月"越有小旱"，四月"越有大旱"。殷墟出土的卜辞也反映在冬、春两季盼雨、贞雨、求雨及缺雨的情况，明显要多于夏秋两季。据统计，卜雨次数凡超过十次者都在十三月（闰月）至第二年五月，而六月至十二月卜雨次数都在九次以下，也说明当时安阳地区也和今天一样是冬春干旱缺雨。

第二节　土地与赋税制度

一、土地制度

（一）夏商西周时期的井田制

夏商西周时期的土地制度是井田制，这是一种以国有为名义的奴隶主贵族土地所有制制度。因耕地被沟洫划分为面积相等的方块田，构成形似"井"字而得名。井田制的基本特点是把数量相等或条件对等的土地分配给个体农户耕种，定期重分或调整，不能买卖。它是由农村公社土地制度演变而来的。

在先秦文献中，最早而又较具体谈到井田制的是《孟子》一书。孟子在给滕文公谈治国之道时说"乡田同井""方里而井""井九百亩"，其中的"井"，都是指周代所实行的井田制。

井田制分配的标准就是以百亩为基本单位，每户可以得到一百亩的份地以养家糊口，这就是"皆私田百亩"。这一百亩公田一般是和八家的私田连在一起,总共为九百亩,这就是"井九百亩,其中为公田"。这八户人家连同公田上的管理人员组成一个基层单位,也叫作井。为了保证公田上的收成,规定每当生产季节到来,八家必须先将公田上的农活干好才能回去耕种私田,这就是孟子所谓的"公事毕,然后敢治私事"。也就是《诗经》上所说的"雨我公田,遂及我私"的意思。

(二)春秋时期的土地私有

西周末年,一些奴隶主贵族开垦井田以外的私田,不向上级贵族纳贡,其私田成为私有土地,私有制开始出现。春秋时代,土地私有化进一步发展,其方式主要有采邑或者赐田转为私有,贵族之间相互劫夺土地据为私有,开垦荒地据为私有。

二、赋税制度

夏商至春秋时期税制是贡、助和彻。耕种公田,夏为五十贡五,商以七十助七,周人则以百亩彻十,其都是以所获十分之一的比例作为税收。到了春秋时期,井田制度崩溃,土地分给农民耕种后,则出现了亩收实物的赋制,其中以鲁国的"初税亩"为最早,即按地的多少征税。

(一)夏商时期的税制

夏代的田税收取标准是《孟子》所说的"夏后氏五十而贡,殷人七十而助。"赵岐注曰:"民耕五十亩者,贡上五亩。耕七十亩者,以七亩助公家。"都是以十分之一为税。农户将劳动所得献纳于上,而无须到公田上劳动。因此《孟子》所言就是每个农户耕种公家五十亩地,要缴纳五亩地上的收获作为贡赋,十分取一,即所谓"皆什一也"的税制。不过实际上农民们的负担并不仅此而已。如《尚书·禹贡》中记载的夏朝贡纳制度,各地还要进贡土特产品。如兖州"贡漆丝"等,青州"贡盐絺、海物维错"及丝等,徐州"贡惟土五色"及水产等,扬州贡齿、革、羽、毛、木、卉服等,荆州贡羽、毛、齿、革等,豫州贡"漆"等,梁州贡熊、罴、狐、狸等,这些负担最终都要落在农民的身上。

商代,王朝还要征调大量的民力用于军事、田猎、建筑、造舟车等,这些征役没有一定的时间和数量限制,人民无法抗拒,因此人民的力役负担也是非常沉重的。

（二）西周的税制

西周实行的是彻法。《孟子·滕文公上》："周人百亩而彻。"又说："《诗》云：'雨我公田，遂及我私。'惟助为有公田。由此观之，虽周亦助也。"说明西周是彻、助兼施的。助已如上述为十分之一，彻据后人解释，比例也是十分之一。不过，西周时期农民不但要负担田税，还要负担兵役，服兵役的标准以耕地档次为依据。

（三）春秋赋制

随着农耕技术的发展，农作物的产量进一步提高，农民对自己私田上的生产更加关心、尽力，而出现"不肯尽力于公田"的局面。西周末年，已经出现井田制崩溃的现象，到了宣王即位时，不再大规模征调农民到周王的籍田上进行无偿劳动，而是将土地分给他们去耕种，然后直接收取一定量的谷物。

进入春秋时期，各国都纷纷进行改革。齐桓公在位期间（公元前685—前643）任用管仲为相，实行变革，主要措施是"相地而衰征"，就是根据土地的肥沃程度来征收军赋的。鲁国曾实行初税亩。初税亩实际上是按亩收取一定量的实物作为税收，这是中国赋税制度史上的一个大变革，具有重大意义。

第三节　农具的进步与水利工程建设

一、农具的进步

（一）天然材质的农具向金属农具演变

相对于原始社会的农具主要取材于天然材料，夏商至春秋时期农具出现了重大进步，那就是青铜农具出现，替代先前的木、石、骨、蚌材质农具，生产效率大大提高。考古发现表明，铜器在中国原始社会晚期即已出现。迄今最早的两件青铜器是1975年在甘肃东乡林家马家窑文化遗址出土的公元前3000年左右的铜刀和甘肃永登连城蒋家坪马厂文化遗址出土了公元前2000—前3000年的残铜刀。据分析，这些青铜器可能是用共生矿冶炼而成的。人们有意识地把红铜和锡，按一定比例冶炼而成青铜则稍晚。在相当于夏代的二里头文化遗址中发现不少铜器,对其中一件铜爵用电子探针方法进行定量分析,得到的结果是含铜92%,含锡7%,表明确是青铜器,因此从工具的角度,夏代无疑已进入青铜时代。

在二里头遗址出土的青铜器中,有爵、戈、钺、镞、锥、刀、凿、锛等,似还没有真正的农具。虽然当时有锛,但有人认为这是和凿一样性质的木工工具。在相当于中原夏末商初时代的甘肃玉门火烧沟遗址中出土了一批铜器,除了武器和手工工具外,还有铜斧和镢、镰等农具。因此,夏代应该已开始使用青铜农具。

商代的铸铜业远较夏代发达,已出现真正的青铜农具,如整地农具锸、镢、铲、犁和收割农具镰等。湖北省黄陂县盘龙城早商墓葬中发现两件青铜锸,长约13—17厘米,刃宽约10厘米,器身中部都有一个镂孔,体中空,用以安装木柄。湖北省随县浙河、河南省罗山县蟒张和天湖,也出土了商代的青铜锸。河南省郑州市二里冈、淇县摘心台、陕西省武功县浒沱村、湖北省黄州下窑、江西省新干县大洋洲出土了青铜镢。1953年在河南省安阳市大司空村晚商文化层中发现一把青铜铲,全长22.45厘米,刃宽8.5厘米,上端有方銎,可以安装木柄,有明显的使用痕迹。1960年,在安阳苗圃也出土了一件青铜铲,长21厘米,刃宽11厘米。此外,河南省洛阳市东郊、安阳市殷墟妇好墓、安阳市梅园庄、罗山县蟒张和天湖,江西省新干县大洋洲等地都出土过商代的青铜铲。①

西周时期的青铜器不仅在中原地区广泛使用,在南方也开始得到传播使用。考古工作者在江苏、浙江、江西、福建、湖南、湖北以及云南等地都发现许多西周时期的青铜农具,种类也比较齐全。显示这一时期南方的农业生产力水平也有较大的提高。显然,青铜农具的使用大大提高了劳动效率。如青铜提高了挖土功效,金属中耕农具钱、镈等的使用,促进了田间管理技术的发展,青铜铚、镰可以提高收割功效。但是,出土的青铜农具相对于礼器和兵器来说,数量还是较少,也意味着真正用于农业生产的青铜农具不多。原因是青铜器过于珍贵,第一选择并非用于制造农具,而是用于兵器和

---

① 陈文华:《关于夏商西周春秋时期的青铜农具问题》,《农业考古》2002年第3期。

礼器。

春秋时期,冶铁和炼钢技术相继发明,铁农具获得迅速推广,金属农具的使用增加。

(二)农具种类增加并越加齐全

夏商至春秋时期的农具种类增加,一定程度满足了生产的要求。整地农具有耒、耜、耰、铲、锸、锄、犁等,中耕农具有钱、镈等,收获农具有铚、艾、镰等,加工农具为磨盘、杵臼等。传统农业大田生产中所使用的农具种类已基本齐备。上述这些工具在原始农业时期多数已经存在,其中新出现的种类主要如下:

1. 地农具——耰

耰是一种碎土的工具,实际上就是敲碎土块的木榔头,用耒耜翻耕农田之后,需用耰将田中的土块敲碎,才便于播种。

2. 耕农具——钱

钱是一种锄草的农具。《庄子·杂篇·外物》:"春雨日时,草木怒生,铫鎒于是乎始修。"可知铫鎒为锄草工具。《说文解字》:"钱,铫也,古田器。"钱即与铫同,当然也是锄草农具。《晏子春秋·内篇·谏上》提到钱是"蹲行畎亩之中"锄草的工具,其形制必然短小轻巧,和站立用双手执握翻土的耜、铲、锸等整地农具应该有所不同,可能是单手执柄贴地平铲。因此推断各地出土的一些刃宽在五六厘米以内的小铲就是中耕锄草的钱。这种小铲至今在西北地区的农村中还在使用,当地的农民就是手执小铲蹲行在麦田里锄草松土。

3. 耕农具——镈

镈也是一种锄草的农具。《诗经》钱镈并提,镈必与钱有所区别。镈是和锄相类似的锄草农具。镈也就是先秦文献中经常提到的"耨"。汉代的《释名·释用器》就指出:"耨似锄,妪薅木(禾)也。"耨既作动词,也作名词,是一种锄草工具。

二、水利工程建设

夏至西周春秋时期是中国水利工程建设的初创时期。这时的人们一改原始农业时期单纯依赖自然条件的生产方式,转变为主动平治水土,改造自然,修建水利工程,以保障农业生产能够顺利进行。水利工程建设从大禹治水开始。

(一)大禹治水

夏代时期的平均气温比现在高,降雨量也比现在大,因此每年夏秋之季暴雨成灾,经常要冲毁农田,淹没村寨,造成极大的损失。《孟子·滕文公下》也说当时因江河壅塞,百川无防,地势高下不平,又无排水的沟洫系统,造成洪水横流,严重地影响了农业生产和人民的生活,因此防治水害就成了那时的首要任务。尧在"汤汤洪水方割,荡荡怀山襄陵"的情况下,根据四方酋长们的推荐,派夏部落酋长鲧去负责治理洪水。但是鲧却"治水九年而水不息,功用不成",直到尧将帝位禅让给舜。

《史记·夏本纪》说舜在"巡狩行视鲧之治水无状",于是处决了鲧,舜又征求四方酋长的意见,任命鲧的儿子禹为司空,继承父业。禹征得舜的同意,让契、后稷、皋陶和伯益与他一起参加治水。[1]

大禹的治水措施表现在两个方面,一是疏通被壅塞的河道,让洪水尽快流入大江大河。另一个措施是利用在田间挖掘沟渠的办法,将积水排入江河,从而使农田的水位降低,以保证庄稼的种植,同时又可消除土壤中的盐碱,有利于庄稼的生长。[2]

(二)沟洫系统

在夏商西周时期,黄河中下游地区农业的显著特点是农田沟洫系统出现。这里的沟洫,是指田野间的水沟,亦即一种排水系统。今人对甲骨文解读发现,商代田间沟洫是普遍存在的。周代更是如此。

沟洫制度的推行,缓解了水旱的危害,保障了生产的顺利进行,提高了作物的产量,从而促成当时农业生产出现兴旺的景象。

(三)陂塘蓄水工程——期思陂和芍陂

孙叔敖在任楚国宰相之前,在河南固始县东南的雩娄(可能是今灌河)

---

[1] 陈文华:《中国农业通史·夏商西周春秋卷》,中国农业出版社 2007 年版,第 69 页。

[2] 陈文华:《中国农业通史·夏商西周春秋卷》,中国农业出版社 2007 年版,第 69—70 页。

修建期思陂,因政绩突出,被楚庄王任命为宰相。此后,他又在安徽寿春县主持修建了芍陂工程。芍陂在安徽寿春县南,利用西南的沘水(今淠河)与东面的肥水夹注形成水深面广的人工湖,因水源丰富,其灌溉惠及良田万余顷。

芍陂的水门控制是设施成效卓著的关键,共有五门,西南一门纳沘水入陂,西北一门通香门陂,北面二门泄陂水入淮河,东北一门为井门,与淝水相通。

芍陂具有多种功能,它既是灌溉农田的水利工程,也是控制河流泛滥的蓄洪工程,此外还是维护航运的调节水库。它抬高了水位,在肥水水浅时,可以打开井门放陂水入肥水,以保持一定水量,便于航运。可见芍陂是集灌溉、防洪、航运于一体的综合性水利工程。

芍陂建成后,促进了楚国农业生产的发展,也使寿春成为繁荣的城市,并惠及后世,在唐代还扩大为"陂径百里"。今天安徽寿春的安丰塘就是芍陂淤缩后的遗迹,还在继续发挥其灌溉作用。

第四节　农业科技进步

一、农学知识的萌芽与积累

(一)物候及物候历产生

夏商至春秋时期的黄河流域,属于中纬度地区,四季分明,不同季节具有不同的物候特征,人们在长期生产实践和生活过程中,对周围生物生长的周期性现象和与季节气候的关系有所认识,如植物的发芽、开花、结实,候鸟的迁徙,某些动物的冬眠等都在每年的某一季节定期发生,于是就将这些现象出现的时候作为季节的标志,这就是"物候"知识。

《夏小正》虽然是成书于春秋以前一部古代文献,记载夏商至春秋时期的口口相传的知识,是一部不折不扣的物候历。每个月都用物候来指示,有的月份还用了好几个物候。如"正月"的物候就有:启蛰,雁北乡,雉震呴,鱼陟负冰,囿有见韭,田鼠出,獭祭鱼,鹰则为鸠,柳稊、梅、杏、杝桃则华,缇缟,鸡桴粥等。

正月的气象是:"时有俊风,寒日涤冻涂。"正月安排的农事是:农纬厥耒,祭耒(检查农具是否可用),农率均田,采芸,农及雪泽等。

在物候方面能和《夏小正》相提并论的文献是《诗经》,其中也有很多有关物候知识方面的内容。特别是《豳风·七月》描述了几乎每个月的物候内容,并全面地记述一年的农事活动。

(二)历法产生与二十四节气的部分概念出现

大约在新石器时代晚期就有天文历法的萌芽。《史记·五帝本纪》说黄帝之时"迎日推策",颛顼之时"载时以象天",帝喾之时"历日月而迎送之",帝尧之时"敬顺昊天,数法日月星辰,敬授民时"等,可见当时已经能够根据日月的出没来计算日子,根据星象的变化来确定时节。

相传到了夏代就已经能够制定历法。《礼记·礼运》说孔子为了考察夏代的礼,去了杞国,得到《夏小正》。《夏小正》保留着夏代历法的基本面目,已经将一年划分为十二个月,并且在正月、三月至十月的每个月中都以一些显著星象的出没表示节候。同时在这些月份中都安排了农事活动,从而也说明历法的出现就是为农业生产服务的。

商代的历法是阴阳历并用的,便于对农时的掌握,对农业生产较为有利。有学者认为商代可能出现了两至的概念,但也有人认为还不能确定。

周代继承商代的历法,但也有改进方面,用月相来标记一个月份的特定阶段,并且将之和干支相配合。

西周时期在天文历法方面的进步是二十四节气的春分、秋分、冬至、夏至观念的形成。

冬至和夏至确定后,就能够较为准确地测算一个回归年的长度,因此周代的历法比商代的历法要准确。《左传》上有两次记载了"日南至"(冬至):一次是"僖公五年"(公元前655年)——"春,王正月,辛亥,朔日南至。"另一次是"昭公二十年"(公元前522年)——"春,王二月,己丑,日南至。"两者相隔133年,其间一共记录了闰月48次,失闰一次,共有闰月49次,正是19年7闰。因为19年7闰采取的回归年长度为365天又四分之一,故被称为四分历,这是当时世界上最为先进的历法,比古希腊、罗马类似的历法要早数百年。这是周代历法的一个重大成就。

春秋时期,二十四节气中的四立,亦即立春、立夏、立秋与立冬的概念已经出现。

(三)农时记载出现

从事农业生产必须掌握适宜的播种、收获的时间,这就是农时。农时的概念,应该说在原始农业时期就已经出现,因为农业生产肯定要确定播种时间,慢慢积累有关什么时候开始播种、什么时候收获的知识。但关于农时的文字记载,则始见于商周时期。甲骨卜辞中祈年活动集中在一至三月和九至十二月两段时间内,由此推知秋冬和春初分别是收获和准备播种的季节,黍稻等的种植必在春季。甲骨文有"王于黍候受黍年? 十三月"的记载,这段文字的意思是年终预卜来春种黍的收成,所谓"黍候"即指选定种黍的节候。卜辞中还有成批的"告麦"和"告秋"的文字,可能反映了当时收获季节分秋夏两季。这些内容,反映了商代对各种农活进行的时间有了具体安排。

商代卜辞中关于农事问卜和不少农事活动的具体时间,今天难以确定,而在西周时代,关于各种农事活动时间的记载,具体而明确。

从《豳风·七月》所记载的农时和农事来看,有如下的特点:一年十二个月的农事已有全面的安排,有点类似于后世的"月令"。在农事安排上,不但重视大田生产,同时对蚕桑、畜牧、园圃亦确定了具体时间。冬季农闲,主要从事狩猎。这说明,时至西周,中国的农时观念已相当明确具体,有关农业生产的安排已颇为细致周到。

二、农业生产技术的演变

(一)耕作制度的改进

1.撂荒制度

在原始农业时期,人们对土地的开垦主要是采取"火耕"方法,即放火将地里的野草杂树烧掉,等到下雨之后将种子撒到地里。由于火烧过的草木灰有一定的肥效,所种作物的收成就会好一些。但是当时既不懂中耕也不会灌溉,因此种了一两年后,地力会立即卜降,收成剧减,人们就将这块地撂下,另找一块长满野草的土地放火烧荒,依法种植,一两年后又撂下,再找新地烧荒。这种耕作制度就叫做"撂荒"或"抛荒"制。这一局面到了商周时期的中原地区,开始发生改变,撂荒制逐渐被休闲制和连年耕作所取代,但是在偏远地区却长期被保留下来。

2. 菑、新、畬休闲耕作制

商周时期,由于耕作技术和生产工具都有很大进步,农业生产力已有较大提高,已经脱离了原始农业那种"不耘不灌,任之于天"的落后状态。同时也由于人口的增加,对耕地的需求日益迫切,因此对利用过的土地就不再像以前,须荒十年八年,必须草木畅茂,方行复砍复种,而是只要休闲两三年之后就可以继续耕种,从而提高了土地利用率。这种休闲耕作制包括菑、新、畬三个阶段。

关于菑、新、畬的含义和解读,众说纷纭,我们倾向于以下结论:种植过的耕地一年不耕长满杂草的,叫做菑。休耕第二年植物群落滋生繁衍已长出小灌木的,叫做新。第三年因地力已经恢复,可以翻耕种植的叫做畬。因此西周时期的耕作制度是种植一年休耕两年的休闲制,其土地利用率已达三分之一(此"土地利用率"是从时间概念上来说的),比起原始农业的撂荒制土地须撂荒十年八年利用效率大大提高了。

(二)耕作技术的进步

商周时期耕作技术的进步是个渐进的历史过程。在商代初期和西周初期,生产力较为低下,在地广人稀、工具简陋的情况下,其耕作技术也必然是粗放的。对于大片荒野土地的开发,往往依然采取原始农业时期的火耕方式。随着工具的改进,金属农具的使用,三人一组的协田与二人执器的耦耕陆续开始出现,后来又发明了新的耕作方式——垄作。

1. 协田

协田是殷商时期的重要耕作方式。商代卜辞中提到协田,今人解释为集体耕作。如李亚农《殷代社会生活》第四章说:"所谓协田,即集体耕作的意思。"商、周时期黄河流域的农业是"沟洫农业"。修治沟渠是商代农田基本建设中的极其重要的内容。而这靠单家独户是不能完成的,必须动员、组织很多人共同协作,由国王"大令"众人去"协田"。具体做法是三人一组并肩挖土开沟。

2. 耦耕

协田向前发展,就是耦耕。随着生产知识的积累和劳动技能的进步以及农业工具的改进,劳动效率日益提高,三人一组的协田就逐渐演变为二人一组的耕作方式——耦耕。耦耕是"二人二耜并耕",即两个人一人各执一耜同时耕作。

3. 垄作

无论是商代的协田还是西周的耦耕,都与沟洫农业有着密切的关系。通常的情况下,挖掘的沟渠中的泥土要翻到两旁,形成高于地面的垄,有沟必有垄,两者密不可分。垄在商、周时期称为亩,沟称为畎。后人解释说"有畎然后有垄,有垄斯有亩,故曰垄上曰亩"。《孟子·告子下》:"舜发于畎亩之中。"《论语·泰伯》也说夏禹"尽力乎沟洫"。说明畎亩可能早在尧舜时代就已经出现,到夏代已有所发展。大约到西周由于沟洫制度的形成,畎亩也随之日益发展。

垄作的优点很多:在实行垄作之前,一般是采取漫田撒播方式进行播种,田里的庄稼散乱地生长,没有一定的株行距,既不利于庄稼的通风透光,又无法进行中耕除草,同时播种量也较大,耗费种子。实行垄作后,地势低的土地庄稼种在垄上,当时称为下田弃畎;或者地势高的土地将庄稼种在沟里,当时称为上田弃亩。有了一尺宽的行距,田里的通风透光性能特别好,有利于庄稼的生长,尤其是垄沟呈南北向的田亩(即《诗经》中的"南亩"),对植物的光合作用有利,可以提高作物的产量,条播优于漫田撒播,垄作的优势就此体现。

(三)大田作物栽培技术的演变

夏商至春秋时期是农业由粗放的原始农业,过渡到以精耕细作为主要特征的传统农业的重要转折时期,或者说是传统农业精耕细作技术的萌芽时期。其整地、播种、中耕、灌溉、治虫、收获和储藏各个生产环节都远比原始农业阶段进步得多,为战国以后精耕细作技术体系的形成和成熟奠定了基础。

1. 中耕技术

中耕除草是田间管理的最重要内容,也是中国传统农业生产技术体系的一大特色。原始农业的晚期可能有中耕的萌芽。但是进入夏商西周以后，开始日益重视中耕技术。夏代是否有中耕无文字可考，商代的甲骨文中已有双手在壅土，或者用工具在锄地除草的象形文字，说明已有除草、培土技术。到了西周，人们已经认识到了除草培土对作物生长有促进作用。

《诗经·周颂·良耜》提到用锋利的农具镈将荼（苦菜）和蓼属植物薅除掉，让这些荼、蓼腐烂在田里，黍稷这些粮食作物就生长茂盛。说明西周时期，不但强调中耕除草，而且已经利用野草来肥田。《礼记·月令》：季夏之月有"烧薙行水，利以杀草，如以热汤，可以粪田畴，可以美土疆"。行水，即是用水淹没杂草。说明当时整地之时用焚烧野草，灌水沤烂等措施，将野草作为改良土壤的基肥使用，应该说是一项了不起的成就。

2. 灌溉

《世本》曾说：汤旱，伊尹教民田头凿井以灌田。《氾胜之书》也说"汤有旱灾，伊尹作为区田，教民粪种，负水浇稼"。说明商代已经利用井水来灌溉农田是完全有可能的，至少是用来灌溉蔬菜等园圃作物。

西周时期的人工灌溉有了进一步发展。《诗经·陈风·泽陂》："彼泽之陂，有蒲与荷。"《毛传》："陂，泽障也。"泽障就是小型的拦水坝，用坝围成的陂塘，平时可以蓄水，旱时放水灌溉庄稼。陂塘主要是拦蓄山洼间的流水和雨水，当然也会拦蓄山间的泉水。《诗经》中经常提到泉水，如《诗经·小雅·白华》："滮池北流，浸彼稻田。"就是用滮池的泉水来灌溉田里的水稻。春秋时期在园圃中还使用井水灌溉技术，见于《庄子·天地》的记载，说子贡南游去楚国，路过汉阴，见一老人用抱瓮取井水灌溉园圃。书中还提到桔槔可以"一日浸百畦，用力甚寡而见功多。"说明桔槔在春秋时期的中原地区已经出现，这是中国农具史上最早的提水工具，也是灌溉技术史上的一大成就。

三、植树造林技术

夏代时期黄河流域的森林资源相当丰富，主要分布在山岭丘陵和低湿地。商代由于农耕的发展和焚林狩猎，导致森林资源的减少，于是统治者开始注意对林木的保护,设立官职加强管理,山虞即管理山林资源的官吏,负责管理森林资源。西周以后,开始重视树木的种植。当时植树首先是满足人们的日常生活需要,大力种植经济林木;其次出于祭祀和政治上的需要,如种植社树和行道树、边界树等。

（一）林业官职的设置

据《通典》卷二十二记载,夏代已设有"六府"之职,其中的"司木"就是管理山林的官吏。到周代,《周礼》记载"大司徒"属下掌管有关林业的官吏有山虞、林衡、封人、掌固等。《周礼》卷二记录了"大宰之职":"以九职任万民,一曰三农,生九谷。二曰园圃,毓草木。"这里"草木"是包括瓜菜和果树,"木"更多的是指经济林木。

（二）经济林木

夏、商、西周时期,人工种植的经济林木主要有桑树、漆树和桃、李、梅等果树。

1.桑树

《夏小正·三月》中提到采桑与养蚕之事,可见夏代的桑树,其用途是养蚕缫丝,为纺织业服务。至商代,蚕桑业有很大发展,桑树的种植更加普遍。《吕氏春秋·顺民篇》曾记载:"天大旱,五年不收,汤乃以身祷于桑林。"此桑林当是人工种植的成片树木,并且已成为商朝王室的社树。

春秋时期蚕桑树的种植有进一步的发展,《诗经·魏风·十亩之间》记录了面积达到十亩的桑树林,可见已经出现了规模化的桑树种植。

2.漆树

考古发掘中已发现许多商周时期的漆器,如河南省安阳市武官村商代大墓的雕花木器上的朱漆印痕,河北省石家庄市藁城区台西村商墓中的彩色漆片,河南省浚县辛村西周墓中的涂漆器物,湖北省蕲春县毛家咀的西周早期漆杯,河南省洛阳市中州路春秋墓葬中的漆器盖子。漆器的盛行,反映了当时对漆林的培育、割漆和漆的利用的技术已有相当水平。

3. 果树

夏、商、西周时期的果树能确定为人工栽培的主要有桃、李、杏、梅、枣、栗等数种。《夏小正》中已提到杏、梅、桃、枣、栗五种果树，其中特别提到"囿有见杏"，说明杏是成长在园圃中的，应为人工种植的果树。其中的梅，应该原产于当时的南方，出现在黄河流域，当是从南方引种的，不可能是野生的。《诗经》中更是多处提到果树，如"桃之夭夭，灼灼其华""园有桃""丘中有李""树之榛栗"。这里的"树之"，应是人工栽培的含义。

（三）植树与森林资源保护

1. 封界植树与森林资源保护

商周时期是诸侯、方国林立的时代，王畿归国王直接统治，周围是分封诸侯的领地，此外还有众多的方国。各邦国之间的边界，要挖掘壕沟，将土翻上沟边筑成土埂，在埂上还要种植树木，以保护土埂不被雨水冲刷毁坏。在周代，设立"封人"一职来管理植树工作。《周礼·地官司徒·封人》提到"为畿封而树之"，意思即是在封地的边界植树。

2. 种植行道树

周朝就实行在道路两旁种植树木的制度，叫做"列树以表道"，也就是种植树木作为标志以指明道路，实际上也有保护道路的作用。《周礼·秋官司寇第五》记载："野庐氏"是一个官职，设下士六人及胥十二人，徒一百二十人。掌从国都通达四畿的道路，使之畅通，并包括行道树的种植与维护之职能。《国语·周语中》记载周定王派大臣单襄公去宋国，中途路过陈国，看到陈国境内"道无列树"、农田荒芜等残败景象，断定"国必亡"。可见当时的人将行道树的好坏与国之兴衰联系在一起。这也从反面说明了当时政府对行道树种植的重视程度。

3. 种植防护林

西周春秋时期，对保护江河堤岸的防护林种植也是相当重视的。《管子·度地篇》曾指出："树以荆棘，以固其地。杂之以栢（柏）杨，以备决水。"周代还设立"掌固""司险"等官职来负责这一工作。《周礼·夏官》记载"掌固"的职责是"掌修城郭沟池树渠之固……凡国都之竟（境），有沟树之固，郊亦如之"。"司险"的职责是"掌九州之图，以周知其山林川泽之阻，而达其道路。设国之五沟五涂,而树之林以为阻固"。在沟洫边种植防护林,可以起加固作用,同时也起改善农田间小气候的作用,它对农业生产也发挥着保护作用。

4. 社坛植树

社是祭祀土神的场所,要筑起封土堆,并在上面及周围种植树木。《论语·八佾》记载,孔子学生宰我曾说过夏、商、周三代在社前所种的树木不一样:"夏后氏以松,殷人以柏,周人以栗。"各种神社都要种植数量不等种类不同的树木,而且神木是不能随便砍伐的。

5. 注意保护森林资源

西周与春秋时期,随着人口的增长,对木材的需求量会不断增加,木材供应就会出现紧张局面,因此统治者开始制定政策,颁布法令,禁止人们对天然森林的乱砍滥伐,利用要做到合理有度。西周设立的山虞、林衡之职,就是为加强对山林的管理而设立的。当时最主要的措施是强调"以时禁发",即有时砍伐是可以的,有时则不可以。《逸周书·大聚篇》提到春三月,山林不登斧,以成草木之长。《礼记·月令》中有更加详细的规定:孟春之月"禁止伐木",仲春之月"毋焚山林",季春之月"无伐桑柘",孟夏之月"毋伐大树",季夏之月"树木方盛,乃命虞人,入山行木,毋有斩伐"。《管子·八观篇》:"山林虽近,草木虽美,宫室必有度,禁发必有时。"即要求根据森林生长规律规定砍伐和禁伐的时间,并且对砍伐量也加以限制。特别是正当林木滋长的春天,严禁入山砍伐。同时,还注意防火烧毁山林,国家制定有防火的法令,还设有监督执行的官吏。《周礼·夏官·司爟》:"掌行火之政令……凡国失火,野焚莱,则有罚焉。""以时禁发"及防火的措施实施,对林木的保护具有重要的意义。

四、家畜养殖技术进步

(一)建立专门的养殖管理机构

夏商至春秋时期虽然都是以农业为主的农耕社会,但畜牧业在社会经济中也占有很重要的地位,特别是供给国王享用的饲养业。其中又以大牲畜饲养更为重视,这是由于统治者认为"国之大事,在祀与戎"。祭祀和军事成为当时国家的头等大事,祭祀甚至比军事还重要,在每次军事行动以前都要进行占卜和祭祀。祭祀需要大量牲畜作为牺牲,军事行动需要马牛等大牲畜作为动力。两者导致所需大牲畜的数量特别大。为了保证供应,统治者设立专门的机构来经营管理家畜养殖。如传说夏代就有"牧正",商代甲骨卜辞中也有"马小臣"一职,是管理马匹的官员。卜辞中还有"牛臣""刍正"等,也应该是管理牛的饲养和牧草种植的官员。到了西周时期,《周礼》详细记载了一整套管理官营畜牧业的职官和有关制度。其中与畜牧业直接有关的职官就有"校人""牧人""牧师""圉师""庾人""趣马""巫马"以及"牛人""羊人""犬人""鸡人"等。

"兽医"一词在西周正式出现。《周礼·天官》记载有"兽医"一职,其职数是"下士四人",其职责是:"掌疗兽病,疗兽疡。"说明当时的兽医已经有内外科之分。"疗兽病"属于内科,疗兽疡则属于外科。

(二)六畜养殖结构形成

六畜最开始都是作为食用的,其次才是利用其羽、毛、皮、革、齿、牙、骨、角来为人们的日常生活服务。从商代开始,马、牛等大牲畜已开始作为交通运输的动力来使用,所谓"王亥作服牛""相土作乘马"的传说可作为旁证。殷墟也出土很多车马坑,除少数为一车四马外,大多数都为一车二马。这时开始马的地位可能已经居六畜之首。

马在《夏小正》中经常出现,《诗经》中也有很多描写牧马、养马的诗句,反映西周时期养马业的兴盛。《周礼·夏官·司马》中有"校人"一职,"掌王马之政""辨六马之属",可见周朝对养马业非常重视。到了春秋以后,盛行车战和出现了骑兵,马已成为军事上的重要角色。

养牛虽然在《夏小正》中没有提到,但中原地区的新石器时代遗址中已普遍发现牛骨,湖北、辽宁等地也出土过夏商时期的牛骨,毫无疑问夏代已有养牛业。商代的甲骨文已有牛字,甲骨文的牧、牡、牝、牲等字都从牛。殷墟出土的大量卜骨,多取材于牛的肩胛骨。牛也大量被用于祭祀,所用动辄数十数百头,甚至上千头。可见牛在商代已大量饲养,其重要地位应该与马不相上下。《诗经·小雅·无羊》描写了西周时期的养牛情况:"谁谓尔无牛,九十其犉。"《周礼·地官·司徒》中有"牛人"一职,"掌养国之公牛,以待国之政令。"书中还记载了牛的各种用途,有"享牛""求牛""积膳之牛""膳羞之牛""犒牛""奠牛"以及"兵车之牛"等之分,也反映出社会对牛的需要量很大,这种需求量必然促进西周养牛业的发展。到了春秋时期,文献中隐约可见牛开始用来拉犁耕田,《国语·晋语九》记载:"夫范、中行氏不恤庶难,欲擅晋国。今其子孙,将耕于齐,宗庙之牺,为畎亩之勤。"宗庙之牺即是说牛曾经只是用于祭祖,畎亩之勤则是说现在能够在田间充当重要角色,即用于耕地。山西浑源出土的春秋时期的穿鼻牛尊,从文物的角度间接佐证当时能够驱使牛来耕地。

图2-1 牛尊(牛穿鼻)(山西浑源出土)

羊在《夏小正》中有"初俊羔"的记载,即肥育小羊。河南省偃师县二里头发现了夏代的羊骨架,甘肃省永靖县秦魏家、甘肃武威市皇娘娘台、湖北省江陵县荆南寺和河北省张家口白庙、山东省烟台市牟平区照格庄等地都发现相当于夏商时期的羊骨架。夏代已有养羊业是确定无疑的。甲骨文的羊字是羊头正视图形的简化。卜辞中有大量关于用羊祭祀的记载,有时一次多达数百甚至上千。《诗经》中有十三篇提到羊,比如《小雅·无羊》:"谁谓尔无羊?三百维群。"《周礼·夏官·司马》中有"羊人"一职,专"掌羊牲",陕西、湖北、湖南、青海等地也出土不少西周羊骨架,以及二羊尊、四羊尊等商周青铜器,都表明商周时期养羊业有较大发展。湖南地区的商周青铜器盛行以羊为纹饰,亦反映南方养羊业颇为发达。

猪在新石器时代饲养业中占有极为重要的地位。夏商时代遗址出土大量的猪骨骼，说明养猪业依然兴盛。到了春秋时期，正如《孟子·梁惠王上》说到，"鸡豚狗彘之畜，无失其时，七十者可以食肉矣"，猪成了普通百姓的主要肉食来源。

狗在新石器时代就已经成为家畜，除了帮助狩猎、守御田舍外，也是肉食的来源。商周时期仍然如此，狗成为祭祀的牺牲之一。《礼记·少仪》的一些注疏指出狗在当时有三种用途："一曰守犬，守御宅舍者也；二曰田犬，田猎所用也；三曰食犬，充君子庖厨庶羞用也。"《周礼·秋官·司寇》专设"犬人"一职，专门掌犬牲供祭祀，并主相犬和牵犬事务。社会上也出现专业屠犬的行业，如战国时期的朱亥就是以屠狗卖肉出身的历史名人。春秋时期经常"犬彘"、"狗彘"或"鸡豚狗彘"并提，都表明狗也是当时的重要肉食来源之一。

鸡在夏商时期的家禽中占有最重要地位。《夏小正》中有"鸡桴粥"（产卵）记载，养鸡已成为重要的副业了。甲骨文的鸡字是鸟旁加奚为声符。殷墟中已发现作为祭祀殉葬的鸡骨架。《诗经·王风·君子于役》中有"鸡栖于埘""鸡栖于桀"的诗句。《周礼·春官·鸡人》："掌共鸡牲，辨其物……凡国事为期，则告之时。"专门负责掌管祭祀和报晓。鸡是唯一能够身列"六畜"之中的家禽，可见其在饲养业中占有重要地位。

鸭是从野鸭驯化来的，鹅是从野雁驯化来的。鸭、鹅不见于甲骨文，但河南省辉县琉璃阁殷墓中已有铜鸭出土，安阳市小屯商墓中出土过玉鸭和石鸭，可见商代确已饲养家鸭、家鹅。西周青铜器中也常有鸭形尊出土，反映当时鸭的饲养已较普遍。河南省安阳市妇好墓中也出现3件玉鹅。山东省济阳县刘台子出土过西周玉鹅，说明鹅鸭在商代已经驯养成功。《吴地志》载："吴王筑城以养鸭，周围数十里。"这反映出春秋时期江南水乡养鸭业已有很大的发展。

（三）繁育技术

1.控制交配时间

牲畜的繁殖如果不加以人工控制，任其自然交配的话，其后代就会退化，体质下降。为了防止牲畜乱交，保护孕畜，控制交配和生育季节，必须将雌雄分开饲养。《夏小正·五月》中有"颁马"的记载,就是将雌雄的马分别放牧。因为春天马群是雌雄混合在一起放牧,自然会自行交配,到了五月,雌畜应已受孕,就得分开放牧,防止因其可能相互踢咬而流产。《礼记·月令》中说到,在季春之月"乃合累牛腾马,游牝于牧"。母马在春天配种,次年生产后正值天气转暖,有利于幼马的养育。

2. 相畜术

在长期驯养家畜的实践过程中,人们能够凭借经验,从外观上鉴别牲畜的优劣,逐渐形成了一门独特的专门学问,这就是相畜术。其中尤以相马术成就最为突出,其次是相牛。这当然是因为牛与马在当时的军事、交通和生产中作用比其他家畜要大,人们就格外关心马牛的优劣区分。《周礼·夏官》中记载与马有关的职务就有马质、赞人、趣马、牧师、庾人、圉师、圉人等。如马质的职务就是评议马的特点和价值,他们都必须具备丰富的关于马的毛色、体形大小等知识,也就是要具备相马的能力。

春秋时期涌现出一大批相畜专家。其中最著名的有:秦国相马名家伯乐、九方堙,赵国有王良,卫国有相牛的名家宁戚。据《列子·说符》记载,秦穆公见伯乐年老,令其遴选接班人。伯乐便推荐老朋友九方皋(即九方堙),替天子"使行求马"。传说当时伯乐著有《伯乐相马经》,宁戚著有《宁戚相牛经》,可惜的是这两本中国最早的家畜外形鉴定著作,都没有留存到今天。

3. 畜群合理的雌雄比例

为了提高繁殖率,当时提出雌雄数量应该保持在一个合理的比例。《周礼·夏官·校人》:"凡马,特居四之一。"特就是雄马,"四之一"据郑玄注是"三牝一牡",也就是四匹马中要有一匹公马做种马。其余不适合做种马的雄马都要被阉割,不能让其与母马交配,以免受孕产生劣质后代。

4. 家畜去势技术

为了提高繁殖率,对不合格的公畜要进行处理,办法就是利用去势术,也就是《夏小正》"四月"中的"攻驹"和《周礼·校人》中的"攻特"。汉代郑玄引郑众解释说,攻特即对雄马去势之意。《周礼·校人》中还有"执驹"一职,郑众解释为:"执驹,无令近母……二岁曰驹。"驹是小马,未至壮龄。公

图 2-2　伯乐相马示意图

马一般春天发情,这时要拘禁那些可能发情,但是年龄还小的小马,使它不与母马交配。也是配种必用强壮公马之意,这样繁育出来的幼马就会健壮有力,从而可以达到改良马品质的目的。

商代不仅对马进行阉割,对猪也实行同样的措施。彭邦炯曾列表指出甲骨文中众多有关家畜象形兼会意的字,分别反映出马、牛、羊、豕等家畜的不同性别、年龄和阉割的特征。对家畜进行阉割,作用有三:一是使之更快地膘肥肉嫩,供人食用;二是可使之性情温顺,易于役使;三是可以人工控制家畜的生殖和繁育,有利于选择培养出优良的畜种。

第三章 战国秦汉时期的农业

战国与秦汉时期(前 475 年—220 年)是中国农业承前启后的重要时期,北方旱作精耕细作技术向前继续发展。其中对农业产生重要作用的核心要素是铁农具与牛耕的运用,这是夏商至春秋时期青铜农具稀见于农业生产领域,铁农具使用并不广泛所不能比拟的。铁犁和牛耕的结合,大大有利于耕作技术的发展,粮食产量迅速提高,同时也推动了社会制度的变革。这一时期,自耕农阶层得以形成,"私作则速"的局面替代了传统井田制度下的"公作则迟",自耕农劳动积极性大大提高后,社会财富迅速增加,同时也推动了文明的发展。

战国时期,土地由凝固态转向为动态,表现在井田制的逐步瓦解和土地私有化进程的加快。各诸侯国追求富国强兵,以赏田宅奖励耕战,培育了一大批新兴地主与自耕农阶层。国家承认农民对原有授田的长期占有,承认开垦的私田为合法财产,按田亩多少征收租税。战国时期大量的水利工程迅速出现,著名的都江堰水利工程就在这一时期修建,使得成都平原变成天府之国。

秦汉时期是中国传统社会制度定型时期,秦朝建立中央集权制度,开始实行郡县体制,并影响以后的两千多年。郡县制度下,基于皇权永世延续的目的,推行重农抑商制度,并实行书同文,车同轨,日同历,到了汉武帝时期,二十四节气成为指导生产与生活的共同历法。

此时南方农业依然相对落后于北方,原因主要有:一是农业土壤因素。南方地区的土壤类型为冲积型,由于其水平层理明显而垂直层理不明显,这种土壤构成不利于掘土木棒入土。这与当时北方的土壤类型——堆积黄土,非常有利于简陋工具的耕作不一样。二是采集比较丰富,够吃后就容易不思进取。正如《史记》所言:"楚越之地,地广人稀,饭稻羹鱼,或火耕而水耨⋯⋯江淮以南无冻饿之人,亦无千金之家。"江淮地区经济因受自然条件较好的影响,限制了早期的农业发展。三是南方农业技术相对落后,北方的农业技术向南方转移慢,犁等耕地工具的传播相对较晚,曲辕犁到唐代才开始出现,影响了南方的开发。四是江南一带人口稀少,水利建设的规模与密度大大低于北方,限制了农业发展。

第一节　土地制度与赋税制度

一、土地制度

(一)战国时期的土地制度——废井田,开阡陌,开始私有制

战国中期,中原广大地区基本上完成了金属农具代替木、石农具地位的历史过程。铁器武装了耕犁,畜力加入到耕作领域,使农业生产的效率大大提高,"一夫挟五口"的个体农户,基本上可以独立完成"治田百亩"的任务。井田制已不再适合生产力发展,贵族的世卿制、世禄制和土地分封制就成为必须要废除的制度,在此背景下出现了战国时期的七国变法。

变法最早在魏国取得成效,魏文侯先后用魏成子、翟璜、李悝为相,推行变法。由此,魏国成为战国初期七国中最强的国家。李悝为相时主持改革的重要内容就是开垦荒地、兴修水利、发展农业生产,而要达到这一目的,就必须铲除旧的土地关系。故此,李悝主张"尽地力",就是要以土地的私有鼓励农民"治田勤谨"。"一夫治田百亩,岁收粟百五十石,除十一之税十五石。"很明显,其时的魏国业已实行"税亩"制度。

诸国变法的关键都是从法律上不同程度地肯定了土地的私人占有权,包括耕种土地的劳动者对土地的私人占有权,其中变法最为彻底,亦最为有效,在法律上使土地的私有制得到最终确立的当是秦国的商鞅变法。秦用商鞅之法,废除井田,废除了三代以来奉行千余年的"田里不鬻"制,使"土地买卖"以合法形象开始登上经济舞台。

土地私有化的基本途径有二:其一,各国实行军功赐田制,培育了一批

军功地主;其二,实行土地、赋税制度改革,份地占有者、授田民转化为自耕农。

(二)秦汉时期的土地制度

秦汉是中国历史上多种土地制度并存和消长的重要时期。国家土地所有制、地主土地所有制、小土地所有制这三种土地所有制形式共同存在,相互作用,维系了中央集权制经济的正常运转。

1. 国家土地所有制

秦汉专制主义中央集权职能强化,国有土地一度亦呈渐增趋势。国有土地增加的方式包括:一是加强对战后无主公田的控制;二是扩大国家苑囿园池的规模;三是剥夺豪强权贵的土地;四是开发与屯垦边疆地区。这些国有土地一部分赏赐给贵族官僚或有功者;或作为赈济手段赐予贫民;或假民公田收取租税;或由国家直接经营。秦汉国有土地在保证王朝经济收入与调整土地关系方面发挥过重要作用。

2. 地主土地所有制

秦统一后,下令"使黔首自实田",主要是让地主和有田农民据实申报自己的土地数量,并按规定的数量交纳赋税,取得国家法律对土地所有权的保护与承认。由此,土地私有制度在中国历史上首次确立。土地所有者对其拥有的土地具有分割、买卖、租赁、抵押和使用的权力,不受其他人干涉。

地主是拥有较多土地、依靠地租收入生活的土地所有者。地主土地来源的种类很多,有的来自赏赐,有的凭特权侵占,有的凭借经营与收购。既然土地可以自由买卖,土地投资又能带来稳定的收益,土地兼并就必然会导致大、中、小地主的存在。大地主一般指皇亲、国戚、贵族、权臣、官僚以及巨贾、富商、豪绅、大农等,他们多集中于王朝统治机构部门,各大城市及郡县治所。中小地主则多散处各地乡村,构成地方经济的主体。

3. 小土地所有制

秦国时即对有军功者均赏给土地,也分给移民和能垦殖者一定的田宅,这样便扶持了一些小土地所有者——自耕农民。孟子说:"百亩之田,勿夺其时,八口之家可以无饥矣。"这种小额土地所得除缴纳国家赋税外,剩余尚能维持一家生计,耕农可继续重复简单再生产。秦统一后,广大普通农民

(黔首)的土地私有权得到法律保护。自耕农的普遍存在,是秦及汉初社会、经济、文化繁荣的经济基础。

二、赋税制度

(一)战国时期赋税制度

战国时代,由于战争规模扩大与频次增加,国家政权职能必然需要得到强化,自耕农的赋役必然日趋苛重。战国初,李悝在估算农民收支细账中有"除什一之税十五石"的计算,亦即十分之一税。但是后来由于经常土木迭兴,戍守无已,徭役负担对农业生产和农民生活之影响,往往更甚于田税、口赋。董仲舒说秦用商鞅之法,"田租、口赋、盐铁之利二十倍于古"。

(二)秦朝重徭厚赋

秦朝在全国推行郡县制,实行中央集权管理,迅速膨大的国家机器骤然加重了人民的赋税徭役负担。自公元前221年至秦灭亡,十多年间的大型徭役,名目多达20余项,二世时期甚至是"戍徭无已"。这些徭役,除了少数是用于生产性的建设以外,多数是属于劳民伤财、专供统治者享用的非生产性工程。秦建阿房宫,工程浩大,后人有"蜀山兀,阿房出"之谓。秦筑长城,起临洮至辽东,延袤万余里,仅"河上"一段工程即耗用劳力30万人次。

秦代赋税徭役除了繁重之外,另以征调急促为突出特征,以严刑峻法确保转输之物、服役之人、应纳赋税等必须限期办竣。陈胜、吴广就是在"谪戍渔阳"的过程中,遇雨失期后被迫起义的。因为按秦律规定,失期当斩,故铤而走险。

(三)两汉轻徭薄赋政策

西汉初统治者总结前朝教训,采取黄老政治和与民休息思想,无为而治,执行轻徭薄赋政策。刘邦提出了"量吏禄、度官用、以赋于民"的赋税原则,由战国时的什一之税降到十五税一。汉惠帝时,"高后女主称制,政不出房户,天下晏然"。在文景时期,正式确立三十税一,算赋由120钱降到了40钱,甚至有时免除整个国家的田税。汉初至武帝之初七十年间,"国家亡事,非遇水旱,则民人给家足,都鄙廪庾尽满,而府库余财。"刘秀建立东汉后,裁并400余县,减少官僚机构,减轻百姓负担,"吏职减损,十置其一"。建武六年(公元30年)刘秀下诏令"郡国田租三十税一,如旧制"。使军队转业屯田,减少人们服兵役的时间。其后的几位皇帝,如明帝、和帝都执行刘秀政策,"轻刑谨罚,轻徭薄赋"。

不过,两汉轻徭薄赋只是体现在土地税上。除了土地税外,农民还有其他各种赋役,且负担不轻。汉代有算赋,征收15—56岁间男女的人头税,前汉期税率为每人120钱一算;口赋亦称口钱,征收对象是3—14岁未成年人,年23钱;更赋,实为戍边代役钱,过更即不去须交300钱,践更也就是在内地服役,不去则须交2000钱;算赀即财产税,家资万钱一算(120钱),商人2000钱一算,车征一算,船过5丈征一算。以上诸税累计额远远超过田税。低田税政策在以自耕农作为社会主体时,能够促进农业生产的发展。但随着大土地所有制的发展,轻徭薄赋则由对农民的优惠变成了对豪强的优惠。

第二节　农官制度与重农政策

一、农官制度

战国秦汉时期是中国职官制度变化比较剧烈的时代,农官制度也不例外。战国时代与农相关的机构有,秦、赵两国的"内史"、韩国的"少府"、秦国的"少内"等机构,分别负责:田地租税征收,以供官吏俸禄及政府日常开支;取山川、关市之税,以给天子、宗室享用。

秦代的农官名为治粟内史,西汉初延用,到景帝时更名为大农令,武帝时为大司农,东汉沿用这一官称。大司农位列九卿,为国家农业管理最高行政长官,举凡国家钱谷租税收支均归其掌管。大司农之下有两丞,是辅佐大司农的长官,或专领一方面事务。

大司农在地方属官,有大司农部丞。《汉书·食货志》说桑弘羊"请置大农部丞数十人,分部主郡国,各往往置均输、盐铁官"。其大农部丞数十人中有郡国农监,是地方监督农业之官,或称农官。为了管理郡国公田、边郡屯垦,还设置有搜粟都尉、农都尉、属国农都尉、护田校尉、屯田校尉、渠利田官、北假田官、辛马田官、侯农令、守农令、劝农掾等官职。其中以赵过任搜粟都尉最为著名,他在很多地方教民种地。

除大司农外,据《汉书·食货志》记载,水衡、少府、太仆诸卿因管辖领域大多与农业生产有着比较密切的关系,亦往往"各置农官",如太仆掌舆马、主马政。

汉武帝元鼎二年(公元前 115 年)置水衡都尉,水衡都尉属官中上林、禁圃、六厩诸令丞以及水司空、都水、农仓诸长丞,皆与农事联系密切。

郡县又各有农官。郡府列曹中有户曹,主管民户、祠祀、农桑等事务;时曹,主管节气、月令等事务。

以大司农系统为主体的农业管理机构与太仆、少府、水衡所属农官以及郡县乡里农官,共同构成卓有成效的农业管理体系,使农业这个重要的产业部门真正做到基牢础固。

二、重农思想与重农抑商政策的形成

夏朝以来,随着人口增长趋势形成,农业的经济比重逐渐上升,重农观念初露端倪。而战国秦汉时期重农抑商制度化、政策化的发展趋势,深刻影响了战国秦汉乃至其后两千多年中国社会经济的发展。

有关重农观念的系统表述,始见于周朝时虢文公的谏辞。当时周宣王"不籍千亩",也就是不去行籍田大礼,虢文公于是谏曰:"夫民之大事在农。上帝之粢盛于是乎出;民之藩庶于是乎生;事之供给于是乎在;和协辑睦于是乎兴;财用藩(繁)殖于是乎始;敦庞纯固于是乎成。"意思是民众的大事在于农耕,上天的祭品靠它出产,民众的繁衍靠它生养,国事的供应靠它保障,和睦的局面由此形成,财力的增长由此奠基,强大的国力由此产生。这段文字充分反映了对农业的基础地位的深刻认识,是为重农思想之先声。以后思想家的有关论述,大约都源于此。如战国早期的墨家指出,农业生产既为民之所仰,亦为君之所养,"故食不可不务也,地不可不力也,用不可不节也"。《墨子·七患》有"固本而用财"之说,是以农为本理论的萌芽。不过,先秦诸子不同程度强调、关注农业发展,大多停留在理论、观念形态,真正落实于农业生产实践并且制度化,当自魏国李悝变法开始。

公元前 445 年,魏文侯即位后以李悝为相,主持变法。变法主要内容为

"尽地力之教"，就是通过提高农民的耕作技术和劳动强度，挖掘生产潜力，增加单位面积产量。其核心在于"治田勤谨"，其目的在于发展农业。"尽地力之教"是一项得到贯彻的农业政策措施。李悝还考虑到稳定粮价的重要性，提出"平籴"的主张，也就是要在谷价格低时通过干预，适当提价，高时抑价。他说："籴甚贵伤民，甚贱伤农；民伤则离散，农伤则国贫。"其中包含着抑制商业的想法。

商鞅在中国历史上最先倡明"事本禁末"口号，并且将它作为农战理论的核心内容之一贯彻于治国方略之中。在他看来，"壹之农，然后国家可富"，富国只有发展农业生产力一途。治国之要，在于令民归心于农，为此商鞅采取了一系列政策措施以发展农业："以粟出官爵"即以对农业之贡献多寡封赐官爵；对致力农事者免除徭役；行徕民之术，吸引三晋百姓前来，以增加秦国人口和劳动力；"民有二男以上不分异者，倍其赋"，以鼓励发展一夫一妇的个体农民家庭，调动生产积极性；同时商鞅还实行了比较严厉的抑商禁末措施，并以此作为推行农战政策的基本内容付诸实施。他主张限制非农活动，对经营商业及怠惰而贫困者，连同妻、子收入官府为奴；采用重税政策压低商业利润，限制非农行业发展，即"不农之征必多，市利之租必重"。

商鞅所推行的重农抑商政策，对于保证有更多的劳动力投入农业生产，削弱工商业对农业生产的分解破坏，发挥了重要作用，国势因此渐雄。战国中后期，秦由被诸侯鄙视的西陲之国，经济实力不断增强，军事力量也日益壮大，跃居七雄之首，由与列国争雄阶段进入追求帝业时期。世谓商鞅变法，"虽非古道，犹以务本之故，倾邻国而雄诸侯"。秦富强并统一六国之基础为商鞅变法所奠定。

一项政策取得成功后，必定会成为依赖的路径，持续执行的依据，但结果往往会走向其另一端。战国末期，秦、魏诸国将抑商法律化。秦统一后，将"上农除末"作为一种指导方针行诸全国。始皇二十八年（公元前219）东巡，登琅琊台刻石曰："皇帝之功，勤劳本事，上农除末，黔首是富。"秦王朝将重农抑商发展到了极致，甚至于"除商"而后快。政府对"有市籍者"即经商者采取种种打击措施，"后以尝有市籍者，又后以大父母、父母尝有市

籍者,后入闾取其左",商贾数代,即祖父母及父母曾经经商的人,皆在"谪
戍"范围。秦曾多次强制迁徙豪富,其中除部分六国之后、不轨之徒外,有
相当的部分系工商巨富。其目的在于剥夺他们的财富,削弱他们的政治经
济势力,不至于对国家政权构成威胁。由于远途迁徙,许多工商业者抛弃
财产。

汉朝建立后,汉高祖刘邦为了尽快恢复发展社会生产,医治战争创伤,
同样奉行"重农抑商"政策。刘邦即位不久,即颁布著名的"复故爵田宅
令",全面推行重农政策。汉武帝为了进一步巩固中央集权,确保对外征伐
的顺利进行,对富商大贾采取了更为严厉的打击措施。实行垄断经营,如剥
夺盐铁酒商利源,实行盐铁官营。抑商政策固然具有一定的合理性,但是过
之则成为阻碍经济发展的因素。

第三节　铁农具和牛耕推广

一、农业生产工具的铁器化及耕作动力变化

战国秦汉时期,冶铁技术不断进步,为铁农具普及与制造不同用途优质
铁农具提供了丰富材料来源,冶铁业渐成大产业,经营铁业致富者日众,铁
器生产与使用地区由中原向周边地区逐步扩展。这一切表明,战国秦汉时
期铁农具已经推广、普及,逐渐确立了其在农业生产领域的主导与统治
地位。

战国早期的铁制农具数量较少,器类较简单,多小型器件。虽然部分农
耕领域已开始使用铁器,但尚无法全面取代木、石、骨、蚌和铜质农具。战国
中期以后,铁器推广到社会生产和生活的各个方面。在农业、手工业部门
中,铁器基本上代替非铁器而初步取得支配地位。不过,受铁生产量之制
约,许多农具尚无法以全铁制成,故退而求其次,只以铁质包套农具刃部。

战国时期在耕垦领域占据重要地位的铁镬逐渐被铁犁铧所替代。此
外,大致从战国开始,铁镰逐渐取代铜镰。秦汉铁镰普及后,镰刀功用由采
割禾穗向刈割禾茎转变,形制基本定型,一直沿用至今。

战国秦汉时期农业生产工具铁器化过程包含两方面内容:一是铁农具

的推广与普及,即以铁器淘汰木、石、铜材质农具;二是铁农具完成了由用铁质包套刃部向全铁质农器的转化过程。

秦汉时期,铁器在农具领域的主导地位已牢固建立起来。铁农具关乎国计民生,成为"天下之大用""农夫之死士"。在以农为天下大业的时代,铁农具是辟田莱、灭草秽、熟五谷的得力武器。秦汉为中国水利发展史上最值得称道的时代之一,许多大规模的水利设施兴修于这一时期,铁农具在其中起了重要作用。

在运用铁农具之时,耕作动力发生变化是秦汉时期农业大发展的另外一个重要因素。这一时期萌芽于春秋的牛耕,被大力推广开来。《吕氏春秋·重己》"引其棬而牛恣所之",《庄子·秋水》"穿牛鼻,是谓人",皆是穿牛鼻的记载。穿鼻牛便于耕作或驾车,这是家牛役用技术的一大进步。战国诸雄中,当数秦国最重视牛耕。《战国策·赵策》载赵孝成王二年(公元前264年)赵豹说:"且秦以牛田水通粮,其死士皆列之于上地,令严政行,不可与战。"秦简《厩苑律》中称耕牛为"田牛",称牛耕为"牛田",并且对耕牛的饲养、役使、评比考核规定了相应的奖惩办法。"牛田"乃当时牛耕之通语,是秦行牛犁耕的确证之一。云梦是由楚归秦之新区,秦于此推广"牛田",秦本土牛耕当已比较普遍。牛耕与铁器的结合,使得农业生产效率大大提高。

二、农具向专业化、多样化方向发展

秦汉时期农业生产工具出现了多样化、专业化发展趋势,不仅大大提高了生产水平,也标志着中国传统农具已进入基本定型、成熟期。

先秦文献记载的古代农器,普遍存在一器多用现象。多方面都能应用的工具,效率毕竟有限。想提高工具效率,必须适应某专项工作的特殊要求,制造专门工具。战国时代铁器在农业生产领域替代石、骨、蚌、木诸器,农具种类及其形制发生了重大变化。在直插式农具中,锸继耒耜成为重要的翻土农具,铲代钱、铫用于中耕作业。考古资料表明春秋时出现的铁铲,到战国时期使用更普遍,形式有梯形的板式铲和有肩铁铲两种。

汉代铁犁有大、中、小之分,可适应不同耕作技术需要,或用于耕翻土

图 3-1　汉代牛耕(陕西米脂汉画像石)

地,或用于开渠作垄。观察秦汉铁锸实物,出土于北方者多为平刃、弧刃器;出土于南方者多为尖刃器。器形差异,应该是已经考虑到南北土质不同。尖刃器宜于南方垦辟草莱生土;平刃器宜于北方耕翻田畴熟壤。

据考古与文献统计,夏商至春秋时期农具种类有锸、铲、铚、耒耜、钱、镈等,到了战国秦汉时期,新增犁、耱、耧车、辘轳、翻车、锄、耙、石转磨、碾、碓、飏扇(风扇车)、枷等。整地、播种、灌溉、中耕、收获、加工诸生产环节都有新农具出现。

整地农具以铁犁之推广、普及最具代表性。犁是用动力牵引的耕地机具,由诸多部件组合而成,远比手工整地农具结构复杂。战国犁架结构尚不清楚,但出土铁铧的类型差异,或能反映其功用、结构的多样化发展趋势。

　　汉代的铁犁铧品种多样,大小不一,可适应不同耕作技术需要。陕西、河南、山东等地都有汉代犁壁出土,它是耕犁发展史上的重大成就之一。犁壁有导引垡条逐渐上移,进而使其碎断、翻转,达到预定方向之功能,对于提高犁耕质量具有重要作用。汉代耕犁已具备犁辕、犁箭、犁床、犁梢等基本部件,结构趋于成熟定型。耕犁都是直辕犁,有用二牛牵引的长直辕犁和一牛牵引的短直辕犁。耧为畜力牵引的播种农机具,由赵过发明。汉崔寔《政论》说"武帝以赵过为搜粟都尉,教民耕殖。其法三犁共一牛,一人将之,下种挽耧,皆取备焉,日种一顷。至今三辅犹赖其利"。《汉书·食货志》亦载"其耕耘下种田器,皆有便巧"。耧车是继耕犁后中国农具发展史上又一重大发明,对提高播种质量和促进农业生产起了重要作用。赵过发明的为三脚耧,另有独脚、两脚、四脚几种形制。

图 3-2　汉代三脚耧车复原示意图

第四节　水利工程

战国秦汉时期,铁器的使用和牛耕的推广,极大地提高了农业生产力和劳动效率。垦田面积增加,特别是小麦种植面积的扩大,导致农业生产中水的供需矛盾日益严重,这对农田水利建设的发展提出了迫切要求。此时,开始大规模兴修水利工程。水利工程的兴建不仅对经济发展产生了重要的推动作用,也使水利科技取得了巨大的成就。

一、战国时期大型农田水利工程的兴建

战国时期各诸侯国即对水利建设十分重视,修建的水利工程有都江堰、郑国渠和漳水十二渠等。

(一)都江堰的兴建与成都平原灌区的出现

都江堰是中国古代水利史上最著名的工程,它是在秦昭襄王时由蜀郡守李冰父子主持修建的。整个工程设计巧妙、布局合理、效益显著,奠定了成都平原灌区经济发展的基础,至今仍然发挥着巨大的灌溉效益。都江堰古称"湔堋""湔堰""金堤""都安大堰"等,唐代又叫"楗尾堰",到宋时方称"都江堰"。

都江堰工程建设以前,岷江水流经常泛滥成灾,对成都平原构成了严重威胁,巴蜀人民很早就开始了与水害的斗争。《华阳国志·蜀志》有"开明凿玉垒山,以除水害"的传说。《水经注》也说:"江水又东别为沱,开明之所凿也。"开明是战国时楚人,入蜀后因治水有功受到蜀王的重用,后又继承王位,号曰丛帝。经过开明时代的治理,岷江水利已有一定基础。公元前316年秦国灭蜀后,开发成都平原备受关注。秦昭襄王(前306—前251)时,蜀守李冰父子于公元前256—前251年在四川灌县附近主持修建,工程的主要功能是导引岷江水流,在分流泄洪的同时,起到灌溉农田的作用,有效地控制了水旱灾害的发生。

都江堰水利枢纽工程有都江鱼嘴、飞沙堰、宝瓶口、百丈堤、金刚堤、人字堤等设施。其中都江鱼嘴、飞沙堰和宝瓶口是都江堰的三大主体工程,其

他部分为附属设施。

（二）郑国渠的兴建和关中灌区的发展

郑国渠是秦国继都江堰之后兴建的又一大型水利工程。地处陕西的关中平原，西起宝鸡，东至潼关，南界秦岭，北抵北山，东西长约 300 公里，南北宽约 40—50 公里，为一狭长地带。全区面积 34000 平方公里，土壤肥沃，疏松易垦，是发展农业生产的理想地区。但关中深处内陆地区，受大陆性气候的影响，年降雨量较少，且分布也不均衡，春季雨少，夏、秋时节雨量相对集中，与作物生长需求不一致。当春天需要雨水时，降雨根本不能满足作物水分的需要，往往出现干旱，影响播种。因此，开发利用地表水资源，成为关中农业发展的关键所在。

郑国渠的修建是秦国试图解决上述问题，富国强兵的杰作。郑国渠对小麦替代小米起到了重要推动作用。粮食产量的增加，使秦国增强了国力，为秦统一天下奠定了基础。公元前 246 年，弱小的韩国派工匠郑国到秦国说服秦王兴修大型水利工程，想要通过修建一条无用或用处不大的水渠，耗损秦国的人力物力，达到使秦国劳民伤财的阴损效果。但是，郑国渠的真实效用却与韩国的初衷大相径庭。这条水渠的修建，使得八百里秦川一跃变成了良田沃土，关中地区的粮食产量大幅度增加，秦国的国力猛增，反而加快了吞并六国的步伐，韩国自然很快就被秦国吞并。《史记·河渠书》记载："渠就，用注填阏之水，溉泽卤之地四万余顷，收皆亩一钟。于是关中为沃野，无凶年，秦以富强，卒并诸侯，因名曰'郑国渠'。""亩一钟"，显然只有小麦能够达到这个产量。谷子和糜子是当时韩国的主要作物，小麦没有太受重视，原因是当时种植技术不行，产量不高。韩国没有考虑到秦国小麦种植技术要先进很多，所以出现了事与愿违的局面。因为灌溉对小麦与小米的作用是大相径庭的，同样面积的耕地上，小麦生长所需水量是小米的一倍。因此，灌溉条件具备以后，小麦产量提升明显，而小米则不明显。而随着以郑国渠为代表的关中水利设施的完备，灌溉大大有利高产的小麦种植，秦国自然粮食富足，从而有利于完成统一的大计。

郑国渠的建成还改善了关中地区整体的农业生态环境。关中东部地区地势低洼，地下水位较高，土壤盐碱化问题比较突出，是所谓的"泽卤之地"。而泾水是一条泥沙含量较高的河流,平均含沙量达每立方米180公斤,其中有丰富的有机质和速效氮、磷、钾,引泾淤灌,利于培肥土壤,改良土壤。因为引泾灌溉,还可收到洗土放淤、改良盐碱土的功效。

史学家司马迁和班固在评价郑国渠的作用和意义时不约而同地认为,郑国渠的建成使关中之地成为秦国的重要粮仓,并加快了秦统一六国的历史进程。

(三)漳水十二渠

漳水是海河水系五大支流之一——卫河的支流,它源自山西省东南部,有清漳河、浊漳河两源,会合于河北省南部边境,统称漳河,河长412公里,东南流入卫河,汛期水势凶猛,易酿致洪水灾害。漳河流经河南、河北两省边境,在平原地带,漳河常常暴涨暴落,洪水泛滥四溢。

魏文侯(前445—前396)在位时励精图治,为经营邺地任命西门豹为邺令。西门豹到任后,首先惩治为河伯娶妇的迷信活动,并于公元前422年在漳水渠修建了十二个渠口,渠口上各建一个溢流坝,导引漳水水流。漳水十二渠是中国最早的多首制引水工程,渠道横行于邺地境内,改良了土壤,灌溉了农田,对邺地经济的发展和魏国的富强都产生很大的促进作用。

二、秦汉时期的水利工程

秦统一天下,确立了中央集权的政治制度,中央政府的统治力量大增,达到了前所未有的程度,有了更好的基础建设新水利工程。

秦王朝定都咸阳,为了出兵岭南,命监郡御史禄主持开凿沟通湘漓二江的灵渠工程。灵渠是一条人工运河,其主要功能在于航运,却揭开了秦汉水利建设的序幕。

汉代秦而立,承袭秦制,继续大兴水利。两汉王朝发展水利事业都取得了成功。特别是在雄才大略的汉武帝统治时期,在关中地区先后兴建了六辅渠、白渠、漕渠等水利工程,使关中成为称著天下的沃野之地。在当时的西北边疆,出于屯垦的目的,充分利用地表水资源发展农田水利事业,引流溉田。在河流湖泊众多的江南地区也因地制宜,建起了大大小小的陂池塘堰工程。

（一）关中农田水利灌溉网络的形成

西汉政权建立以后，以长安为都城，开发关中水利，建设系统的渠系灌溉网络备受王朝的重视。同时，水利开发也向全国其他地区扩展。

关中地区水利建设主要在西汉武帝一朝。在武帝的倡导下，时人争言水利，水利事业成就也很大，先后建成了六辅渠、龙首渠、成国渠、白渠、灵轵渠、漕渠、沣渠等。泾河、渭河、洛河及一些小的川谷河流水资源都得到开发利用，促进了关中农业生产的迅速发展。

（二）西北边疆地区农田水利开发

在西汉武帝时期，内地农耕经济就已相当发达，而西北边区却"无城郭常居耕田之业"。由于汉初国力虚弱，百废待兴，无力顾及边防，匈奴寇边成为西汉政权的一大威胁。汉武帝经过一段时间的准备后，决心用兵西北。汉武帝经营西北的方略是，军队开道，然后水利建设跟随。武帝先是启用卫青、霍去病征讨匈奴，随后大量徙民西北，进行屯田垦殖，修建水利工程。在此形势下，西北农田水利得以全面开发，出现了河套、河西、河湟和西域4个大的灌溉农区。

1. 河套地区农田水利建设

河套地区即今宁夏、内蒙古一带。"黄河百害，唯富一套"，"天下黄河富宁夏"，其根源在于水利工程建设。河套地区的农田水利大开发即是起于汉武帝时期，并很快成为在全国有一定影响的水利灌溉区。元朔二年（前127）春，武帝派卫青等率兵征讨匈奴，收复了河套地区后，便在当地设立朔方郡和五原郡，并向朔方移民10万，进行屯垦开发。在河套水利开发过程中，兴建了一批渠系灌溉工程，如宁夏平原的汉渠，宁夏青铜峡、吴忠、永宁、贺兰境内的汉延渠，宁夏中卫的美丽渠、七星渠，还有自汉代建成后，一千多年来一直发挥灌溉作用，但现已湮没的御史渠、尚书渠等，这些渠系灌溉工程奠定了后世河套地区水利事业发展的基础。

2. 河湟地区水利建设

河湟地区即今湟水流域，地处青海东部。河湟水利开发肇始于武帝时期。元狩四年（前119），"自朔方以西至令居，往往通渠置田，官、吏、卒五六万人"。令居在今天的甘肃永登一带。五六万人从事农田水利开发，其规模相当宏大。

3. 河西地区水利建设

河西地区即今河西走廊一带。本地区降雨量少,属干旱地区,农业生产比较落后。武帝置武威、酒泉、张掖、敦煌四郡后,向河西边地屯兵移民,兴修水利,河西开发由此兴起。自武帝后数百年间,河西水利不断发展,建成了许多大型水利灌溉工程。据《汉书·地理志》载,在今张掖县和酒泉县境有千金渠,引羌谷(今黑河)水溉田,得(今张掖西北)大片农田获灌溉之利。所筑干渠渠道长达二百余里。河西走廊西端玉门市和安西县间的疏勒河,古名藉端水,汉时也被大力开发利用。

4. 西域地区水利建设

自汉武帝打通河西走廊,设置河西四郡后,开始了对西域的经营开发,水利事业随之在西域兴起。《汉书·西域传》载,武帝太初四年(前101)贰师将军李广利打通西域后,"自敦煌西至盐泽,往往起亭,而轮台、渠犁皆有田卒数百人"。盐泽即今罗布泊,轮台在今轮台县东南,渠犁在今新疆尉犁县西。当时曾在这里设置校尉,进行屯田,建成了能溉田50万亩的农垦区。西汉时贰师将军索迈曾领酒泉、敦煌、鄯善、焉耆、龟兹兵4000人屯田楼兰,兴建水利工程,当地农业取得了大丰收,数年之间积粟百万。此外,新疆特有的坎儿井水利工程也创制于西汉时期。

(三)江淮流域农田水利建设

1. 汉水流域农田水利建设

汉水流域水利建设以南阳和汉中最为发达,其次是襄阳地区。由于受自然地理条件的影响,汉水流域水利以陂池塘堰为主要形式,这与黄河流域的大型渠系灌溉工程不一样。

(1)南阳水利。早在汉武帝时,南阳就开始了陂田水利的建设,而大规模的水利开发,则以汉元帝(前48—前34)时最为著名,南阳太守召信臣主持兴建的十多处水利工程,其中效益最好的是穰县的六门堨和钳卢陂。东汉时期,南阳太守杜诗又大兴水利,整修了南阳陂池工程。《水经注》记载,南阳水利工程有白河流域的樊氏陂、东陂、西陂、豫章大陂等,湍水上的六门堨、楚堨、安众港、邓氏陂等,唐河上的马仁陂、大湖、醴渠、赵渠等陂渠,这些工程相互串联,形成"长藤结瓜"式的渠塘灌溉工程。

(2)汉中水利。汉中位于陕西南部,地处秦巴之间,汉江上游的褒河、湑水、黄沙河、溢水、濂水、冷水等众多的支流分布于汉中盆地,为水利开发提供了有利条件。据宋代以来史书方志资料分析,汉中所建水利工程主要有以下几项:山河堰,又名萧何堰,相传为汉相萧何所建;湑水堰,是灌溉效益次于山河堰的第二大堰;此外,汉江南岸支流濂水流域的马湖堰、流珠堰、鹿头堰、龙潭堰和北岸支流的澧滨堰、土门堰、斜堰等诸小堰,据称也是汉代工程。在山谷高地,还修建了一些塘池蓄水灌溉工程,如汉中县的四大名塘玉道池、顺池、丹池、草池等。

(3)襄阳灌区。秦汉时期利用襄阳地区主要河流蛮河发展渠堰灌溉工程,数千顷农田得到灌溉。主要水利工程有长渠和木渠。长渠,又名白起渠,相传为秦将白起所筑,后经发展改进,灌溉南漳、宜城县西部农田30万余亩。木渠又名木里沟,汉南郡太守王宠整修渠道,引蛮水溉田,由宜城向东流入汉水,灌溉面积7万亩。

2.淮水流域农田水利建设

淮河是中原地区一大河流,由淮河干流和支流组成的淮河水系,流经河南、安徽、江苏、山东四省,源头在河南省南部的桐柏山。

淮河流域水利建设始于汉武帝时期。汉武帝元光年间(前134—前129)汲黯为淮阳守,组织修治陂塘,发展农田灌溉。自此,地方官员前赴后继,修成了众多的陂塘工程,据《水经注》载,淮河流域陂塘水利很多,淮北达90余处,淮南3处。在汝南一地,就有南陂、北陂、铜陂、窖陂、土陂、壁陂、太陂、黄陵陂、葛陂(三大陂)、横塘陂、青陂、马城陂、慎陂、绸陂、墙陂等30多处陂塘。陂塘与渠道相沟通,形成颇具特色的长藤结瓜式的陂塘渠堰工程。

3.江南地区水利建设

长江下游及其以南地区是秦汉时期农田水利事业建设的重点地区之一。东汉时期,会稽郡太守马臻于永和五年(140)主持建成著名的鉴湖,陈浑于熹平二年(173)建成余杭南湖。鉴湖是江南地区重要的水利工程,兼具灌溉、防洪的功能。秦汉时期的农田水利建设,除了上述工程外,还有在云南修建的滇池,在山东泰安引汶水灌溉,在临淄东北引巨定水灌溉,在今北京密云、顺义一带引潮白河水溉田,在今河北南部邯郸地区,河南北部濮阳地区、新乡地区以及洛阳地区引水灌溉兴建的水利工程等,形成了遍布全国的水利网络。

与战国时期的水利工程相比,秦汉时期水利开发的范围更广,由大大小小的水利工程组成的水利网络在地区经济的发展中起到了极为重要的作用。这些工程在北方和南方以不同的形式出现,北方以渠系灌溉工程为主,引流溉田;南方则以陂塘灌溉工程为主,蓄水防洪,以利生产。这一时期,南到云南,北到新疆,东到浙江、山东等地都有水利工程建设,水利开发呈现出向全国扩展的局面。

第五节　农业科技

战国时期,各诸侯国为了增殖人口,扩充军力,对种植业产生了更大的需求,因此,就需要扩大土地开垦面积,或提高土地利用强度。一般以后者居多,所以在土地利用上逐渐向以提升复种指数,提高利用强度和效率的方向发展,土地不再休闲。当土壤地力衰退时,则通过代田的方式,隔行休闲,施肥补充地力。一年一熟成为主流,二年三熟制度出现在比较肥沃与灌溉条件好的地块上。与此同时,在种植业、养殖业方面出现了大量的新技术,为当时农业的发展奠定了坚实的基础。

一、种植制度
(一)轮作复种

战国时代农田施肥已比较普遍,使土壤养料的损耗能及时得到补偿,恢复地力。同时,大豆的广泛种植又有利于耕地的肥力补充,这些因素均促进了连种制的实行,连种制开始占主导地位。战国以来,虽然撂荒制和休闲制在一些地方长期存在,但就总体来说,当时连种制已成为耕作制度的主流。人们从实践中发现,一块地上换种其他作物,效果比连续只种同一种作物要好,客观上能够起到防止病虫害、恢复地力的作用。而冬小麦在战国时期的中原地区播种面积逐渐扩大,为复种提供了绝佳的机会。此前小麦主要在春天播种,亦即春小麦。春小麦的播种时间与小米的重合,无法错开。而冬小麦因为播种期比春小麦提前,则有以下优势:一是可充分利用早春和晚秋的生长季节,夏初收获,尤其是可接绝继乏,青黄可接;二是种植冬小麦可避开黄河河汛水患,保证收获。铁犁和施肥技术的普遍使用,也为冬小麦种植提供了有利的条件。《汉书·食货志》说,董仲舒曾经上书汉武帝,让大司农督促关中地区种冬小麦。冬小麦种植面积的扩大,必然导致耕作制度出现新的变化。《吕氏春秋·任地》说,深耕细作,消灭杂草和虫害,可以达到"今兹美禾,来兹美麦",这显然是指禾、麦的轮作。从当时冬小麦已普遍种植的情况看,战国时很可能已将冬小麦纳入轮作周期,出现了两年三熟制。

秦汉时期,轮作复种已经非常明显,一般情况下一年一熟,土壤肥沃、灌溉条件好的田地便实行两年三熟。东汉时期文献明确地记载出现了"禾—麦—豆"两年三熟的轮作复种制度。

（二）间作套种与混作

汉代除了轮作复种外,《氾胜之书》明确记载还有间作、套种和混作,具体有瓜、薤、小豆之间的间作套种和桑、黍之间的混种。

二、耕作技术

战国秦汉时期,在使用铁器、牛耕等耕作技术的推动下,人们对耕作逐渐有了理论总结。因地适时耕作的耕作原则,使得土壤耕作的精细化程度提高。

（一）耕作原则出现

随着土壤耕作技术的进步,战国时期对土壤耕作原则做出了理论概括。《吕氏春秋·任地》指出:"凡耕之大方:力者欲柔,柔者欲力;息者欲劳,劳者欲息;棘者欲肥,肥者欲棘;急者欲缓,缓者欲急;湿者欲燥,燥者欲湿。"这五条原则的中心思想是通过深耕熟耰细耱,因时、因土耕作等一系列合理的耕作措施,来改善土壤结构,调节土壤肥力状况和水分状况,用地、养地相结合,使土壤保持适于农作物生长的最佳状态,充分发挥地力。

西汉时期的《氾胜之书》,开篇便对当时的耕作栽培经验做出高度概括:"凡耕之本,在于趣时,和土,务粪泽,早锄早获。"其中"和土"即指要采取适当的耕作措施使土壤保持疏松柔和的状态,这是整个技术程序中的重要一环。

(二)耕作技术

在耕作原则的指引下,人们总结出了适时耕作与因土耕作的具体办法。

1. 适时耕作

西汉《氾胜之书》中总结了春耕、夏耕、秋耕适期耕作的经验及其原理:"春解冻,地气始通,土一和解",即春初解冻之后,地气通达,土壤呈疏松柔和状态,这正是春耕的适宜时期;"夏至,天气始暑,阴气始盛,土复解"的时候,即夏至时,天气转热,雨水增多,土壤水分充足,呈现出和解状态,正是夏耕的好时机;"夏至后九十日,昼夜分,天地气和",即夏至后 90 天,即二十四节气的秋分,气候和土壤均处于良好状态,正适于秋耕。书中指出,在这些时候耕田,耕 1 次能抵得上其他时间耕 5 次,而且耕的田既肥沃又湿润,这都是适期耕作的功效。所谓"以此时耕,一而当五。名曰'膏泽',皆得时功。"

2. 因土耕作

战国时期,《吕氏春秋》"任地"篇就已总结了因地耕作的经验,认为耕地要在土尚湿润的时候进行,是因为土壤疏松,种上去的作物容易扎根,即"人肥必以泽,使苗坚而地隙";耕地时要先耕土质刚硬的垆土,因为这种土壤比较干燥,若水分丧失后就很难耕作了,而土质轻软的鞝土耕晚些也来得及;地势高低不同,耕作措施也有区别。

西汉《氾胜之书》指出,土壤有强土和弱土的区别,必须根据土壤性状采取相应的耕作方法。强土要在耕后及时摩平摩碎,弱土耕后要及时压实,目的无一例外都是为了保墒。

(三)强调保墒

为了在关中地区气候干旱的条件下夺取农业的丰收,《氾胜之书》总结了及时摩压以保墒防旱和积雪保墒的耕作经验。

1. 及时摩压以保墒防旱

坚硬的黑垆土,容易耕起大土块,如不及时摩碎摩平,就会造成大量跑墒,引起干旱,因此,对这类土壤,必须及时摩之使碎使平。轻土、弱土,土性松散,缺乏良好的水分传导,所以供水能力较差。这种土壤在耕松以后,如不加强镇压,就不能使耕层土壤有足够的水分,以保证种子发芽和禾苗生育的需要。因此,氾胜之在谈到轻土弱土的耕作时,就一再强调"耕辄蔺之""耕重蔺之""土其轻者,以牛羊践之"。其目的就在于提墒保苗。

2.积雪保墒得到重视

秦汉时期,积雪保墒已得到了人们的重视。当时,不论是冬闲田还是冬麦田,都已实行积雪保墒。《氾胜之书》认识到积雪保墒不仅具有抗旱作用,还有防虫、保护作物越冬的作用。

秦汉时期已经奠定了北方旱地保墒防旱耕作技术体系的初步基础。适时耕作以蓄墒,耕后摩平以保墒,加强镇压以提墒,积雪蔺雪以补墒,是这一耕作体系的不可缺少的四个环节。四个环节中蓄墒占有重要的地位。只有蓄住天上水,才能增加地下水,所以蓄墒是保墒的基础。在多蓄墒的基础上,必须保好墒,否则蓄墒也就丧失了它的意义。保好墒的目的在于用墒,而提墒则是用墒的前提。因此,在多蓄墒、保好墒的基础上,还必须注意提墒和用墒。此外,在干旱地区蓄墒不足的条件下,还必须注意积雪以补墒。只有将蓄墒,保墒、提墒、补墒综合运用,配套成系列,才能使保墒防旱耕作技术发挥其最大的效果。

（四）耕作精细化程度增加

由于铁农具的使用和推广,战国时已很强调深耕和多耕,耕翻播种后及时细致地碎土覆种,耕耰紧密相连。《庄子·则阳》:"深其耕而熟耰之。"《孟子·梁惠王上》:"深耕易耨。"《韩非子·外储说左上》:"耕者且深,耨者熟耘。"《吕氏春秋·任地》中还有具体耕作要求:"五耕五耨,必审以尽。""其深殖之度,阴土必得。"前一句强调多耕,后一句是说要深耕到有底墒的地方。当时已充分认识到深耕熟耰能够起到抗旱保墒、防止杂草滋生、避免虫害、增加产量的作用。

三、作物栽培技术

（一）种子收获、选种、留种和藏种技术

战国秦汉时期,已开始强调要及时收获种子,《汉书·食货志》有"收获如寇盗之至"一说。《氾胜之书》也说:"获不可不速,常以急疾为多。"他还强调谷子在"芒张叶黄"或成熟过半即可收获。大豆也要适当早获,"获豆之法,荚黑而茎苍,辄收无疑",否则其实将落,反失之。故曰豆熟于场,于场获豆,即青荚在上,黑荚在下。说明西汉时人们已认识到谷子、大豆等有后熟作用,应根据其成熟特点尽早收获,以减少落粒损失。

选种要求粒大饱满,《氾胜之书》中说:"取麦种,候熟可获,择穗大强者,斩束立场中之高燥处,曝使极燥,无令有白鱼,有辄扬治之。""取禾种,择高大者,斩一节下,把悬高燥处,苗则不败。"都是要求把植株高大、健壮、穗大粒饱作为选种标准,这也是有关穗选法的最早记录。

贮藏必须干燥通风,潮热会使其霉变或生虫。因此《氾胜之书》要求"曝使极燥","悬高燥处"。《论衡·商虫》也说:"藏宿麦之种,烈日干暴,投于燥器,则虫不生;如不干暴,闸喋之虫,生如云烟。"

当时,种子贮藏中还利用药物防虫。《论衡·商虫》载:"《神农》《后稷》藏种之方,煮马屎以汁渍种者,令禾不虫。"这可能是先秦时期传下来的古老方法。《氾胜之书》则记载了用艾防治虫的方法:"取干艾杂藏之,麦一石,艾一把;藏以瓦器竹器,顺时种之,则收常倍。"艾叶中含有一种挥发性芳香油,可能具有一定的除虫灭菌作用。

(二)播种前种子处理技术——溲种法

《氾胜之书》要求在播种前先将种子用骨汁或雪汁、蚕矢(屎)、羊矢、附子等作拌种处理,叫"溲种"。其大致做法是将马、牛、羊、猪、麋等动物的骨骼用水或雪水煮三沸,无动物骨时,有雪汁、缲丝汤亦可。将附子加入煮好的骨汁中,几天后捞出。再和入蚕矢、羊矢等动物粪肥。上述原料均按一定比例调和成糊状,与种子拌在一起。拌和常需六七次,每次要随时晒干,最后便在种子外面包裹一层厚厚的含有多种养料的种子衣。溲种使用以蚕矢为主的各种粪肥,本身含有丰富的养料,且蚕矢颗粒吸湿性强,下种后能集聚水分,有利种子萌发。动物骨汁和缲丝汤作调和剂,给粪土中的微生物提供了理想的培养基。至于雪水,相对盐分较高的井水、河水来说,可称为天然蒸馏水,能免除一般水中的钠、镁离子对微生物的抑制作用。附子则是一种热性而有毒的药物,可能有驱虫作用。这样就在种子周围形成一个水肥充足、微生物活动旺盛的良好环境,种子萌发后便能稳扎幼根,健壮生长。

现代实验也证明溲种法可以增强小麦吸水力,能促进幼苗生长,对防虫抗旱有一定效果。

（三）播种技术

战国秦汉时期播种技术已经相当科学合理,内容具体包括播种方式、时间、密度、深度和覆土厚薄。

1. 变撒播为条播

战国时期垄作法的不断完善,使得播种由先前的撒播改为条播成为可能。《吕氏春秋》指出,撒播的缺点是作物长势不好;实行条播则有使作物生长快速,长势好的优点。条播要求有一定的行距和株距,使作物纵横有行,保证田间通风。因耧车的发明和使用,汉代条播更为普遍。

2. 疏密适当

战国秦汉时期,人们已认识到,播种时不能太密,也不能太稀,尤其反对过分稠密造成的"苗窃"现象,将"苗窃"与"地窃""草窃"视为农田"三盗",强调彻底消除。播种或定苗疏密应根据土壤肥瘠而定,"树肥无使扶疏,树硗不欲专生而族居",即肥田要密植,勿使庄稼贪青徒长;瘠田要种稀,勿使作物得不到足够养分而相欺。疏密度的掌握也有一定的原则:"苗其弱也欲孤,其长也欲相与居,其熟也欲相扶,是故三以为族,乃多粟。"就是说幼苗要孤立,留出生长余地,植株长大成熟时应能相互扶持,防止倒伏。

东汉时,《四民月令》又总结了按照作物特性确定播种稀密的经验:"禾,美田欲稠,薄田欲稀。"大、小豆和稻则"美田欲稀,薄田欲稠",要求更为精细。

3. 适时播种

汉代人们深知播种时机对作物生长和收成影响极大,因此特别注意适时播种。随着汉代二十四节气和七十二物候齐备,人们更易通过节气和物候把握播种时机,各种作物也都定有明确的播种期,并能根据土地情况稍加变通。《氾胜之书》说:"黍者,暑也;种者必待暑。先夏至二十日,此时有雨,强土可种黍。""种麦得时,无不善,夏至后七十五日种宿麦。早种则虫而有节,晚种则穗小而少实。"《四民月令》说:"桑椹赤,可种大豆。""蚕大食,可种生姜。""蚕入簇,时雨降,可种黍、禾及大、小豆、胡麻。"这些都是适时播种的典型例子。

4.覆土厚薄和播种深度要求得当

战国时《吕氏春秋》指出,土的厚薄要适度,不能过厚,也不能过薄,这样才有利发芽生长。汉代则要求不同的作物应有不同的播种深度。如《氾胜之书》说:"种禾、黍,令上有一寸(合2厘米)土,不可令过一寸,亦不可令减一寸。"还说大豆不能种得太深,因为大豆生,戴甲而出,种土不可厚,"厚则折项不能上达,屈于土中而死",这是说大豆发芽时两片子叶要顶着豆壳伸出地面,若覆土太厚,豆苗幼茎就伸不出地面而被闷死在土中。当时还认识到冬季覆土要厚,"区种麦……覆土厚二寸,以足践之,令种土相亲"。在今天看来,这些播种深度要求均很合理。

(四)施肥技术

战国以前人们主要依靠休闲的方式恢复地力。到了战国时期,施肥成为重要的措施,诸子言及"粪田"者很多。如《韩非子·解老》云:"积力唯田畴,必且粪溉,故曰天下有道,却走马以粪也。"山东滕县龙阳店所出土的一块汉画像石中,画面为二马相对,右边的马正在排粪,马后一人右手执勾铲,左手执箕,弯腰拣拾马粪,形象地反映出"走马以粪"的情景。《孟子·滕文公上》云:"凶年粪其田而不足,则必取盈焉。"《荀子·富国》说:"多粪肥田,是农夫众庶之事也。"这些记载反映出战国时人们已经充分认识到施肥的增产作用,很重视粪肥的积制和使用。西汉时期,农田施肥已很普遍,"务粪泽"成为农业生产过程的重要环节,施肥技术也有了显著的发展。这一时期粪肥的来源主要有两个,一是耕翻压青,以杂草作绿肥。古人很早就知道用草木腐烂后的腐殖质与草木灰做肥料。《诗经·周颂·良耜》:"荼蓼朽止,黍稷茂止。"是说耕翻后,腐烂的田间杂草可使庄稼生长茂盛。《礼记·月令》:"大雨时行,烧薙行水,利以杀草,可以粪田畴,可以美土疆。"说明把杂草芟除焚烧后的灰烬用水浸泡,能够肥田改土。西汉时人们在耕作时有意让杂草滋长,然后耕翻糖压,使得"草秽烂,皆成良田"。《氾胜之书》中反复强调要待地里生草后再耕一次,利用杂草充作自然绿肥的目的十分明确,为后来人工种植绿肥做好了准备。二是养畜积肥。各地汉代遗址中出土大量猪圈模型,这些猪圈的重要特点是往往与厕所相连。汉代文献中也是"厕"与"圂"互训,反映出当时"厕""圂"结合。《氾胜之书》中提到的

"溷中熟粪",实际上是指猪粪尿、人粪尿等混在一起的肥料,同时也表明人们已懂得生粪要经沤制腐熟后才能施用。除此而外,当时显然还使用马、牛、羊、蚕等动物的粪便作肥料。

图 3-3 陕西米脂县官庄村汉代拾粪画像石

(五)代田法

关于代田法,《汉书·食货志》有明确记载,其技术程序是,播种之前,先作成 6 尺宽的亩,再于亩中开沟起垄。垄宽 1 尺、沟宽 1 尺、深 1 尺,沟垄相间,每亩有 3 甽(沟)3 垄。种子播在沟底。在幼苗生长期间,要进行多次中耕,同时把垄上土逐渐锄入沟,培壅到禾苗根部,到盛夏时节,垄逐渐削平,禾苗的根也扎得很深了。第二年耕作时,再把上年作垄的地方开成沟,作沟的地方修成垄。这样,沟、垄位置逐渐互换,故称之为"代田"。代田是赵过针对西北干旱地区所倡行的耕作法。把作物播种在沟中,沟底少风多阴,易于蓄水保墒,利于种子萌发。幼苗出土后长在沟中,能保证作物苗期健壮成长。中耕时除去田间杂草,疏松土壤,培土壅苗有抗旱保墒防、倒伏的作用。沟垄互易还能做到土地轮番使用,让地力得到休息,用地、养地兼顾。北方地区春天播种季节干旱多风,代田法因地制宜,增产效果显著,所谓"用力少而得谷多","一岁之收,常过缦田亩一斛以上,善者倍之"。

代田法的出现,除了因为气候环境方面的原因外,还应该有土地稀缺的原因。与西欧三圃制度土地利用效率相对较低相对应,中国在此时已经实施了复种,即至少一年一熟,有条件的地方实行两年三熟,土地休闲太奢侈,代田法实际上是隔行休闲的方法,其主要目的是要充分地利用土地,以支撑起足量人口的粮食需求。

图 3-4　代田法示意图

四、田间管理技术

(一)中耕除草

中耕除草在战国时期称为耘或耨,文献中常耕、耨并提。《孟子·梁惠王上》说:"深耕易耨",《韩非子·外储说左上》说:"耕者且深,耨者熟耘。"《荀子·富国》说:"田秽稼恶,种田者不可无锄芸之功。""田秽"指田间杂草。《管子·度地》还说:"大暑至,万物荣华,利以疾耨,杀草秽。"说明耘耨要快速,以抓住时机,在杂草蔓延之前将其锄除。中耕还可松土保墒。《管子·治国》说:"耕耨者有时,雨泽不必足,则民倍贷以取庸矣。"为抓住耕耨时机,防旱保墒,不惜借贷雇工。《吕氏春秋·任地》则指出:"人耨必以旱,使地肥而土缓。"是说在天旱的时候要注意锄地,以减少土壤水分蒸发、保持土壤疏松。此外,耘耨还可间苗定苗,为禾苗培土壅根。"是故其耨也,长其兄而去其弟","是穮是蓘,虽有饥馑,必有丰年。""穮"是除草,"蓘"是壅根。

两汉时期,中耕除草被称为"锄"。当时人们对中耕除草的认识进一步加深,锄地的具体技术要求已有全面详细的记载。《氾胜之书》强调早锄,并将之纳入"趣时,和土,务粪泽早锄早获"这一耕作总原则之中。说明到了秦汉时,已充分注意到中耕的松土、保墒、间苗、培壅、除草等作用,及其在农作物增产中的地位,故要求掌握好时机,早锄、多锄,不厌其数。作为北方旱作农业抗旱保墒的重要环节,中耕除草的技术体系已初步形成。

(二)稻田灌溉水温调节技术

《氾胜之书》谈到稻田的整地、稻田的布局、播稻种时间和播种量等,尤其值得重视的是认识到水温高低会影响水稻生长发育,因而总结了利用灌溉调节水温的方法。书中说:"始种稻欲温,温者缺其塍,令水道相直,夏至后大热,令水道错。"这是说,水稻刚播种的时候,需要较高的水温,稻田水层浅,受日光照射水温较高,用水温较低的外水灌溉时,办法是使田埂上所开的进水口和出水口,安排在田边的同一侧,使过水道在田的一边,这就是所谓"水道相直"。水道相直时,灌溉水流从田的一边流过,对田里原有的水牵动较少,原有水的温度就能保持。到了盛夏酷暑时,水温过高不利于水稻的生长发育,为了降低稻田的水温,就要使田埂上所开的进水口和出水口错开,这就是所谓"令水道错"。水道错开以后,就会使灌溉水流斜穿过田面,这样稻田里原有的水,就会较多较快地和新引入的灌溉水进行水温交换,从而能相对降低稻田水温。早在两千多年以前,我们祖先就已能巧妙地设计出这种调节稻田水温的灌溉方法,是非常难能可贵的。它反映了中国北方水稻栽培技术的水平很高。虽然这种串灌和漫灌方式,还存在容易造成肥料流失的缺点,但就其能调节稻田水温来说,仍不失为稻田灌溉技术上的一项创举。

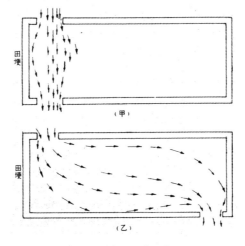

图 3-5 水温调节示意图

汉代黄河流域在旱田灌溉上也同样注意水温问题。旱田利用井水灌溉，由于井水水温较低，往往不利于作物生长发育，因此，人们采取了利用太阳曝晒以提高水温的办法。

《氾胜之书》在种麻条中说："天旱以流水浇之，树五升，无流水，曝井水，杀其寒气以浇之。"这反映了当时人们对水温变化能进行细致的观察，并按不同情况采取适当的技术措施。

（三）水稻移栽出现

水稻移栽技术，也见于这一时期文献。东汉崔寔《四民月令》五月条提到"别稻"，就是今天的移栽方法。这说明黄河流域水稻移栽技术的出现不晚于东汉时期。

在同一时期，南方一些地区稻作中亦已实行移栽，且很可能已有了育秧田。南方部分地区的稻作中还出现了施肥、耘耨等技术。

五、畜禽养殖技术

（一）相畜术

相畜技术发源于先秦时期，春秋时有著名的伯乐相马与宁戚相牛。至战国秦汉时，相畜术有进一步发展。《吕氏春秋·观表》记载当时有十大相马家："古之善相马者，寒风是相口齿，麻朝相颊，子女厉相目，卫忌相髭（头毛），许鄙相脱（尾部），投伐褐相胸胁（胸腹），管青相膹肳，陈悲相股脚，秦牙相前，赞君相后，凡此十人者，皆天下之良工也。其所以相者不同，见马之一征也，而知节之高卑，足之滑易，材之坚脆，能之长短……"由此可见，战国时相马术从相体形、毛色发展到相马的各个部位了，并且能通过观察马匹身体某一部位的特征而推知该马性能的优劣与高下。根据现代家畜外形学原理，畜体有些部位确能反映出整体性能的优劣。说明相畜术中依据某一部位来判断整体优劣具有客观基础。

汉代是中国相畜术发展的高峰，出现了不少以相畜名闻天下的人，这对中国优良畜种的选育有重要作用。《史记·日者列传》载："黄直，丈夫也，陈君夫，妇人也，以相马立名天下……留长孺以相彘立名，荥阳褚氏以相牛立名。"不仅相马，相猪、相牛也有名家。相畜术的发展还促进了相畜著作的产生。据《汉书·艺文志》记载,当时有《相六畜》三十八卷,可惜这些著述早已亡佚。

汉代相畜术发展的最大特点应该是马式的出现。《后汉书·马援传》载:"孝武皇帝(汉武帝)时,善相马者东门京,铸作铜马法献之,有诏立于鲁班门外,则更名鲁班门曰金马门。"此后,东汉相马名家马援,师事杨子阿,继承前代名师的相马经验,在东门京铜马法的基础上,采用当时相马家仪氏、中帛氏、谢氏、丁氏相马各个部位的方法,结合自己的实践经验,铸成标准铜马式。铜马"高三尺五寸,围四尺五寸",体形更加生动明朗,克服了传统相法只能心领意会、不易明确传授和展示的缺陷,有利于相畜术的掌握和普及。马援铜马式相当于近代马匹外形学上的良马标准型。西方直至近代才有类似铜质良马模型问世。

图3-6　汉代鎏金马

(二)马驴远缘杂交的认识和利用

马和驴的血缘关系属于远缘关系,马和驴之间的杂交属于远缘杂交。马与驴之间进行远缘杂交是战国秦汉时期畜牧科技方面的突出成就之一。战国文献中,已可见骡的记载。《吕氏春秋·爱士》说"赵简子有两白骡而甚爱之"。骡最早可能是因为马驴杂处,自然交配而产生的,后来人们逐渐注意到其优良性状,才有意识地加以繁育和利用。说明战国时人们可能已进行马驴远缘杂交,利用其杂种优势了。东汉时期的《说文解字》中曾明确地对骡做出解释,指出骡是驴马杂交所产生的杂种后代。文字书上有这方面的内容,其有关的知识应该已经普及很久了。

六、园艺蔬菜果树栽培技术

战国时代,园圃业开始从大田农业中分离,形成独立的生产部门,还出现专门经营园圃的农户。在圃周围栽上篱笆围起来便成为园,其中既可种果又种菜,有的园圃中甚至还种经济林木。

秦汉时代,园和圃已各有其特定的生产内容。《说文》云:"种菜曰圃。""园,所以树果也。"《汉书·仲长统传》云:"场圃筑前,果园树后。"说明园和圃所种物种的种类已有明确区分。虽然仍有在园中种菜者,但园圃业中的果树栽植和蔬菜生产已相对独立,园圃业的专业性进一步体现出来。

(一)出现了地区果蔬名产

战国时期,楚国的橘柚生产比较发达,黄河流域则广泛栽种桃李等果树,燕地还盛产枣栗。有的地区蔬菜比较有名,如《吕氏春秋·本味篇》曾说菜之美者,有"云梦之芹,具区之菁"。这告诉我们,当时楚地的芹菜与吴越一带的芜菁是蔬菜中的美味。秦汉时不仅规模化的果蔬生产很普遍,还有大面积的园圃经营。《史记·货殖列传》中说:"安邑(今山西夏县、运城一带)千树枣,燕、秦(今河北北部和陕西一带)千树栗,蜀、汉、江陵(今四川、陕南、湖北一带)千树橘……及名国万家之城,带郭千亩,亩钟之田,若千亩卮茜,千畦姜韭。此其人皆与千户侯等。"可见秦汉时果树集中产区规模扩大,城郊蔬菜种植也很发达。这些大规模的专业性园圃经营,显然属商品性生产,司马迁说其收入可比千户侯。这是园圃业专业化的又一标志。

(二)园艺蔬菜果树种类增加

从文献记载的角度来看,战国时期的蔬菜种类与春秋时期相当,主要有葵、藿、薤、葱、韭、芋、姜、莲藕、蒲、竹笋、芜菁、芥、芹以及瓜、瓠等,秦汉时栽培蔬菜的种类大为增加,仅据《氾胜之书》《四民月令》及《南都赋》统计,当时栽培的蔬菜有20多种,如葵、韭、瓜、瓠、芜菁、芥、大葱、小葱、胡葱、小蒜、杂蒜、胡蒜、薤、蓼、苏（紫苏）、蕺（鱼腥草）、荠、襄荷、胡豆、芋、苜蓿、笋、蒲、芸等。

战国时见于文献记载的栽培果树已经有十多种，包括桃、李、枣、栗、梨、山楂、樱桃、棠、杏、梅、柑橘、柿等。考古资料中也可见到梅、栗、樱桃、柰、核桃、枣、桃、李等果品。秦汉时期，随着国家的统一，疆域的扩大，各民族经济文化交流的加强，文献记载的果树的种类和品种显著增多，尤其是南方和西域的奇珍异果传入中原。根据《上林赋》《西京杂记》和《三辅黄图》等书的记载，当时初次见于文献的果品有枇杷、杨梅、葡萄、荔枝、龙眼、林檎、安石榴、槟榔、留球子、千岁子、橄榄等十几种。汉代还在皇宫所在的长安一带建立园苑，引种、试栽华南热带及亚热带果树如荔枝、橄榄、枇杷等，虽成效不大，但反映出当时有广泛引种、栽植果树的愿望。

汉代从西域引入的果品和蔬菜大多栽植成功，引入的果树以葡萄、石榴、胡桃传播最广。葡萄引入后，在西北各地传播极快，河套至河西地区气候等自然条件与西域接近，这一带很快成为葡萄产区，所以汉魏之际的药物学著作《神农本草经》记载说："葡萄生陇西、五原、敦煌。"安石榴亦即石榴，古时又叫"涂林"，汉代由西域传入关中，长安附近的临潼成为传统产地，东汉时中原栽培渐多，成为常见果树。胡桃即核桃，西北关陇一带适宜种植，引入后形成不少颇负盛名的地方品种。

（三）果树蔬菜栽培技术

1. 果树繁殖技术

汉代已经有利用枝条扦插、压条进行繁殖的记载。果树扦插见于汉代文献《食经》一书中。压条繁殖则见于东汉《四民月令》，具体方法是将未脱离母体的枝条压在土壤中，使其生根后，再从母体上切断，成为独立生长的苗木。

2. 蔬菜栽培技术

（1）培养大瓠技术。《氾胜之书》"区种瓠法"条中说种瓠时先掘地作坑，将蚕屎和土相混填入坑中，用脚踩实，浇水，水渗尽后，下瓠子10颗，再用粪土覆盖。待长到2尺多高时，"便总聚十茎一处，以布缠之五寸许，复用泥泥之。不过数日，缠处便合为一茎。留强者，余悉掐去，引蔓结子。子外之条,亦掐去之,勿令蔓延"。同时要求最早生的两三个瓠子要掐掉,只留此后所结的三个瓠子,其他的果实和分枝也一概掐掉。将十株植株通过物理方法让其慢慢结合,变成一单株,使养分输送到一条蔓上的 3 个瓠,供其生长,瓠便会长得比平时大很多。

(2)分期播种蔬菜。一年多熟的栽培法至迟在东汉已被采用。《四民月令》提到 20 多种蔬菜,其中瓜、芥、葵、芜菁、大葱、小蒜、苜蓿等 7 种在一年中有两次或两次以上的播种时期。例如,在六、七两个月都提到种芜菁,一月、七月、八月都提到种苜蓿,在六、七、八 3 个月都提到种小蒜,正月、六月均可种葵。这种有意识的分期播种,目的在于延长蔬菜的供应期。

(3)蔬菜移栽。汉时已有不少蔬菜实行移栽。《四民月令》一书中有正月别芥、薤,三月别小葱,六月别大葱,七月别薤,十月别大葱等内容。这里面的别,就是移栽的意思。而移栽的出现,就意味着育苗技术已产生了。

(4)温室与温泉栽培。临潼骊山脚下有温泉,水温可达 42℃,秦朝开始就利用这里的地热在冬季栽培蔬菜。汉代人卫宏撰写的《诏定古文尚书序》记载说秦始皇"密令冬种瓜于骊山坑谷中温处"的记载,说明秦朝已经利用温泉种菜。在汉代,汉元帝时利用柴火加温进行温室种菜已明确见于记载,时称屋庑。《汉书·召信臣传》:"太官园种冬生葱韭菜茹,覆以屋庑。昼夜燃蕴火,待温气乃生。"这种栽培方法相当于现代的温室大棚。

七、丝绸之路上的中外物质交流

1877 年,德国人李希霍芬首先提出,中国古代的商业贸易通道——丝绸之路开始出现于西汉时期。汉武帝派张骞出使西域,开辟了以首都长安(今西安)为起点,经甘肃、新疆到中亚、西亚,并连接地中海各国的陆上贸易通道。汉代开始,中国出产的丝绸通过这条路线被销售到古罗马等地。随着张骞通西域,西域的作物物种开始传入汉朝,根据汉代以来的史书、方志、本草类文献著录,从西域诸地传入的各类作物品种繁多,大致有苜蓿、葡萄、石榴、胡麻(芝麻和亚麻)、大蒜、葱、胡桃(核桃)、胡豆(豌豆、蚕豆等)、胡荽(芫荽)、莴苣、胡瓜(黄瓜)、蓖麻、胡椒、波斯枣、无花果等,其中最为著名的莫过于葡萄、石榴和苜蓿。

除了农作物以外,各种家畜品种也开始引进,如马与驴。西汉初年,汉朝对匈奴作战失利,晁错在《言兵事疏》中找原因时,将中原传统马种与游牧民族马种做比较,结果是:"上下山阪,出入溪涧,中国之马弗与也;险道倾仄,且驰且射,中国之骑弗与也。"中原马的使役性能不如北方游牧民族的马匹,汉武帝为满足对匈奴作战的需要,急切地引进良种马。据记载,汉武帝先后由西域引入乌孙马和大宛马,在当时的西北牧区进行大规模的马匹选育和改良。《史记·大宛列传》说:"神马当从西北来,得乌孙马好,名曰'天马';及得大宛汗血马,益壮,更名乌孙马曰'西极',大宛马名曰'天马'。"李广利率军征大宛,"至敦煌,而拜习马者二人为执驱校尉,备破宛择取其善马"。后从大宛得到"善马数十匹,中马以下牝牡三千余匹"。这些来自西域的"西极"、"天马"、大宛善马和中马应该都是优良种马,对改良内地马匹起了重大作用。

第四章　魏晋南北朝时期的农业

　　魏晋南北朝时期是中国历史上政权更迭最频繁的时期。公元 220 年，曹丕立国号为魏，正式进入三国时期（220—280），主要有曹魏、蜀汉及孙吴三个政权。晋朝（265—420）分为西晋（265—316）与东晋（317—420）。南北朝（420—589）由 420 年刘裕篡东晋建立南朝宋开始，至 589 年隋朝灭南朝陈为止。南朝（420—589）包含宋、齐、梁、陈四朝；北朝（439—581）包含北魏、东魏、西魏、北齐和北周等五朝。南北朝时期，南北势力大体以淮河—汉水为界，曾经出现长时期对峙局面。

　　这一时期受整个社会政治局势动荡、人口迁移以及气候由暖转寒等因素影响，农牧业区域发生改变，农业文化得到交流。原农业区的东北部燕、代一带，逐渐成为半农半牧区，农耕区退至关中北山至山西吕梁山一线以南。南下牧区的一些民族加入以种植业为主的农耕社会中，同时游牧民族及其牲畜和畜产品也不断进入中原地区。其中以内迁的鲜卑族最为典型，他们接受了农耕文明，与汉族相融合，经营农业。

　　这一时期的北方农业，虽然因战乱遭受破坏，但精耕细作的抗旱保墒农业生产体系在此时完善并定型，还出现了一部综合性的农书——《齐民要术》。《齐民要术》不仅详细论述了以耕、耙、耱为中心，以防旱保墒为目的的旱地耕作技术体系的要点，阐述了轮作、绿肥利用、选育良种等技术措施的作用，还对当时及以前的园艺、蚕桑、畜牧、林业、养鱼和农副产品加工等方面的技术做了全面的总结，反映出公元 6 世纪中国北方各项农业技术已达到相当高的水平，同时表明以粮食生产为主、辅之以多种经营的农业结构已经形成。

这一时代的南方地区,继东晋政权以后,宋、齐、梁、陈四个朝代依次更替,统称南朝。相对于北方来说战争的频次及所受影响较少,自西晋北方永嘉之乱后,历时 100 多年,估计至少有 200 万的北方移民定居此地,占当时总人口的六分之一以上。为安置北方移民,东晋南朝设立了不少新的郡县,集中在今南京、镇江、常州一带。由于大量人口南移,加快了南方的开发进程,社会经济迅速发展,与黄河流域的差距逐渐在缩小。

第一节　自然环境

魏晋南北朝时期的气候处于由暖转寒时期。竺可桢认为:在经历了春秋至西汉的一个相当长的温暖期之后,到东汉时代即公元之初,中国东部天气出现了转向寒冷的趋势,至第四世纪前半期达到顶点,那时年平均温度大约比现在低 2℃—4℃。满志敏认为自东汉末年开始,黄淮海平原的气候就表现出向寒冷转变的迹象,此后至五代时期,这一地区先后出现了几次寒冷期,第一个寒冷期自东汉末开始,3 世纪 70 年代至 4 世纪初叶的 40 余年,是魏晋南北朝时期的第一个寒冷低值时期;第二个寒冷时期在北魏初年已有迹象,大约延续到 6 世纪 20 年代。当时气候偏于寒冷,首先反映在见于文献记载的极端寒冷事件明显较多。[①] 往往寒冷因素促成北方游牧民族向内地寻求生存空间,而这一时期也出现了大量的北方民族入侵中原地区。如西晋时期塞外众多游牧民族趁八王之乱、国力衰弱之际,陆续建立数个非汉族政权,形成与南方汉人政权对峙的时期,俗称“五胡”乱华。

不过,当时森林植被状况和水资源环境总体良好。但各区域森林植被略有不同:长江下游及其以南地区,自然植被尚未遭到人为改变或破坏,而人口密集的低山丘陵和平原地区森林覆盖率有所下降;成都平原以外的长江上游地区,人口稀少,自然植被面貌接近原始状态;黄河中下游地区森林资源不断走向匮乏,但是未达到现代的恶劣程度。水资源亦因地而异:南方

[①]　竺可桢:《中国近五千年来气候变迁的初步研究》,《考古学报》1972 年第 1 期;满志敏:《黄淮海平原仰韶温暖期的气候特征探讨》,见邹逸麟主编·《黄淮海平原历史地理》,第 17—18 页。

河流湖泊受人为影响较少,只在局部地区稍有改变,北方的水环境虽不如前代,但根据《水经注》记载可知,北方平原地区还是拥有星罗棋布的陂湖沼泽。

第二节　土地制度和赋税制度

一、三国时代的屯田制及赋税制度

（一）三国时代的屯田制

屯田制是政府按照一定的组织形式和编制单位,组织农民和士兵耕种国有土地的一种土地制度。三国时代的魏国、蜀国、吴国普遍实行这一制度。

曹魏屯田分兵屯、民屯两种。兵屯保持原有的军事建制,以营为生产单位,主要布设于各军事前线。民屯由大司农掌管,主要分布于河南、河北、陕西及安徽北部等原来经济比较发达的地区。孙吴屯田亦分军屯、民屯两种。民屯主要分布在丹阳郡、吴郡和会稽郡一带。军屯主要布置在长江南北沿江地带,以及内地军营地附近。蜀汉屯田,规模较小,主要是军屯,以汉中及渭南两地为主。

（二）三国时代的赋税制度

三国时期曹魏对一般民户的赋税征收,实行租调制。曹魏赋税制度与汉代相比,土地税改收获量分成征收为按亩征收,户口税将按人头的货币征收改为按户征收绢绵实物。

二、西晋的土地制度及赋税制度

（一）土地制度

西晋实行占田课田制,按民户的男子数量和官品占有土地、劳动人手限额,以及规定相应的田租户调。占田制并非真正计口授田,只是对已占有的土地予以承认,对未占有的土地规定一个占地限额。占田制起到鼓励农民垦荒的作用,并抑制世家豪族兼并土地和私自控制人口。

（二）赋税制度

西晋的赋税制度是户调法，即在占田制的基础上规定赋税的数额，"赋"是户调，"税"是田租。其特点是，以户为单位征收赋税，户调所征收的绢帛等实物是一个象征性标准，实际可视情况征收，西晋时税较曹魏时提高了一倍，赋了提高 0.5 倍。

三、北朝土地制度和赋税制度

（一）土地制度

北魏实行的均田制是在不触动私有土地的基础上，把国有土地分配给农民耕种的一种土地制度。均田制将耕地分为露田、桑田和麻田等。

1. 露田

种植谷类作物的耕地为露田。凡年满 15 岁的男子，授露田 40 亩；年满 15 岁的女子，授露田 20 亩；耕牛可得 30 亩，但高限是 4 头。露田只能种谷类作物，不能移做他用。

2. 桑田

种桑榆枣果的田地为桑田，是无须归还国家的世业田。男子初授田可领桑田 20 亩，奴婢等同。桑田必须种桑榆等若干，限定三年种毕，否则土地收归国有。

3. 麻田和宅地

规定在宜麻的地区，男子可领麻田 10 亩，女子 5 亩，奴婢也可以领同样数量。宅地按每户 3 人给宅地 1 亩，奴婢 5 人 1 亩。

均田制所授予的土地中，露田与麻田被限制买卖。老迈及身殁者应还归国家。均田制的推行是以政府掌握大量无主荒地为前提，成为北魏至隋及唐前期推行的一种重要经济制度。其作用一是"均给天下荒田"，使广大农民得到一定土地，扶助了小农经济；二是照顾了大土地所有者的利益，所规定的还授制度和土地买卖限制，一定程度上抑制了世家豪族对土地的无限度侵占；三是授田分露田和桑田两种，有利于粮食生产和蚕桑业的并行发展。

（二）赋税制度

北魏初期的租调，基本上按照西晋租调的模式。其办法是：按贫富品评本地户口为三等九品,再将租赋总额按品级分摊。均田法颁布后的租调制,以一夫一妇为计征单位,改变了以往以户为单位计征,农民的负担有所减轻,政府的实际收入也有所增加。北齐、北周的赋税制度,大致与北魏相同。

四、东晋南朝的土地制度及赋税制度

东晋南朝时,南渡世族及土著大姓掀起了占山固泽的浪潮。政府禁而不止,于是承认豪强大地主对于占有山泽的私有权,但是限制其过多占有。刘宋初,具体的占山固泽令问世——"立制五条",这条法令承认原有跨山连泽者的大地产为合法私有。东晋初期,赋税征收沿用西晋租调法;南朝宋齐时恢复到租调合一,以户赀定课;梁陈时按丁征收调布与租米。东晋南朝时人民除了上述负担外,还有沉重的徭役和杂税。

第三节 农具的发展与农田水利工程

魏晋南北朝时期的冶铁业在两汉的基础上有所发展,"灌钢"法出现,并运用于制造农具,农具质量显著改善。在农田水利工程方面,这一时期南方水利建设步伐开始加快,而北方因为战乱,只在局势稍稳定时才有水利工程修建。

一、农具的发展

魏晋南北朝时期,北方农具的种类增多。《齐民要术》所记的北方旱地农具共计有 20 多种,如犁(长辕犁、蔚犁)、锹、铁齿耙、耢、陆轴、木斫、耧(一脚耧、二脚耧、三脚耧)、窍瓠、锄、锋、耩、鲁斫、手拌斫、镰、批契等。当时水田农具远远落后于旱地农具,还没有构成独立的水田农具体系。

(一)整地农具

整地农具中,犁和其他畜力牵引工具有了较大的发展,分别适用于各个生产环节的旱作农具也已配套。

1. 犁的种类和牛耕方式的变化

犁是当时的主要耕具。在河南渑池出土的铁农具中,犁的数量最多,其种类有三,第一种是全铁铧;第二种是"V"字形铁铧,有大小两种,大的翼长

12.3 厘米,小的翼长小于 12 厘米。安装在木犁床的前端,形成一种铁木结构的犁地工具;第三种是双柄犁,犁头作"V"字形,可安装铁犁铧。犁的整体结构是与牛耕方式相联系的。魏晋南北朝时期的牛耕图资料中,有二牛抬杠式的,也有单牛拉犁式的。整体上来看,自西晋以后,单牛拉犁方式已逐渐普及,到南北朝时期可能已占主导地位。

2. 牛拉耙耱的出现

畜力拉耙的明确记载始见于《齐民要术》,无论长条形耙还是人字形耙,都有人站在它上面,以增加其入土深度。耕后使用耙,可以使翻起的土块变得细碎疏松,并可去掉草木根茬。根据《齐民要术》的描述,畜力耙除主要用于耕翻后耙碎土块外,还用于庄稼刚出苗时的中耕。它的出现,标志着北方旱地耕作农具系列的进一步完善。耱是一种无齿耙,由安装有牵引装置的长条形木板制成,或用藤条荆条之类编扎而成。耱在《齐民要术》中称作"劳",是这种工具的最早文字记载。它常配合在耕耙以后使用,即耙而耱之。耙后随即耱地,进一步使地平土细,可起到保墒防旱作用。它亦用于播种后的覆土,耕后耙土,耙后播种,种后即耱覆土,三者紧密结合进行。

3. 北方水田耙出现和南方犁耙耖可能初步形成

北方耙的使用在水田操作时,与旱田操作的要求不同,从《齐民要术》的有关记载看,当时人们在"北土高原"利用河流弯曲便于灌溉的地方,开出小块稻田,春天解冻后烧掉地上残茬枯草,耕翻上地,放水泡田"十日,块既散液,持木斫平之"。所谓"木斫",就是被称为"耰"的木榔头,是旱地传统用以碎土的手工工具。在淮河流域一带,则用"陆轴"整地,"先放水,十日后,曳陆轴十遍(遍数唯多为良)",地软熟后播种。所谓"陆轴",即陆龟蒙《耒耜经》中所说的"碌碡",木制,有觚棱,可以随轴转动,通用于旱地和水田。它起初大概是一种石制工具,用于旱田中破垡镇压田土或压筑场圃,以碾穗脱粒。

在北方旱地农具发展形成完整体系的同时,南方水田农具的种类也有所增多,应用于水稻种植的各种农具初步形成,其主要标志是适用于水田耕作的犁和耙相继出现,可能还出现了耖。

考古资料方面可以证实南方水田耕作所使用的犁和耙已经出现。耙田所用的耙,不同于北方的长条形和人字形钉齿耙,而是一种装有六根长齿的耙,耙上有横把,耙田时人扶横把操作,而非站在耙上。这种耙的样式与耙田方式,与后世文献所载之"耖"田相似。王利华推测西晋时期岭南地区的水田耕作已有了犁、耙或耖这些较为先进的生产工具,不过其时南方地区犁、耙、耖之类的农具尚未较普遍推广。

（二）播种工具窍瓠出现

窍瓠是继耧车后出现的新播种农具,《齐民要术》卷三《种葱第二十一》最早记载了这种播种工具,它是用葫芦做成,上下两端开一口,穿有引播杆,两端口一个用来注种,一个用来出种,播种时手持引播杆,边走边摇,使葫芦倾斜摇摆,从而使种子播入沟中。

（三）中耕农具

这一时期的中耕工具种类多样且形制不一,既有前面提到的耙、耢,又有锄、锋、耩、手拌斫、人力铁耙等多种专用农具。有的使用畜力牵引,如锋、耩;还有只供人力使用的,如锄、铁耙,分别用于不同作物和不同苗期的中耕除草。其中,锋既用于浅耕灭茬,亦用于浅耕保墒;耩则可在中耕过程中将土堆向禾苗两旁的根部,以"壅本苗深",即培土以壮苗;手拌斫、铁耙在松土和除草方面各有其用。总之,这一时期的中耕农具与秦汉时期相比,有较明显的进步。

（四）加工工具

加工农具有碓、磨、碾等,多用畜力、水力做动力。西晋杜预制造了连机碓和八磨;南朝宋祖冲之作水碓、磨。

1. 畜力连磨

《魏书·崔亮传》:"亮在雍州读杜预传,见其为八磨,嘉其有济时用。"[1]关于"八磨"的形制,嵇含《八磨赋》说它"方木矩跱,圆质规旋,下静以坤,上转以乾,巨轮内建,八部外连",能"策一牛之任,转八磨之重"[2]。"八磨"在元代王祯《农书》中称为"连磨","其制,中置巨轮,轮轴上贯架木,下承镯臼,复于轮之周围,列绕八磨,轮辐适与各磨木齿相间,一牛拽转,

① （北齐）魏收《魏书》卷66,中华书局1974年版,第1477页。
② （清）严可均编纂:《全上古三代秦汉三国六朝文》卷65,中华书局1965年版,第1830页。

则八磨随轮辐俱转,用力少而见功多"①。这种比较复杂的用畜力推动的机械磨,应用范围非常有限,所以到元代王祯仍然称其为罕有传者。

2. 连机碓

水碓是中国最早出现的一种利用水力驱动的粮食加工工具,是古代粮食加工工具从手工工具向机械工具的过渡,是自然力的利用和机械技术的重大进步。连机水碓则是一种比单纯水碓更为复杂的水碓,它的动力装置是一个大的立式水轮,轮上装有若干板叶,转轴上装有一些彼此错开的拨板,拨板是用来拨动碓杆的。每个碓用柱子架起一根木杆,杆的一端装一块圆锥形的石头,下面的石臼里放上准备加工的稻谷或其他被加工物。水流冲击水轮使其转动,轴上的拨板拨动碓杆的梢,使碓头一起一落地进行舂米。一个水轮可以带动多个碓同时作业,极大地提高了水碓的加工效率。连机水碓传承至今,历久不废,直至 20 世纪 20 年代才逐渐被碾米机所替代。

3. 碾

北魏有崔亮"教民为碾"之说。碾和磨都能连续加工,不同于只能间歇加工的碓。磨是两扇圆磨盘用一根中轴贯穿,下扇固定,上扇转动。而碾只有一扇圆磨盘,由中轴固定,中轴上安一小横轴,横轴上再装上一个碢轮(磨盘上有圆槽)或石辊(磨盘上无圆槽),一般由牲畜拉着横轴的一端以中轴为中心做圆形运动。它可以把谷碾成米,也可以把米、麦磨成面。

4. 水力碾磨

魏晋南北朝时期还出现了水力碾磨。如南朝宋祖冲之(429—500)曾在乐游苑作水碓磨。北齐高隆之在天平初(534—535)"凿渠引漳水,周流城郭,造治碾硙,并有利于时"。至此时期,碓、碾、磨等谷物加工工具都已可以利用水力推动了。

二、农田水利工程建设

(一)三国时的屯田水利

三国时的水利工程与屯田密切联系,以曹魏规模最大。在关中,魏明帝

---

① (元)王祯著,缪启愉、缪桂龙译注:《东鲁王氏农书译注》,上海古籍出版社 2008 年版,第517—518 页。

青龙元年(233)扩建引渭水的成国渠,又筑引洛水的临晋陂,共溉盐碱地3000多顷。在河内地区,魏文帝黄初六年(225)改建引沁水的枋口堰,改木门为石门。在河北邺城,改建漳水渠,名为天井堰,促进了该地区农业生产的恢复和发展,使当地出现了水绕良田、稻花飘香的美景。嘉平二年(250),在永定河上兴建引水工程戾陵堰,开挖渠道车箱渠,灌田2000顷,12年后又扩建灌区,"灌田万有余顷"。

在两淮地区,贾逵、邓艾等人先后大力经营屯田水利,在颍汝和淮南地区兴修了众多陂塘。为了解决军粮问题,曹魏屯田到邓艾时达到高峰。邓艾于正始二年(241)开始屯垦和水利建设,有屯田兵5万人,"大治诸陂于颍南、颍北,穿渠三百余里,溉田二万顷"①。又维修淮南的芍陂,在宝应县西80里兴建白水陂,"溉田一万二千顷"②。孙吴屯田,以典农校尉经营的毗陵地区最大,修筑了赤山湖、金宝圩、西圩、铜城堰等。蜀汉首次在都江堰设"堰官",并"征丁千二百人主护之"③,从此都江堰水利工程有了专业的养护队。

(二)两晋南朝的农田水利

西晋时因王朝的腐败和内乱,仅兴修了少量的灌溉工程。如太康间(280—289)杜预在南阳修复召信臣遗迹,修复了六门堤,下结二十九陂,使诸陂散流,灌溉各处农田,被当地人称为"杜父"。西晋末占有江东的陈敏令其弟在丹阳县北建练湖。东晋南朝时期,在太湖流域的西部丘陵和高亢地区兴修了大量的陂塘工程。殷康主持在吴兴郡乌程县(今浙江吴兴县)开荻塘,溉田千顷。荻塘沿太湖南缘西起吴兴城,东抵平望镇作堤,两岸堤路夹河,外御洪涝,中通排灌,也通航行。荻塘的修建为太湖南部和东南部塘浦圩田的发展创造了条件,也有利于河湖滩地的围垦。吴郡在梁大同六年(540),将晋时的海虞县改为常熟县。《常昭合志稿》说明其改名原因:"高乡溉江有二十四浦通潮沙,资灌溉,而旱无忧;低乡田皆筑圩,足以御水,而涝亦不为患,以故岁常熟,而县以名焉。"常熟一带塘浦圩田在南朝末

---

① (唐)房玄龄:《晋书》卷26,《食货志》,中华书局2015年版。
② (唐)房玄龄:《晋书》卷26,《食货志》,中华书局2015年版。
③ (北魏)郦道元撰,陈桥骚点校:《水经注》,上海古籍出版社1990年版,第626—666页。

期已逐步形成,并获得显著的水利效益,故改名为常熟,意为旱涝保收。在宁绍平原,东汉时建的绍兴鉴湖发挥的作用更大。在浙南山区丽水的瓯江上,梁朝天监(502—519)年间修建了通济堰。

(三)北朝的农田水利

北魏重视宁夏引黄灌渠的修缮,太平真君五年(444年),刁雍任薄骨律镇将(镇治今宁夏灵武县治西南),建成引黄灌溉工程艾山渠,"溉官私田四万余顷"(《魏书·刁雍传》)。西魏、北周在都城所在的关中,东魏、北齐在都城邺地都有一些水利修复工程。

第四节　种植技术的发展

这一时期的旱作生产技术集中体现在《齐民要术》书中,贾思勰总结了北魏及其以前的农业生产经验,特别是建立了以蓄水保墒为中心的旱农耕作技术体系,其意义重大。南北朝时期"铁齿镉镂",也就是铁齿耙出现,见于《齐民要术》中,这是历史上关于铁齿耙,也是畜力拉耙的首次记载。耙用于耕后碎土平整地面,畜力拉耙解决了原来耕后土层中因存在土壤坷垃形成上虚下实土层的问题,从而加强了土壤的保墒能力,耕后耙地,耙后耱地,再加上镇压和中耕,形成了北方旱田传统的保墒防旱耕作技术体系。

一、北方旱作农耕体系的完善

(一)耕、耙、耱土壤耕作技术体系的形成

战国时北方旱作采用"耕—耰"土壤耕作技术体系,到西汉时发展为"耕、摩、蔺"耕作体系,魏晋后发展到"耕、耙、耱、压、锄",此时北方旱地土壤耕作技术体系臻于成熟,其技术发展的关键是"耙"这一环节的出现。

《齐民要术》对耕地提出了明确的要求,其一是耕地以"燥湿得所"为佳,反对湿耕,"宁燥勿湿"。当时的人们认识到,如果在干燥一些的时间耕作,尽管可能耕出大土块,但是一经雨水,土块很容易粉碎,不影响土壤保存墒情;其二是以季节和时间来确定耕层的深浅度。"秋耕欲深,春夏欲浅","初耕欲深,转地欲浅"。即重视秋耕;深耕有利于接纳雨水和冬雪。春耕

夏耕要浅耕。其三是特别强调耙和耱的作用。"犁欲廉,劳欲再","春耕寻手劳,秋耕待白背劳"。意在强调多劳,即摩平。除此之外,还强调"压"和"锄"。"压"即镇压。北方旱作普遍于播后镇压,工具有畜力拉的"劳"和挞。"锄"要求锄早、锄小、勤锄、速锄。中耕以锄为主,结合畜力牵引农具如耙、耢、锋、耩的应用。

图4-1　耕、耙、耱技术配套(甘肃嘉峪关出土画像砖)

耕、耙、耱抗旱保墒技术的原理是土壤通过耕作松动后,经过耙耱压实,形成新的理化结构,因为破坏了向外蒸发水分的毛细管道,水分蒸发减少。尽管经过一段时间后,新的蒸发管道又开始形成,但是通过使用锄头中耕,再次切断其通道,同时中耕还可以除掉杂草,这样土壤墒情得到保护,有利于获得好的收成。

（二）实行合理轮作和间混套作

普遍实行轮作制和间混套作是这一时期农业生产的显著特点,同时人们还采用禾豆轮作、种植绿肥等措施恢复和培养地力。

第一,多数作物需要合理轮作。因为合理轮作有利于消灭杂草,减轻病虫害,能达到提高产量的效果。

第二,广泛采用豆科作物参加轮作。具体轮作方式如绿豆（小豆、大豆）—谷—黍,谷子（小麦）—大豆（小豆）—谷（黍）等轮替,黄河中下游有20多种茬口,禾豆轮作占绝对优势。

第三,绿肥也加入轮作序列。《齐民要术》载:"绿豆为上,小豆、胡麻次之,悉皆五六月中穊种,七月八月犁掩杀之,为春谷田,则亩收十石,其美与蚕矢熟粪同。"①意思是绿豆、小豆与胡麻都可以做绿肥,七八月份耕翻入田中,其效果与蚕屎熟粪相当。

第四,合理间混套作,可充分利用地力和熟化土壤。如桑间间作绿豆、小豆、谷子、芜菁;葱与胡荽间作;豆谷混播;麻子地套种芜菁等。但是古人也指出,大豆地不能夹种麻子,否则"扇地两损,而收亦薄",即对土地不利,也没有好收成。

（三）作物栽培管理技术的完备

1. 注意良种繁育

认识到品种混杂的危害。品种混杂容易造成成熟早晚不齐,卖相不好,煮饭生熟也不一致。针对这一问题,出现了单收、单打、单贮、单种的良种繁殖技术。采用穗选法,建立种子田来繁殖良种。

---

① 　缪启愉:《齐民要术校释》,农业出版社1982年版,第24页。

2. 播种技术的提高

(1)发明了提高种子发芽率的方法。一是发明了快速测定种子发芽力的方法;二是用清水漂淘选种,晒种防病害;三是水、旱稻运用浸种催芽方法等。

(2)要求播种期要适时。要求在"上时"播种,避免"中时"和"下时"。

(3)认识到播种量要适当。如谷子,其晚田(播种较迟的田)加种子量;一般肥田用种多,薄(不肥的田)田少。

(4)播种方法多样。具体有漫掷(即撒播、耧种)和耧耩漫掷(即条播、点播)等多种方法。

3. 防治病虫害技术的提高

(1)运用生物防治技术消灭害虫。西晋《南方草木状》中记载利用黄猄蚁防治柑橘害虫。

(2)采用独特栽培技术措施减少虫害。如通过选择抗虫品种、轮作防病等方式。

(3)实施药物防治虫害。如当时用矾石杀虫,用艾蒿做药物防止贮藏的麦子生虫等。

(4)采取诱杀法除虫。当瓜田有蚁,用带骨髓的牛羊骨头让蚁附上后,将其扔掉,可以去除虫子。

二、大田作物种植

魏晋南北朝时期大田作物种类基本上是汉代的延续,但种植有所发展,这主要表现在:第一,作物构成和分布发生了某些变化;第二,有些作物前代虽已存在,但具体的栽培记载则出现在本时期;第三,有些原产于少数民族地区的作物,这时也开始或较多见于记载。整体来看,这一时期见于文献记载的粮食作物种类繁多。《齐民要术》设专篇论述的有谷(稷、粟,附稗)、黍、穄、粱、秫、大豆、小豆、大麻、大麦、小麦(附瞿麦)、水稻、旱稻等。这些都是当时北方的主要粮食作物种类,与两汉时代大体一致。

(一)粟

粟仍然是最主要的粮食作物。《齐民要术·种谷》注曰:"谷,稷也,名粟。谷者,五谷之总名,非止谓粟也。然今人专以稷为谷,望俗名之耳"。谷由粮食作物的统称(先秦汉代均如此)演变为粟的专名,这本身就说明粟在粮食生产中的重要地位。所以《齐民要术》对粟的品种及其栽培方法都记载得特别详细,郭义恭《广志》记载粟的品种11个,《齐民要术》增加了86个,如再加上优质粟类——粱的品种4个、秫的品种6个,则当时北方地区粟的种类至少有107个之多,这也表明,粟类作物生产的主要区域仍是黄河中下游地区。

(二)麦作的发展

两汉以来,随着旋转石磨的广泛运用,小麦由此前的粒食即麦饭,改为粉食即面食,大大推动了小麦的种植。尽管当时种植麦子对水分要求高,但是人们采取高亢之地种小米,低湿地种小麦的灵活办法,保证了麦子对水分的需求。北魏《齐民要术》所记载的麦类有大麦、小麦、穬麦和瞿麦。其中穬麦就是裸大麦,瞿麦就是燕麦。所有麦类中,以小麦种植最为普遍。

总体上来看,魏晋南北朝时期华北平原及黄土高原,西起陇西,东至海,北起上党、雁门,南至淮河流域的广大地区都有麦作分布。值得注意的是,这一时期麦类在水稻产区的淮南和江南开始推广。东晋元帝大兴元年(318)诏称:"徐扬二州,土宜三麦(小麦、大麦、元麦),可督令燥地投秋下种……勿令后晚。"①说明麦类在南方某些地区确实获得了推广。可见,这一时期麦作有了进一步的发展。

(三)水稻种植

曹魏时代,由于大量兴建陂塘和实行火耕水耨,北方的水稻种植应有所扩展;但这种发展趋势因西晋时废除部分质量低劣的陂塘,改水田为旱地而受到抑制。北魏时黄河流域一般只在河流隈曲便于浸灌的地方开辟小块稻田。水稻在北方粮食作物中只占次要地位,生产技术亦远逊于旱作。黄河流域何时开始种植陆稻(旱稻),还不清楚,但从《齐民要术》已列专篇讲述旱稻种植技术看,旱稻在粮食作物中占有一定地位,其栽培历史亦不会太短。贾思勰《齐民要术》记载,北方水稻的种植:"北土高原,本无陂泽。随

① (唐)房玄龄:《晋书》卷二十六志第十六,中华书局1974年。

逐隈曲而田者,二月,冰解地干,烧而耕之,仍即下水。十日,块既散液,持木斫平之。纳种如前法。"旱稻种植方法较之水稻稍有不同。旱稻用下田,用意是合理使用土地。夏季雨水多的时候,禾豆等其他旱地作物难以在"下田"存活,旱稻则"虽涝亦收"。旱稻的耕作方法为:"凡种下田,不问秋夏,候水尽地白背时速耕,耙劳频烦,令熟。"速耕可避免失墒,或者遇雨而泥。这是最早的专门叙述旱稻栽培的文献。关于选种及催芽方法,《齐民要术》有"收种"一篇,其曰:"凡五谷种子,浥郁(潮湿)则不生,生者亦寻死。种杂者,禾则早晚不均,春复减而难熟……特宜存意,不可徒然。"这段文字前面提到种子要干燥保存,不同类型的种子要分类收储。《齐民要术》还说:"常岁岁别收,选好穗纯色者,劁刈高悬之。至春治取,别种。"这是有关"留种田"的最早记录。"地既熟,净淘种子(浮者去之秋则生稗)。"这是讲究种子质量,同时预防杂草的重要手段。

关于催芽方法,《齐民要术》要求因水稻、旱稻而异。水稻"渍经五宿,漉出,内草篅中裹之;复经三宿,芽生长二分,一亩三升,掷。"淘净种子后待芽长至二分可种。旱稻浸种则浸到种子开口就行了,播种后配合镇压手段提高旱稻的抗旱能力,促进旱稻生长以提高产量,"种未生前遇旱者,欲得牛羊及人履践之,湿则不用一跡入。稻既生,犹欲令人践垄背(践者茂而多实也)。"镇压可以压碎土块弥合土缝,压实畦面增加土壤紧实度,使根系与土壤密接,有利于保水、保肥、保温。

烤田技术也在这里出现。《齐民要术》:"稻苗渐长,复须薅(拔草曰薅),薅讫,决去水,曝根令坚。量时水旱而溉之。将熟,又去水。"这是关于水稻烤田的首次记载。古人将稻的根系按照其在土壤中的分布部位分为"顶本"(命根)和"横根"两类。烤田的作用在于抑制横根生长,促进命根生长。

东汉时期发明的移栽技术在此时有了新的目的。《齐民要术》中说,水稻"既生七八寸拔而栽之",贾思勰认为移栽的理由是稻田连作会使草害加重,因此在稻苗长到七八寸时要移栽以达到除草的目的。旱稻如果植株稠,就在五六月份下雨的时候进行分栽,七月以后"百草成,时晚故也",不再分栽。分栽方法是"栽法欲浅,令其根须四散,则滋茂。深而直下者,聚而不科。其苗长者,亦可拔去叶端数寸,勿伤其心也"。显然旱稻的"拔而栽之"已不再是以除草为目的了,对时间、方法都有了具体且严格的要求。

在传统中国社会,人口的增长,生存压力的加剧,逼迫人们发明新的农业生产技术。人们通过农业生产活动改造自然,不断发展与创新已有技术,从小空间到大空间,从单一作物种植,到多样轮作、间作、套作,充分利用已有条件为农业生产服务,没有条件或条件不足的则尽可能补足与创造条件。当国力足够强盛的时候,这一现象则明显体现在大型水利工程的兴修上,与之息息相关的水稻种植技术的发展也被赋予政治与经济的双重属性。正是基于此,才有水稻的育秧移栽技术首先出现在华北平原,而不是自然条件更利于水稻栽培的南方地区的现象。

(四)黍和其他作物

黍、穄和豆类的地位比汉代似有所回升。究其原因,大约是由于北方战乱,荒地较多,北魏着力恢复农业生产,黍、穄被用作开垦荒地的先锋作物。这时豆类种类增多,用途更广,又广泛用以同禾谷类作物轮作。大豆可充粮食,可作豆制品,还可用作肥料,即《齐民要术》所谓"荚"。小豆除食用和轮作外,还常用作绿肥。因此,豆类的地位也相应提高。

值得一提的还有高粱。以往有些学者根据某些文献记载,认为高粱是元以后才从西方渐传入中国的,近年来由于考古发掘中不断有发现高粱遗存的报道,因而有人提出黄河流域也是高粱的原产地之一。但中国古代文献中缺乏中原地区早期种植高粱的明确记载,先秦两汉时代的高粱遗存也需要做进一步的鉴定。根据现有材料,黄河流域原产高粱的可能性不大。但有关高粱的记载在这时确实出现了,如曹魏时张揖的《广雅》载:"藋粱,木稷也。"晋郭义恭《广志》亦有"杨禾,似藋,粒细,左折右炊,停则牙(芽)生。此中国巴禾、木稷"的记载。晋张华《博物志》也提到"蜀黍"。这些都是中国对高粱的早期称呼,其特点是以中原习见的作物如黍、稷、粱、禾等述之,并加上说明其产地或特征的限制词,故《齐民要术》将它列入"非中国(指中原地区)物产者"。尤其是"巴禾""蜀黍"之称,可能反映它是从中国巴蜀地区开始种植的。

三、经济作物及园艺果树种植

《齐民要术》所载大田作物中的经济作物有纤维（枲麻）、染料（红蓝花、栀子、蓝、紫草）、油料（胡麻、荏等）、饲料（苜蓿等），多数已见于前代文献，但较系统地论述其生产技术是从《齐民要术》开始的，也有一些是第一次见于记载。

（一）油料作物

中国对植物油脂的利用晚于动物油脂。种子含油量较高的大麻和芜菁，虽然种植较早，但很长时期内，人们并不专门利用其油脂，油脂仅是其综合利用中的一个次要方面，这些作物那时还不能算作油料作物。后来驯化了"荏"（白苏子），中原地区又先后引入了胡麻和红蓝花，大麻和芜菁籽也间或用于榨油，这才有了真正的油料作物。《齐民要术》中胡麻篇紧接粮食作物之后，对选地、农时、播种、中耕、收获等方面均作了论述，反映了胡麻已是当时重要的大田作物。今天主要油料作物之一的油菜（芸薹）和大豆这时虽有种植，但用它们的种子来榨油是比较晚的事情。

（二）蔬菜

北方城郊大规模种植的瓜、葵、芜菁，成为商品生产的主栽种类。南方，菘（白菜）是重要蔬菜，水生蔬菜（莼菜）、藕、茨、菱等南朝时也广泛栽培。《齐民要术》中记载了30多种蔬菜，如葵（冬葵，又名冬寒菜）、瓜（甜瓜）、冬瓜、越瓜、胡瓜（黄瓜）、茄子、瓠（葫芦）、芋、芜菁、菘（白菜）、蒜（包括胡蒜、小蒜等）、葱、韭、芸薹（油菜）、蜀芥、芥子、胡姜、兰香、荏（白苏）、芹（水芹）等。在新增加的栽培蔬菜中，大体上可分为三种类型。第一种是原来是野生植物，后在长期采集利用过程中逐步演变为人工栽培植物。第二种是原产自其他地区而引入中原的，如胡瓜就是从西域传进的。第三种是原来已经驯化的蔬菜，在长期人工培育过程中，演变出新的栽培种，如越瓜（菜瓜），就是甜瓜的变种，菘（白菜）也属于这种情况。总体上来看，瓜类是魏晋南北朝时期种类变化最大的蔬菜。

水生蔬菜的发展是蔬菜栽培史上另一有意义的大事。中国很早就采集水生植物作蔬菜，一些水生植物逐步进入人工栽培的蔬菜行列。先秦时代能确定为人工栽培的水生蔬菜有蒲和芹，到了魏晋南北朝时期，水生蔬菜的栽培又有进一步的发展。《齐民要术》中首次记载了水生蔬菜的栽培法,种类有藕(其实为莲子)、茨、芰(菱)、蒪等等。周代蒪大概还是供采集的野生植物,何时开始人工栽培,尚不清楚,但魏晋时期已和茭白并称为江东名菜了。

《齐民要术》对蔬菜栽培技术做了系统总结,突出在有以下方面:(1)耕作的精细化;(2)栽培时广泛应用复种、间作、套种;(3)采用粪大水勤的畦作管理方法;(4)特殊的栽培技术有留"本母子瓜"作种、大蒜"条中子"繁殖法、蕹菜无土栽培法、甜瓜引蔓、细粒种子匀播法等。

(三)纤维作物

这一时期用于纺织的纤维作物在北方主要仍为大麻,《齐民要术》有《种麻》专篇,讲述以利用韧皮纤维为目的的牡麻的种植法。麻布是当时赋税内容之一。北魏实行均田制,规定凡交纳麻布作"调"的地区,在露田、桑田之外,分配一定数量的"麻田",表明大麻(枲麻)生产在当时农业生产中占据重要地位。在南方,则主要利用苎麻和葛的纤维。当时对棉花的利用和栽培,开始于现在的新疆、云南、闽、广等地区,宋元以后才逐步传入中原。边疆地区的植棉历史,虽然可以追溯得更早,但明确的文字记载则出现在本时期。

(四)染料作物

在染料作物方面,《齐民要术》有专篇谈种蓝和种紫草,并对长期积累的种蓝的精耕细作技术和制蓝淀的方法做了总结。紫草是多年生草本植物,含紫草红色素,可作紫色染料。《齐民要术》对其栽培技术记述颇详,并指出"其利胜蓝"。可见紫草的种植也应有久远的历史和较大的规模。红蓝花除了籽可榨油外,它的花也可用以制作胭脂或染料。

(五)糖料作物

魏晋南北朝时期,作为糖料作物的甘蔗,其产区比前代扩大了。陶弘景《名医别录》说甘蔗"今出江东为胜,庐陵亦有好者,广州一种数年生,皆如大竹,长丈余,取汁以为沙糖,甚益人。又有荻蔗,节疏而细,亦可啖也"。又《齐民要术》卷十甘蔗条载:"雩都县土壤肥沃,偏宜甘蔗,味及采色,余县所无,一节数寸长,郡以献御。"庐陵郡治在今江西省吉安附近,雩都县即今江西于都县。江东泛指苏皖长江以南一带,广州应包括珠江流域涉及今广西境部分地区。可见南北朝时期今广东、广西、江西、安徽、江苏等地也都是甘蔗的产地。

(六)果树

这一时代,黄河流域的果树品种基本与汉代相同,除核果类的"五果(枣、桃、李、杏、栗)"及柿、梨、梅等外,《齐民要术》卷四还记述有茱萸等10余种果树,大都是前代原有的。但南方果树的栽培面积和种类则有很大的发展。左思《吴都赋》所描述的部分果树有丹桔、余柑、荔枝、槟榔、椰子、龙眼、橄榄、探榴等。从地区上看,据《齐民要术》中记载,黄河中下游地区的果树有枣、桃、李、杏、梅、梨等19种;南方有杨桃、梅桃子、杨摇、冬熟等20多种;江浙地区据谢灵运《山居赋》载常见的有杏、奈、桔、栗、桃、梅、柿、李、梨、枣、枇杷、林檎等。《齐民要术》从它以前的文献中收集和描述了不少果树品种,具体反映了中国劳动人民培育果树品种方面的优异成就。

果树栽培技术的提高体现在:在选种上注意培植优良品种;果树繁殖技术逐步完备,有播种、扦插、压条、分根和嫁接等多种方法,其中嫁接已从靠接发展到劈接,从近缘嫁接发展到远缘嫁接;在管理上有"嫁树法"、疏花法,防寒防冻等技术;葡萄栽培使用棚架技术,越冬则运用掘坑掩埋,以抵御寒冷,防止冻死;枣树运用疏花法,即在开花期,如果花太盛,则用竹竿击打树干,去掉一部分花,确保所剩花坐果,实大。

第五节　养殖业的发展

魏晋以来,不断有少数民族进入中原农业区。十六国以后更有大量的以畜牧业为主的民族进入中原,从而将以肉食为主的饮食习惯带入。到北魏时,由于畜牧业的生产比例增大,食物构成中,动物食品所占比重似乎相应也在增高。《隋书·地理志》提到汉中地区"虽蓬室柴门,食必兼肉"。肉食品有家养的牛、羊、猪、鸡、鸭、鹅等。由于当时战争频繁,马受到特别的重视,北魏时曾大量转移马匹,扩充牧场,以供军需。牛是发展农业生产的主要畜力。

在北方,农区中畜牧成分增加,到北魏时达于极盛。北魏设有代郡、漠南、河西、河阳四大国有牧场。据《魏书·食货志》记载,河西牧场有马 200万匹。骆驼 100 余万峰,牛羊无数;河阳牧场有戎马 10 万匹。民间畜牧业发达,世家大族牧地面积多达几百里,牲畜难以计数。黄河中下游地区,单个家庭饲养千口羊有一定的普遍性。但是淮河流域则因常年战乱,生活困苦,牧业凋敝,肉食量小。

这一时期的养蚕与养蜂技术也相应有较大的发展,如低温控制蚕卵化性,盐渍杀蛹储茧法等。

一、畜禽养殖

(一)放牧技术

《齐民要术》中以大量篇幅系统记述了牛、马、驴、骡、羊、鸡、鹅、鸭等的生产技术经验,其中关于放牧技术方面的论述,以养羊篇的价值最大。如认为养羊必须考虑羊的"天性",进行合理放牧。对牧羊人和放牧时间、放牧方法、放牧地点都有严格的标准。如放牧方法要求"缓驱行,勿停息"。让羊慢慢地边走边吃草,有利于羊的腹饱膘肥。赶得太快,羊只顾走路来不及吃草;赶得太慢,或停止不赶,所谓"息则不食而羊瘦"。所以太快太慢都必然会使羊消瘦。在放牧地点上要选择高燥地,防蹄叉腐烂,所谓"唯远水为良"。

《齐民要术》提出冬季宜舍饲不宜放牧的原则,即由室外放牧转入舍饲,以避风霜。

《齐民要术》总结了北魏以前畜牧生产的役养经验,提出"服牛乘马,量其力能;寒温饮饲,适其天性"的十六字总原则,并指出按照这原则指导畜牧生产,"如不肥充繁息者,未之有也";如果违背这个原则,必然导致"赢牛劣马寒食下",意谓瘦牛弱马必然过不了寒食节(清明前一或二日)。要避免这种损失,关键是贮足冬季饲料和进行合理的饲养管理,这样就可以避免夏饱、秋肥、冬瘦、春死的现象发生。

(二)相畜术的发展

这一时期的相畜术,特别是相马术,已发展到了很高的水平。

1. 马的鉴定

《齐民要术》对马匹外形鉴定的方法,是先淘汰严重失格和外形不良的"三羸五驽",再相其余。所谓"三羸",即"大头小颈一羸,弱脊大腹二羸,小胫大蹄三羸"。笨重的大头用一个孱弱的脖子支持;不坚实的脊柱,加上一个草包大肚子,使腹部凹陷;细脚杆配上一个大蹄,则举步艰难。这三者确实是严重的失格和体形不良。所谓"五驽",就是"大头缓耳一驽,长颈不折二驽,短上长下三驽,大髂短胁四驽,浅髋薄髀五驽"。在笨重的大头上长着两个"牛耳"或"担杖耳朵",细长而不弯曲的脖子,百姓叫"螳螂脖子";短上长下属幼稚型发育不全;大髂短胁,表示后躯和中躯的不协调,使后躯笨重;浅髋薄髀,表示大腿肌肉发育不良,推进力差。在淘汰上述失格马匹以后,再进行具体鉴定。相畜时不仅要有整体观念,而且还明确重点部位作为考察的关键,即"马头为王,欲得方;目为丞相,欲得光;脊为将军,欲得强;腹胁为城廓,欲得张;四下为令,欲得长"。这里用王、相、将、城、令和方、光、强、张、长等词语,来说明头、目、脊背、胸腹、四肢的地位及其要求,很生动形象地概括了良马的标准型。

2. 牛的鉴定

《齐民要术》指出,牛的体形要求"身欲得促,形欲得如卷"。"插颈欲得高。一曰体欲得紧"。并提出"大膁疏肋难饲……口方易饲"。鬐甲短促而紧凑的体形是役用牛的理想体形,而大膁疏肋是一种粗糙疏松的体形,必然伴随着腹垂、凹腰和全身结构松懈,则役力不强。

头部要求"头不用多肉","角欲得细","眼欲得大",这种特征与神经灵活有关。百姓对于役用牛要求"明眸",嫌恶"杏核小眼"。要求"口方易饲"则与消化系统密切有关,即所谓"槽口宽,肚儿圆"。

对躯干的要求是"膺庭(胸)欲得广","肋欲得密,肋骨欲得大而张","臀欲方"。即要求胸部要发达;在躯干后部则强调臀部的发育,这对于役用牛特别重要。

四肢要求肌肉发达,关节坚实,筋腱显明。蹄冠和蹄要求"倚(胫)欲得如绊马,聚而正也",后肢肢势"曲及直,并是好相,直尤胜,进不甚直,退不甚曲,为下"。因后肢过曲,推进无力,而进不能伸直,退不能曲,表示跗关节不灵活,是役用牛的一个重大缺点。步样上要求"行欲得似羊行",比喻也恰当深刻。

《齐民要术》所展示的相畜术,既要求看到静态,又要求看到动态;既看到形态机能,又看到生理机能;既看到全体,又看到局部,并看到局部和全体的关系;既看远,又看近;既突出了重点,又不忽略一般。总之,这是当时对马、牛外形鉴定所提出的一些原则,这些原则既精辟而又形象生动。

(三)兽医成就

魏晋南北朝时期,中国传统的医学、兽医学和药学在汉代的基础上,都有发展和提高。可惜的是这一时代的兽医专著都已失传。现在能见到的只是东晋葛洪《肘后卒救方》(后称《肘后备急方》)内的《治牛马六畜水谷疫疠诸病方》,及《齐民要术》卷六养马、牛、猪、羊诸篇中记载的备急治疗方法和方药。前者谈到13种家畜病及治法,后者选录了48种方药和治法。由于两者还不是当时的专业兽医书,书中记载这些方药的目的是"备急",为缺医少药的农村提供一些急性病的抢救措施和常见病的防治方法,为旅途中的畜养者提供应急疗法,因而选录的疗法和方药都是简单易行和容易取得的药物。它虽然不可能代表这一时期兽医学术的全貌,但从一斑窥全豹,也可推测当时兽医技术的发展水平。

(四)阉割术的发展

《齐民要术》具体总结了猪、羊的阉割(犍)术,如猪的阉割术:"其子(仔猪)三日掐尾;六十日后犍(阉割)。"原注:"犍者,骨细肉多;不犍者,骨粗肉少。"这说明当时人们已认识到阉割可以提高肉用家畜的品质。对于肥育羊的"剩(去势)法",《齐民要术》注说:"生十余日,布裹齿脉(指精索)碎之。"用布包裹精索,用锤锤碎,使性的机能消失而加速肥育。这种锤羊法的去势术,直到今天华北农村仍在沿用。

二、养蚕与栽桑技术

黄河流域的蚕业生产,虽经东汉末年以及后来十六国割据和"八王之乱"的混战局面,到北魏时在全国蚕业生产中仍居重要地位。西去的丝绸之路继续畅通发达,敦煌依然是丝绸交易重地。相对于黄河流域大混乱,长江流域及其以南地区却比较安定。在孙吴、东晋努力经营的原有基础上,到了南朝时代,江南的农桑生产及其他手工业生产也得到较显著的发展。魏晋南北朝史籍中所反映的蚕桑技术,较之秦汉时期有显著的进步,江南"丝绵布帛之饶,覆衣天下",足见当时江南的养蚕业已相当发达。

要而言之,魏晋南北朝时期的养蚕技术有了显著的发展,杨泉的《蚕赋》的有关内容,张华《博物志》记述蚕的孤雌生殖现象,南朝宋郑缉之《永嘉记》所记低温控制蚕卵化性,陶弘景《药总诀》首次记述了盐渍杀蛹储茧法,《齐民要术·种桑柘》对中国古代蚕业生产技术所做的全面总结等,都是这一时期养蚕技术进步的反映。

(一)杨泉的《蚕赋》中记录的养蚕技术

杨泉在《蚕赋》用四言排句,即诗赋的语言,形象生动、简明扼要地记述了养蚕过程中的几个重要环节。具体是在养蚕以前,首先要把蚕室温度调节好,然后蚕母(养蚕妇人)把蚕种放入蚕室,在适宜的温、湿度下进行暖种,促使蚕卵胚子顺利发育,催青孵化,达到健壮齐一的目的。这时正是清明节后,谷雨节来,天气温和,雨水充沛,要用柔嫩的桑叶切成细丝来喂刚孵化的幼嫩小蚕。喂叶要有定时,给桑量也要有分寸,且要切实注意桑叶干湿的适当程度,太干固然对蚕的正常发育成长有碍,但若用湿叶喂食,更容易得病。通常当蚕儿吃完桑叶后,它举动活泼,爬动灵活。蚕儿长大了,抬头(前胸)犹如蛟龙仰视般体态矫健,而一旦就眠时,却又似伏虎般常常抬起前半身静止不动。这些现象都足以说明蚕是健壮的。该文还指出,外界环境与家蚕正常生长发育关系甚为密切。蚕室要考虑坐落的方向,应安排在庭院的东首,开东窗能看到早晨的阳光,开西窗可以看到西下的夕阳,既能保持密闭,又能自然调节通风,使空气新鲜。在养蚕的大忙季节,全家老少为养蚕忙,依靠合家上下的齐心合力和邻里的相互帮助,才能把蚕养好。

(二)著名的"永嘉八辈蚕"

"永嘉八辈蚕"载于晋人郑缉之《永嘉记》,原书已散佚,现在所见是《齐民要术·种桑柘》辑录而保留下来的。永嘉即今浙江温州地区。普通的蚕种一年只能养两代,但是这里则不同,一年可以养八代,具体是:炕珍蚕三月绩,柘蚕四月初绩,蚖蚕四月初绩,爱珍五月绩,爱蚕六月末绩,寒珍七月末绩,四出蚕九月初绩,寒蚕十月绩。当时的人们是如何做到的呢? 其方法是将蚖珍蚕卵经低温处理,就能够增加一代养殖。通过不断的低温处理,就能够达到一年养八批蚕的目的。经过多代饲养,能够大大提高蚕茧产量与收成,同时也充分利用桑树资源。

(三)陶弘景的盐腌储茧法

盐腌储茧法的发明是这一时期养蚕生产上的一大进步。南朝时代浙江出现"盐腌法"储茧后,可以不用担心蚕茧处理不及时的问题,中国养蚕业中一年一度紧张的缫丝劳动得到了缓解。名医陶弘景(452—536)在他所著的《药总诀》中记载:"凡藏茧,必用官盐"。《齐民要术·种桑柘》篇更明确记载:"用盐杀茧,易缫而丝韧;日曝死者,虽白而薄脆。缣练衣著,几将倍矣;甚者,虚失岁功。坚脆悬绝,资生要理,安可不知之哉?"指出盐腌法比日晒法好很多,产生的丝质坚脆悬绝,提醒人们注意采用。

(四)《齐民要术·种桑柘》中的养蚕技术

《齐民要术·种桑柘》篇把北魏及以前相沿下来的对蚕的饲养管理和合理用桑,对蚕室的温度、湿度及采光等环境条件的掌握和调节,对蚕的病害、敌害的重视等一系列技术进行了总结,起到了承前启后的作用,对促进后世养蚕技术的继续前进有很大的贡献。在论述蚕的留种技术方面,《齐民要术》指出蚕的良种选留,应以茧为主,一定要选取蚕蔟中层的茧为上,其依据是处于上层的蚕,生命力强。

(五)《齐民要术·种桑柘》中的种桑树技术

除了养蚕技术,《齐民要术·种桑柘》还有关于种桑树的技术。

1. 桑树压条繁殖

东汉《四民月令》记载二、三月间"可掩树枝",是为最早记载的压条繁殖法,但压条法用于桑树繁殖的明确记载则首见于《齐民要术·种桑柘》篇。贾思勰认为:"大都种椹,长迟,不如压枝之速,无栽者,乃种椹也。"并具体交代压条方法,当年正、二月压条,第二年正月可以移栽。反映北魏时已认识到压条繁殖生长较速,其时可能已在较普遍地应用。

2. 桑树品种

魏晋南北朝以前,桑树罕分品种名别。《诗经》只见"女桑"之名,毛亨训为"黄桑",郑玄注云:"女桑,少枝长条。"《尔雅·释木》亦称女桑为黄桑。毛氏传文,盖沿《尔雅》为训,即郭璞所谓"今俗呼桑树小而条长者为女桑"是也。可能当时以前,只有女桑和枝较多且较短的非女桑两种。至《齐民要术》时,记述桑树的品种开始渐多,除"女桑"外,还有"地桑""荆桑""鲁桑"等名,而鲁桑又有黑鲁椹(桑)、黄鲁桑等名。其时,桑的品种及其特性,都已为人们所熟悉且已能够利用了。

三、养蜂技术

《礼记·内则》说"子事父母","枣栗饴蜜以甘之"。《楚辞·招魂》:"粔籹蜜饵,有餦餭些。瑶浆蜜勺,实羽觞些。"两个文献的内容表明先秦时代人们已以蜂蜜为食。但是明确记载人工养蜂却在晋代,皇甫谧《高士传》记载东汉延熹(158—167)时人姜岐,"隐居以畜蜂豕为事,教授者满于天下,营业者三百余人"。当时出现了以养蜂为专业的人,那么推测人工养蜂的开始应当在此以前一段时间。

关于东汉时人们养蜂的方法,没有具体文献记载,但是文献中有如何收集野生蜜蜂,让其酿蜜的方法。张华《博物志》中说山中幽僻处出蜜蜡,人往往以桶聚蜂,每年一取。人们也有时在有蜜蜡处,以木为器,中开小孔,以蜜蜡涂内外令遍。春月蜂将生育时,捕取三两头放在器中,蜂飞去,寻将伴来,经日渐益,遂持器归。《永嘉记》也有类似的记载,这都是引诱野蜂进入人工木桶中,让其生活的方法,是为人工养蜂的前奏。

第六节　农产品加工与储藏

一、酿造技术的发展

《齐民要术》对当时及其以前的酿造技术做了较系统的总结,反映出公元6世纪中国的酿造技术水平已达到很高的水平。

(一)酿酒技术

造酒过程包括制曲和酿酒两个步骤。制曲是酿酒前培养微生物菌种的过程。酒曲对酒的品质关系极大。《齐民要术》把酒曲分为神曲和笨曲两大类。神曲形体小，"一斗杀米三石"，用曲量只占原料总量的 2%—3%，类似于近代的小曲。笨曲是在木框内踩成一尺见方、二寸厚的块曲，"笨曲一斗，杀米六斗"，用曲量占原料总量的 1/7，类似于近代的大曲。从上述曲米比例关系来看，北魏时代酒曲的糖化和发酵能力有了显著的增强。

当时制曲的原料大都为小麦，用蒸、炒、生磨等三种方法分别处理后混合应用，便于各种微生物的生长。制曲时注意到了原料的湿度、温度和曲房的密闭。有的曲还加如桑叶、苍耳、艾、茱萸等，使酒有特殊风味，并借以促进霉菌的生长。《南方草木状》中谈到了"草曲"的制作方法："杵米粉杂以众草叶，冶葛汁，涤溲之，大如卵，置蓬蒿中荫蔽之，经月而成，用此合糯为酒。"这是当时南方特有的一种制曲法。在酿酒过程中，人们对原料、水质、温度、酸度、加料方法等均很注意，因为这些因素都与酒的品质好坏有密切关系。

《齐民要术》提出："收水法，河水第一好，远河者取极甘井水，小咸则不佳。"水通常宜偏酸，不宜碱，这样有利于益菌的生长发育。也不能用苦咸井水淘米。酿酒最好的时间是在桑树落叶、初见霜冻的时候。这个时间水中的浮游生物等含量少，酿出的酒容易管理，不易发酸、变质。春天和夏天造酒，水就要用"沸汤"冷后浸曲，这是高温灭菌的方法。在酿酒过程中，要保持一定的温度，冷天要加上保温设备。

在低温发酵条件下，能减少有害的细菌活动，使酒醇味美。至今大曲酒还是采用低温发酵。但温度亦不能过低，在"隆冬寒厉"下曲汁时，要在锅中温好，但不能过热，使冰凌化开就可以了。也不能用带冰凌的冷液，温度过低发酵就无法进行。

当时制酒用的原料种类很多，但主要都是粮食，如春酒用的是笨曲及米，桑落酒用笨曲及黍米，白醪酒用糯米，当梁法酒用黍米，此外秫米、穄米、粳米等也用作酿制酒。

在酿酒过程中，要根据发酵情况进行操作。"味足沸定为熟，气味虽正，沸未息者，曲势未尽，宜更酘之，不酘则酒味苦薄矣。""曲势"即今天所说的曲中糖化酶和酒化酶的活力。这反映出古人对酿酒发酵过程的观察相当细致。当时仍采取分批加料方法，而投料的多少及次数根据"曲势"而确定。

（二）酿醋技术

醋是重要的调味食品,古称为醯。利用醋多见先秦经典,但作醋方法始见于《齐民要术》中。书中说作醋的原料主要是粮食,有小米、糯米、秫米、大麦、大豆、小豆、小麦等;还用糟糠造醋和利用坏酒作醋,以节省粮食。也有用蜂蜜、乌梅等造醋的。造醋主要是利用醋酸菌。先经淀粉酶作用把淀粉变成糖,再经酵母作用,将糖转化为酒精,醋酸菌则将酒精转化为醋酸。这三个过程是在同一醪液中进行的。《齐民要术》的记述说明当时观察到在酸醋发酵过程中,醋的生成和"衣"的关系。衣就是在醪液表面形成的菌膜。醋酸发酵成熟,醋酸菌衰老,衣也沉在底部了。衣生、衣沉正是菌活动情况正常的表现。但如出现白醭,则是杂菌侵入,它能分解醋酸,使醋变坏,必须及早除去。

（三）制酱和制豉的方法

酱和醋一样,也是一种重要的调味食品。《齐民要术》记载,造酱时间是"十二月、正月为上时,二月为中时,三月为下时",和目前农村通用的简单制酱方法不同。简单制酱是利用夏季高温自然发酵。而《齐民要术》记载的是在冬季造酱,冬季加以保温,比较容易控制发酵。该书专门有《黄衣黄蒸及蘖》一篇。明确提出制酱起作用的是黄色的"衣",所以制成的曲就叫黄衣、黄蒸。这种黄色的微生物当是黄曲霉菌。制造黄衣、黄蒸是利用夏季高温高湿时期,有利其生长,并注意控制原料的酸度,"于瓮中以水浸之令醋"。黄曲霉能耐微酸性,有一定的酸度,能抑制有害微生物,促进黄曲霉生长。黄曲霉产生蛋白酶和淀粉酶,制酱正是利用这两种酶。

制酱的基本原料豆黄,是用乌豆(黑大豆)经过几次蒸煮去皮而成。除用豆制酱外还有肉酱、鱼酱、干鲹鱼酱、麦酱、榆子酱、虾酱等。肉酱、鱼酱也用黄衣、曲末为引子。

豆豉也是当时的主要调味食品,也是首见载于这一时期。《齐民要术》说:做豉时间以四、五月为最好,七、八月次之。豆子经过蒸煮后,让它自然发酵。然后,加入食盐三蒸三晒就好了。用麦也可以做豉,叫作麦豉。

二、粮食果蔬的各种加工储藏方法

（一）窖麦法、剿麦法和蒸黍法

在粮食储藏方面,魏晋南北朝时期出现了"窖麦法""蒸黍法""剿麦法"等技术。当时人们已经认识到谷物在储藏前,必须干燥,如《齐民要术》谈到"黍,宜晒之令燥","湿聚则郁",容易发生霉变。《大小麦》篇也谈到如采取"窖麦法"时,"必须日曝令干,及热埋之",即将麦子晒干后趁热进窖,而且还指出要在"立秋前治讫"。因"立秋后则虫生"。立秋前是大伏天,日光强烈温度高,容易晒干,且在烈日下晒,也利于消灭害虫。至于"藏稻,必须用箪"。不能用窖埋的方法,因"此既水谷,窖埋得地气则烂败也"。

《齐民要术·大小麦》篇记载剿麦法是将收割下来的麦,铺成薄薄一层,顺风点火。着火之后,就用扫帚扑灭,然后再脱粒。据说"如此者,夏虫不生",但也说明"唯中作麦饭及面用耳"。因麦子经过火烧后,可以把麦粒上的虫卵、虫蛹等寄生物杀死,但火烧时温度高,麦胚也会被烫死而影发芽能力,故所藏的不能做种子用,只能食用。同样,稻子也可用此法,如藏稻"若欲久居者",亦如"剿麦法"。在穄的储藏方面比较特殊,如《齐民要术·黍穄》篇说:"穄,践讫即蒸而裛。"因为"不蒸者难春,米碎,至春土臭。蒸则易春,米坚,香气经夏不歇也。"这是要求在穄子脱粒后,立即蒸一遍,并趁湿热时就密封收藏。如不经蒸,将来难春,米粒易碎,到明年春天,又会发出像泥土一样的气味。蒸过的,不仅易春,而且米粒紧实,到第二年夏天还是香的。

另外,在储藏麦子等粮食时,还用蒿艾防虫。《齐民要术·大小麦》篇就提出"蒿艾簟盛之,良","以蒿艾蔽窖埋之,亦佳"。因蒿艾有驱虫作用,所以用蒿艾编成的容器或者把艾蒿混杂在粮食里一同储存,粮食能更久保存。这是对西汉《氾胜之书》提出用干艾杂麦种储藏的继承和发展。

（二）蔬果保鲜技术的出现

1. 坑藏保鲜法

黄河中下游地区,冬季长而寒冷干燥。为了在一年之内均衡地供应新鲜蔬菜,当时人们已经采用了蔬菜保鲜的埋土储藏法。据《齐民要术》记载,藏生菜法是:九月到十月中,在墙南边太阳晒到的地方挖几个四、五尺深的坑,把各种菜分别放布坑里,一行菜,一行土,到离地一尺左右时,上边厚厚的盖上秸秆。这样可以过冬。要用就取,取时和夏天菜一样新鲜。这是利用阳光为天然热源条件以提高温度。用土埋藏可防脱水,并减弱呼吸作用,使蔬菜保持新鲜的状态,这样就不受季节和地区限制,达到了保证供应新鲜蔬菜的目的。这种技术至今仍在沿用。

这种方法也可以利用于水果的储藏。如"藏梨法,初霜后即收(霜多即不得经夏也),于屋下掘作深荫坑,底无令润湿。收梨置中,不须覆盖,便得经夏"。

2. 沙藏保鲜法

《齐民要术·种栗》:"藏生栗法,著器中;晒细沙可燥,以盆覆之。至后年二月,皆生芽而不虫者也。"这是利用沙粒保温、调气的一种保鲜措施,原理与坑藏法类似。当时主要用于板栗种子的储藏,效果很好。

(三)糟渍、蜜渍与酸渍

糟是酿酒后的渣滓,其中含有酒精,故有杀菌能力,经过糟渍的果蔬,松脆有酒香,因此,糟渍法既是保藏法,又有加工的意义。糖液和盐液一样,具有很高的渗透压,故有利于果品的保藏。利用乳酸菌发酵来贮存食品的方法,包括少盐酸渍法和无盐酸渍法,在魏晋南北朝时期均已出现。无盐酸渍则首见于《齐民要术》:"作酢菹法:三石瓮,用米一斗,捣,搅取汁三升,煮滓作三升粥,令内菜瓮中,辄以生渍汁及粥灌之。一宿,以青蒿、薤白各一行,作麻沸汤浇之。便成。"这是以米汤代替盐水作"菹",因米汤里含有大量的淀粉,有利于酵母菌和乳酸菌发酵产生酒精和乳酸,故能起酸渍保藏作用,当时被称为"醉菹"。今日民间食用的酸白菜,便是由此发展而来的。

利用储藏保鲜技术,能够解决粮食收获期短暂,但人们对食物的需求期较长这一矛盾,能够解决保存食物,同时又不丧失其新鲜的难题,有利于人们吃到健康、不变质的食物。

第五章　隋唐五代时期的农业

　　隋(581—618)唐(618 年—907)时代,魏晋南北朝分裂割据的格局终于结束,国家走向统一。隋初文帝杨坚厉行节俭政治,使民众在较轻的剥削下得以发展生产。但是到隋炀帝杨广时期,因过度消耗国力,造成了农民起义和贵族叛乱,隋朝灭亡。唐朝前期,政治比较清明,对农业生产的发展十分重视,推行有利于生产的措施。例如,延续均田法,计口授田,推行租庸调制,减轻农民负担,减免百姓力役,兴办水利事业,扩大灌溉农田的面积,等等,农业生产有较大的恢复和发展。由于灌溉条件改善,需水量较多的小麦取代了抗旱性能优良的小米的地位,跃居北方作物栽培面积的首位。隋初时全国人口为 2900 万,到唐天宝十四年(755)已增至 5291 万,同年耕地扩大到 143038 万亩,人均耕地面积约 27 亩,人民生活相对富裕,唐开元、天宝时期更为突出。据有关文献记载,开元十三年(725)"东都斗米十五钱,青齐五钱,粟三钱",天宝间"米斗之价钱十三,青齐间斗才三钱,绢一匹钱二百"。表明当时物质丰富,物价便宜,人们生活相对富裕,以至杜甫有诗赞曰:"忆昔开元全盛日,小邑犹藏万家室。稻米流脂粟米白,公私仓廪俱丰实。九州道路无豺虎,远行不劳吉日出。齐纨鲁缟车班班,男耕女桑不相失。"充分反映了唐代这一时期中国农业生产的繁荣。

　　但是这一大好局面因安史之乱而陡然发生改变。安史之乱发生于公元755—763 年,它使黄河流域的农业生产受到严重的破坏,人口锐减。乾元三年(760)全国人口降至 1699 万,只及天宝十四年的百分之三十二。据《旧唐书·郭子仪传》记载,当时"东至郑、汴,达于徐方,北自覃怀,经于相土,人烟断绝,千里萧条"。《资治通鉴》卷二百二十二中也说:"洛阳四面数百里,州、县皆为丘墟。"此后接踵而来的是藩镇割据和五代十国的纷扰局面,黄河流域经济更是因此一蹶不振。

安史之乱重创北方经济,在使唐朝由盛而衰的同时,却间接促使经济重心转向江南地区。江南并没有遭受安史之乱大的破坏,反而成为北方避难人口的理想迁徙地,农业生产得以继续稳定发展,并形成了规模效应。中唐以后,政府财政收入依赖于南方,以江淮为经济命脉。

这一时期的江南地区,人们对土地开发的需求逐渐迫切,水利建设同步开展,围垦面积逐渐连片集中,并向广大沼泽地区扩展,围田与蓄洪排涝的矛盾日益加剧,为了解决这一矛盾,逐渐建成了塘浦圩田系统,加上曲辕犁的发明,江南农业开始形成规模效应。在充分地利用雨热同季特点的基础上,水稻生产水平迅速提高。在隋唐农业的南北整体发展格局中,南方的水田稻作农业超过了北方旱作农业的地位。

隋唐时期西北地区的官营畜牧业甚为发达,这是自汉以后,西北地区家畜养殖发展的又一个高潮。在养殖技术方面,出现了家畜饲料标准、繁殖饲养奖惩制度、马籍制度和马印制度。这些对促进当时畜牧生产的发展,都具有重要意义。为适应畜牧业的发展,隋唐政府又创办了兽医教育。在兽医技术上,不论内科和外科都有重大的进步,这集中体现在中国现存最早的一部以治疗马病为特色的兽医专著——《司牧安骥集》中。

这一历史时期通往边疆以至国外的海陆交通都比较通畅,在不断的对外交流中,不少海外动植物品种传入,对农业生产产生了积极的作用。

第一节　气候特点

气候研究表明,隋朝时期处于寒冷期,但是到唐朝时温度发生改变,进入温暖期,非常有利于水稻高产性能的发挥。其中局部时段的气候如自唐初贞观年间(627—649)到开元天宝年间(713—756),正是黄河中下游地区气候相对温暖且较稳定的时期,唐朝的盛世固然与政治清明、恤灾政策等到位,政府关心民生有关,但是在相对适宜的气候背景是重要的基础。不过这种气候有利的局面并未维持太长时间。

气候由暖变冷,导致农业歉收,引发饥荒、瘟疫的蔓延,导致社会不安定,这在天宝年间表现得比较明显。如《旧唐书》载,天宝四年(745),"秋八月……河南睢阳、淮阳、谯等八郡大水";天宝十二年(753)"八月,京城霖雨,米贵";天宝十三年(754)载"是秋,霖雨积六十余日,京城垣屋颓坏殆尽,物价暴贵,人多乏食"等。

据史料记载,自天宝年间之后,关中地区出现水灾 28 次,旱灾 42 次,蝗灾 10 次。"安史之乱"使黄河流域的农业生产受到严重的破坏。自然灾害与社会不和谐发生共振,往往意味着改朝换代的开始。唐朝末年黄淮地区连年旱涝,"蝗群自东而西,遮天,所过赤地",由此爆发了王仙芝、黄巢领导的农民起义。唐朝灭亡,进入五代时期。

第二节 土地与赋税制度

一、土地制度

隋唐时期的土地制度沿用北魏孝文帝太和九年(485)颁行的"均田令",这一土地制度经北魏、隋,到唐德宗时施行两税法(780)时,才渐趋停止。均田制实行历时三百余年,对结束开阡陌后的田制混乱,促进豪强庄园经济解体和为后来佃耕制的施行,起到了承前启后的作用,也为隋统一全国、唐盛世出现,作出了很大的贡献。

隋朝采用北魏的授均田制度,规定男丁年满 18 岁,受露田 80 亩,妇女 40 亩,死后归还田地。另外桑田每丁 20 亩,不需要归还。但实际上有些"狭乡"远远不足数,每丁只能拥有田 20 亩。

唐代均田制大体承袭隋代,男子 18 岁以上的授田 100 亩,其中 20 亩为永业田,用以种植桑枣等类的树木,这 20 亩田死后可以不归还国家,80 亩为口分田,用来种植能农作物,死后归还。老、弱、病、残给口分田 40 亩,寡、妻、妾给口分田 30 亩,单独立户的给永业田 20 亩。到宽乡补受田者,给园田宅基地,良口 3 人给 1 亩,贱口(指奴婢)5 人 1 亩,与北魏时的宅地政策相同。但牛马、奴婢不再授田。但是这种授田法仅限于田地足够分配的地区,人多田少的地方则减半。唐朝政府每年十月办理出地收授事宜。

唐开元以前，政府一再申明："百姓口分永业田，频有处分，不许买卖典贴。"但此后这一规定逐渐形同虚设，慢慢松动，因人口变动的原因，土地买卖范围不断扩大，永业田开始买卖、继承，由狭乡迁到宽乡的原口分田也可出卖。安史之乱后，出现大量逃户，有的是逃避战乱，有的是逃避苛税，土地权属混乱，买卖、租佃土地渐广，均田制难以维持。

均田制的主要特点是让每个人都有土地维持生计，但是前提条件是土地宽裕，国家准备了无主之田。随着社会的发展，一旦人口增加，这时如果没有无主之田，新增人口授田就难以执行到位，均田制只能逐渐名存实亡。正如宋代王应麟在《困学纪闻》所说："至唐，承平日久，丁口滋众，官无闲田，不复给授，故田制为空文。"

二、赋税制度

隋朝主要实行租调制和以庸代役制。租是田租，成年男子每年向官府交纳定量的谷物；调是人头税，交纳定量的绢或布；庸是纳绢代役。服徭役期间，不去服役的叫以纳绢或布，代替劳役。隋代于开皇二年（582）颁布租调令，规定一夫一妇为"一床"，作为课税单位。据《隋书·食货志》记载："丁男一床，租粟三石，桑土调以绢絁，麻土以布。绢絁以匹，加绵三两。布以端，加麻三斤。单丁及仆隶各半之。未受地者皆不课。有品爵及孝子顺孙义夫节妇，并免课役。"开皇三年（583）正月又规定："减调绢一匹为二丈。"开皇十年（590）五月又规定："人年五十，免役收庸。"

唐朝前期主要实行租庸调制，规定丁男租粟二石，比隋朝的三石有所减少。调是农民向政府交纳土特产，一般是指绢等物。唐朝规定每丁每年服徭役二十日，闰月加二日，也可以纳物代替服徭役，即所谓"输庸代役"。每天折合绢三尺，或者布三尺七寸五分。服役负担相对减轻，保证了农民的生产时间，有利于农业生产的发展。同时也保障了政府的财政收入，巩固了府兵制，使国家富强起来。

安史之乱以后，唐朝失去有效地控制户口及田亩籍账的能力，土地兼并剧烈，加之急需军费，各地军政长官无须获得中央批准，都可以任意用各种名目摊派，结果导致杂税林立，中央不能检查诸使，诸使不能检查诸州，赋税制度非常混乱,矛盾自然十分尖锐,江南地区出现了袁晁、方清、陈庄等人的起义,苦于赋敛的人民纷纷响应。

大历十四年(779)五月,唐德宗即位,宰相杨炎建议实行两税法。到建中元年(780)正月,正式以敕诏公布。两税法的主要内容是:中央根据财政支出定出的总税额,各地依照中央分配的数目向当地人户征收;主户和客户,都编入现居州县的户籍,依照丁壮和财产的多少定出户等;两税分夏秋两次征收,夏税限六月纳毕,秋税十一月纳毕;"租庸调"和一切杂捐、杂税全部取消,但丁额不废;两税依户等纳钱,依田亩纳米粟,田亩税以大历十四年的垦田数为准,平均征收。对于没有固定住处的商人,所在州县依照其收入征收三十分之一的税。凡鳏寡孤独不济者,可以免税。除此以外另收者,以枉法论。

五代之际,统治者沿袭唐代的两税法,但由于战乱不止,真正执行时,则是横征暴敛,锱铢必取,已无税制可言,人民苦不堪言。

第三节　农具进步

隋唐时代不论南方和北方,农业工具都有所发展。南北方在提灌工具方面也有了创新,比较广泛地使用水车,并发明了筒车。单就北方而言,比较突出的是与麦作有关的收割和加工工具的快速发展。而在南方,最为突出的是江东犁及其他水田农具的出现,初步形成了较完整的水田耕作农具体系,即耕、耙和耖的配套结合。

一、耕地农具

(一)江东犁出现

唐代江南水田农具的发展,成就最大的是江东犁的出现,亦即曲辕犁的出现,这在晚唐陆龟蒙《耒耜经》中有相当详细的记载,江东耕犁共由 11 个部件组成。犁镵和犁壁是铁制的;其余的犁底、压镵、策额、犁箭、犁辕、犁梢、犁评、犁建、犁盘等部件都是木制的。犁身全长约 1 丈 2 尺,比现在的犁要长许多,但它的辕"前如桯而樛",是弯曲的,末端设有能转动的犁盘,可用绳索套在牛肩,牵引时可自由摆动和改变方向,克服了汉魏时期长直辕犁耕至田边地角时"回转相妨"的缺点,更适合在江南较为狭小的水田中使用,故被称为曲辕犁。曲辕犁的另一个优点是设有犁评,可调节犁箭上下,改变牵引点的高度,可以控制犁土的深浅。又因犁壁竖立于犁铧之上,两者不成连续曲面,既便于碎土,又便于形成窜垡,因此操作起来比长直辕犁简便轻巧,能适应各种土壤和不同田块的耕作要求,既提高了耕作效率又提高了耕地质量。中国的耕犁发展到此已达相当完善的地步。此后,曲辕犁就成为中国耕犁的主力犁种。传统耕犁在全世界有 6 种类型,分别是地中海勾辕犁、日耳曼方形犁、俄罗斯对犁、印度犁、马来犁和中国框形犁,框形犁也就是曲辕犁。其中,最先进、最有效率的是中国的曲辕犁。

从《耒耜经》看,唐代江南地区曲辕犁使用已相当普遍。它的使用也远远超出水田耕作的范围,其基本结构和原理同样也适用于北方旱作地区。从明清时代有关文字记载和图形来看,当时的耕犁基本上仍采用了唐代曲辕犁的形制。由此可见,唐代江东犁的出现,标志着中国传统犁已经发展到成熟阶段。

不过,唐代的江东犁本身仍有需要改进的地方。例如,犁盘仍然联结在犁辕的前端,因而牛具与犁具尚未完全分开。

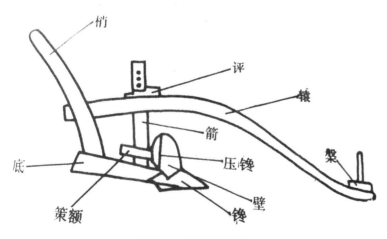

图 5-1 曲辕犁示意图

（二）耙、磟碡、砺礋

水田耕翻后，还要使用一系列的辅助工具，以打碎土块，除去杂草，平整田面，并使水土和融。据《耒耜经》记载，当时水田整地工具有爬、磟碡和砺礋。

爬就是耙。《耒耜经》说，耙的作用是"散垡去芟"。散垡即破碎土垡；去芟，即利用耙齿清除杂草或作物残茬。在魏晋南北朝有关图片资料和文字记载中，可以看到当时的耙只有一字形耙和人字形耙两种。这些耙适于旱地使用，而不适于水田使用。《齐民要术》所述水稻田耕作中就没有提到耙。所以《耒耜经》中用于水田整地的耙，必然是经过改进的，很可能是一种方耙。

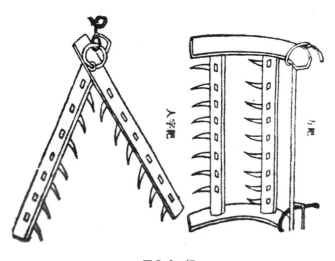

图 5-2 耙

《耒耜经》又说："（耙）而后有砺礋焉，有磟碡焉。自耙至磟碡皆有齿，碌碡，觚棱而已，咸以木为之，坚而重者良。"所谓磟碡，即是《齐民要术》中所说的"陆轴"，最初大概是一种石制的旱作农具，后被移用于水田，而改为木制。砺礋则可能是这一时期新创的水田农具。《王祯农书》说，"砺礋……与碌碡之制同，但外有列齿，独用于水田。破块滓，溷泥涂也。"这表明砺礋是在磟碡的基础上发展起来的，其特点是有齿，其作用除破碎土块外，还可以搅拌泥水使之软熟融和。

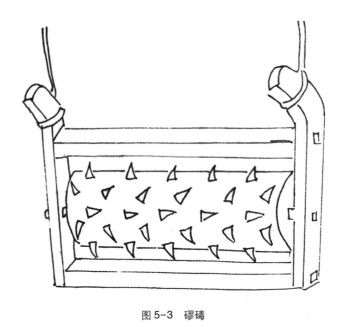

图 5-3　礰礋

　　水田耕作农具的增加,促进了南方经济的发展,也标志着南方水田精耕细作技术体系正式形成。

二、灌溉工具

　　隋唐时代所用灌溉工具,除此前发明的戽斗、桔槔、辘轳等继续使用外,还比较广泛地使用了水车。水车有两类,一类是前代已有的翻车,另一类是唐代新创的筒车。据当时的多种史料记载,水车灌溉时,有手摇的、足踏的、畜拉的和水力推动的等多种类型。

(一)广泛使用翻车

　　翻车也称龙骨水车,为东汉末年毕岚所创,三国马钧加以改进。北周庾信有诗句云:"云逐鱼鳞起,渠随龙骨开。"这里"龙骨"就是指翻车。不过魏晋南北朝时期有关翻车的记载很少,利用也自然不多。隋唐时代,随着江南塘浦圩田系统的兴起,翻车被广泛利用,因为圩田的排灌是离不开这种提水工具的。《元和郡县图志》中的"江南道蕲春县"条下有"翻车水""翻车城",以翻车为名,说明当时江南地区使用翻车比较普遍。

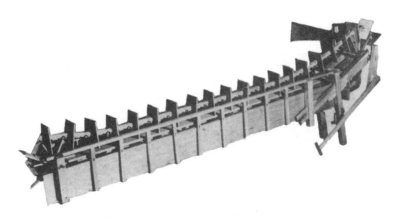

图 5-4　翻车（龙骨水车）

　　同时，翻车也用于北方旱作地区。唐文宗大和二年（公元 828）闰三月，"内出水车样，令京兆府造水车，散给缘郑、白渠百姓，以溉水田"，京兆府遵旨办理，并奏准征发江南水车工匠制造水车，在辖区内诸县加以推广。本来郑渠、白渠一带，沿渠设置斗门，放水灌溉原很便利，但因贵族豪强富商大贾沿渠堰广置水磑，以至水位降低，不得不用水车提水灌溉。这种用以在河渠提灌，适于一般老百姓使用的水车，应该就是翻车。这是江南翻车在关中地区的一次有组织的推广，也间接证明江南翻车使用的普遍。

　　（二）筒车的发明

　　唐代除了前朝发明的翻车在此时得到广泛利用外，又发明了筒车。筒车是靠水力转动提水的农具，初见于唐陈廷章《水轮赋》，文中有"升降满农夫之用，低徊随匠氏之程"的叙述。筒车作业时，通过水力推动木叶轮不停转动，将竹筒中的水提升到高处的沟渠和农田中。唐代段成式的《酉阳杂俎》记载蜀将皇甫直为寻池水中的宝物，"遂集客车水竭池，穷池索之"。即集中大量水车将池水抽干，可见水车在四川亦是常见之物。可惜该文对这种水车的形制没有记载。但杜甫诗中有"连筒灌小园"一句，据李定的解释，"川中水库如纱车，以细竹为之，车骨之末，缚以竹筒，旋转时低则舀水，高则泻水"。既然说筒车是以转动中的竹筒舀水、泻水，应是筒车的一种。

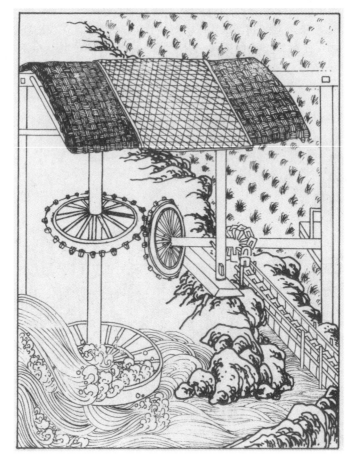

图 5-5　筒车(《王祯农书》)

第四节　农田水利及塘浦圩田出现

隋唐五代农田水利的发展可分两个阶段。中唐以前是北方水利的复兴时期,水利建设遍及黄河流域及西北各地,西汉时代修建的水利工程几乎全部恢复,并修建了一些新的灌溉区。其中最突出的是引黄灌溉的成功和关中水利的恢复。

中唐以后,北方陷于战乱,导致水利建设停滞衰退。南方水利在此时却能够持续发展,其中意义最为重大的是太湖流域塘浦圩田系统的形成。同时由于南方人口的增加,耕地逐渐紧张,湖田、沙田、葑田、畲田、梯田等土地利用形式已屡见于记载。

一、北方引黄灌溉的成功和关中灌溉渠系的恢复与扩展

(一)河曲地区引黄灌溉

河曲地带是指龙门以下汾河、涑河与黄河合流的地区。汉武帝时曾发动几万人力引黄河、汾水灌溉田地,但是没有达到预期的效果。到了唐代,在这一地区凿河开渠,获得成功,灌溉几百万亩农田。据《新唐书》记载,说有的达到亩收十石的高额产量。唐高祖武德七年(624),云得臣自龙门引黄河溉韩城(今陕西韩城市)田六十余万亩,这是自有灌溉工程以来在这一地带首次引黄灌溉成功,反映了唐代水工技术的进步。唐太宗贞观十七年(643)薛万彻开涑水渠自闻喜(今山西闻喜县)引涑水溉田;唐高宗仪凤二年(677)开渠引中条山水溉涑水以南农田;唐德宗(780—804)时,韦武在绛州(治所在今新绛)凿汾水溉田一百三十余万亩,工程效益非常大。

(二)关中平原灌溉渠系的修复和扩展

关中是秦、汉两朝首都所在地,南北朝以后又成为隋唐首都所在地,因此唐王朝非常重视关中农业,发展水利。泾河、渭河、洛河、汧水是关中农田灌溉的四大水源,秦只利用泾河筑成了郑国渠,西汉继而利用渭河和洛河建立成国渠、漕渠和龙首渠,曹魏始引汧水至郿县(今陕西郿县)和成国渠相接,延长了成国渠。至此,四大水源都被利用到农田灌溉上。到唐代,曹魏所开的济水渠重新修建,并改称为升源渠。升源渠是从虢界西北,引汧水至咸阳、运岐(治所在今凤翔县)、陇(治所在今陇县)水入京城的渠道。它的水量较大,武则天时还曾用以运输岐、陇两州的木材到长安。

虽然在唐永徽六年(655)时富商大贾竞造水碾,与灌溉争水,但秦汉时所建造的郑白渠,仍可溉京兆府数县土地约一万余顷。

西汉所开的成国渠渠口在唐代被修为六个水门,号称"六门堰",并且增加了韦川、莫谷、香谷、武安等四大水源,灌溉面积扩展到二百万亩。

西汉所开的白渠,到唐代发展为北、中、南三支,自唐宝历二年(826)增设彭城堰分疏四条支渠以后,灌溉面积大为增加,超过汉代四倍多,达到了

二百万亩。

西汉所开的龙首渠,在唐代也由于引洛河建通灵陂而得到进一步发展。唐代关中平原的农田水利,虽然都是在前代已有的基础上进行修建,但渠系较前更密,灌溉范围有相当程度的扩展。

(三)北方其他地区的灌溉渠系

在关中平原和河曲地带以外的北方其他地区,也修建了不少中、小型水利工程。河南道蔡州新息(今河南息县)在隋代增修了玉梁渠,灌田面积扩大到三千多顷。河北道蓟州三河县有渠河堰与孤山陂,溉田三千顷。幽州都督裴行方组织当地百姓"引芦沟水,广开稻田数千顷,百姓赖以丰给"。

西北地区在改造宁夏平原的黄河冲积地带方面也取得了新的成就。早在先秦至汉代,上述地区曾先后开凿了秦渠、汉渠和汉延渠,尤其是汉渠的开挖,为贺兰山边缘的大平原创造了灌溉条件,直接促进了当地农业生产的发展,后因年久失修而逐渐废弛废弃。到了唐代,当地人又开始修复,在旧渠基础上扩建了宁夏平原最大的唐徕渠。唐徕渠从宁朔的大坝堡引水向东北,渠道基本上与黄河平行,中途并连贯湖泊,直达平罗的上堡闸。唐徕渠全长212公里,有支渠510条,使惠农、平罗、贺兰、银川、永宁、宁朔等县的60万亩农田得以灌溉。

二、南方农田水利的迅速发展

中唐以后,"安史之乱"祸及北方的河北、河南、河东、关内等道,人口剧减,北方农田水利多被破坏,幸运的是江南地区所受影响较小,水利事业迅速发展,一方面出现了若干规模较大、质量较高的灌溉工程;另一方面江南太湖地区水利系统正逐步形成。

(一)南方灌溉工程的兴建

元和初年前后,江西观察使韦丹发动民众,在南昌(今江西南昌县)附近"筑堤扞江,长十二里,疏为斗门,以走潦水",灌溉的陂塘有五百九十八处,受益田亩达一百二十万亩。

同一时期,宁国令范传真在宣州南陵(今安徽南陵县)大农陂修筑石堰,长三百步,结果"水所及者六十里",溉田约十万亩。

　　唐太和七年(833),明州鄞县(今浙江宁波市)县令王元畤,"度地之宜,叠石为堰,冶铁而锢之,截断江湖……疏为百港",灌溉七乡农田数十万亩。

(二)太湖地区水利系统的逐步形成及塘浦圩田的发展

　　南方农田水利建设的重点位于长江下游的太湖地区。太湖地区地形的特点是四周高起,中部低洼,湖沼星罗棋布,形成了一个以太湖为中心的碟形洼地。在洼地的周围,除西部山区特高而外,东、南、北三面临海沿江一带,地势都较中部阳澄湖群等稍高。根据这一地形特点,要想发展农业生产,就必须一方面在中部湖沼集中的低洼地带大兴河渠,构成河网,同时筑圩排水,发展圩田;另一方面在沿江靠海的碟缘地带广开沟洫,引水灌溉高田,在这些措施中,河网的构成,圩田的修筑,对江南农业的发展具有决定性意义。围田,即筑堤围圈浅水沼泽或河湖滩地,傍水垦殖,平时要求外水不入,而内水可容可排。早期的围垦,在水面积较大、下游泄水通畅的情况下,对蓄洪排涝的影响不大。

　　实际上,江南围田的基础建设早在春秋时代已开始萌芽。春秋战国时期,越国人在长江下游围田,利用和改造低洼滩地,成为后世太湖地区塘浦圩田体系的滥觞。塘浦系统的形成又借助于三国时的屯田。东晋时期,统治者在嘉兴置屯田校尉,"岁遇丰稔,公储有余",至南朝末期,塘浦圩田在这里已初具规模。自吴越至南朝近四百年时期内,太湖地区的塘浦系统,在屯田经营的过程中迅速发展。

　　到了唐代,随着社会经济的发展和中原南移人口的增加,人们对土地的需求逐渐迫切,围垦面积逐渐连片集中,并向广大沼泽地区扩展,围田与蓄洪、排涝的矛盾便越来越突出了。为了解决洪涝问题,围田必须与有计划地开挖塘埔并举,必须使洪涝有出路。于是塘浦逐渐加密,围田开始以"位位相承"的独特形式出现,产生和构成了塘浦圩田系统。

　　由初级形式的筑堤围田发展到高级形式的塘浦圩田系统,不是靠一乡一县的力量所能实现的,更不是分散的个体农民所能自发建成的。它从产生到不断完善,还与五代吴越(893—978)以前的屯田营田制度有密切关系。在屯田制度下,土地置于国家控制下,众多劳动力被统一组织调配,才有条件进行大规模的通盘规划,分工并进,逐步形成塘浦系统。

第五节　农作物结构与种植技术

一、作物构成的变化及耕作制度

（一）大田作物构成的变化

唐代大田作物构成方面最大的变化是麦的地位在南北方都有上升,在北方取代了粟的传统地位,升至第一。梁家勉等在《中国农业科学技术史稿》一书中将北魏的《齐民要术》与唐代的《四时纂要》所载大田农事活动进行逐月对比,发现两个时代的作物种类大体相同,唐代略有增加,作物结构则有较大变化。在《齐民要术》所载的各种粮食作物中,谷(粟)列于首位,而大小麦和水稻却稍后。《四时纂要》则看不到这种差别,有关大小麦的农事活动出现的次数反而最多,粟和水稻的出现次数也不少。显然麦、粟、水稻是当时的三大作物。

小麦在南北方的种植逐渐普遍,是因为小麦的收获期恰在春种秋收的传统作物青黄不接之时,有"续绝继乏"之功,所以历来为政府所提倡,也为人民所重视。尽管小麦原产于西亚,是冬雨区的越年生作物,既不适应黄河流域冬春雨雪稀缺的自然条件,也不适应南方稻田长期渍水的环境,但是由于上述"续绝继乏"的优点,人们于是克服困难,在耕作管理、良种选育、收获储藏和加工等方面创造了一系列特殊的技艺,使麦作获得持续的推广。唐初,麦、豆尚被认为是杂稼,中唐后实行两税法,夏税主要收麦,表明小麦超过小米成为北方第一位的大田作物,反映了麦作的普遍。小麦不仅在北方种植普遍,在南方因东晋南朝的推广,也有了进一步的发展,唐代诗文中也有不少内容涉及南方种麦。

这一时期,水稻生产在北方也有发展。尤其是唐初北方农田水利的复兴,促进了关中、伊洛、河内、河套等有灌溉条件地区的水稻生产的发展,故水稻产区的北界在扩展。在唐代敦煌文书和吐鲁番文书中就有不少关于稻作的记载,唐玄宗时,伊州(即今哈密)已每年给中央政府贡献稻米。在以黑水靺鞨为主体建立的渤海国中,"庐城之稻"已成为当地的名产。这些说明在唐代新疆与东北都有水稻生产。

在南方,经过六朝开发,水稻生产自然更加发达。唐人吟咏南方水稻生产的诗歌不少。如"东屯大江北,百顷平若案。六月青稻多,千畦碧泉乱。插秧适云已,引溜加溉灌",展示了具有良好排灌系统的江南大面积稻田的图景。在洛阳的含嘉仓三个窖穴发现的三块砖上的铭文中,写有武则天时代若干江南租米和华北租粟的入窖数目,其中就记有苏州的大米一万多石。说明江南的稻米已开始北运。不过唐初稻米北运年不过二十万石,中唐以后开始便增至三百万石。引得诗人韩愈在《送陆歙州诗序》中说"赋出于天下,江南居十九",诗人杜牧也曾说过:"今天下以江淮为国命。"这种情况反映了唐中叶以后全国经济重心的南移,也说明了以南方为主要产区的水稻在粮食生产中的地位已逐步在整体上超过了粟旱作作物。

（二）黄河流域两年三熟制

北魏均田令曾规定不少田地要定期休耕,隋唐时代这类现象减少了。从《四时纂要》中的农事活动安排看,当时已广泛实行绿肥作物与禾谷类作物的复种,五月麦收后,又可以安排小豆、麻,胡麻等作物的种植。《齐民要术》卷首《杂说》:"凡秋收了,先耕荞麦地,次耕余地。"显然是荞麦与早秋作物复种。"其所粪种黍地,亦刈黍了,即耕两遍,熟盖,下糠麦,至春,锄三遍止。"这是禾麦复种的另一种方式。唐初,关中地区"禾下始拟种麦",说明冬麦与粟复种在唐代确实有所发展。若与豆类、荞麦等晚秋作物相结合,在某些地区便可能实行以冬麦为中心的两年三熟制。唐初内外官职田有陆田、水田和麦田,麦田与陆田(种禾黍)和水田(种水稻)是分开的。到德宗时出现"二稔"的概念,"二稔"应指麦禾二熟或麦稻二熟,所以它应是包括两年三熟制的耕地在内的。唐中叶以后,夏秋两税成为定制,夏收麦子中,有一部分是实行复种的,即小米收获后种冬小麦。不过唐代人均耕地面积不算少,并没有普遍实行两年三熟制的迫切需要,总体种植还不太普遍。

地处吐鲁番盆地的高昌,也继续实行谷麦两熟制,如《新唐书·西域传》载:"高昌……土沃。麦、禾皆再熟。"

（三）云南出现稻麦一年两熟制度

麦类在南方很早就开始种植,到唐代有了新的发展,文献记载出现了稻麦复种,一年两熟。唐代樊绰《蛮书·云南管内物产第七》说云南的曲靖州以南,滇池以西,居民主要以水田耕作为主,主要种水稻,另外种麻、豆、黍、稷等为辅。水田每年一熟,从八月获稻,至十一月十二月之交,便在稻田种大麦,三月四月即熟。收大麦后,还种粳稻。所种的小麦主要在地势高的地方,十二月下旬已抽节,如三月小麦与大麦同时收刈。这是关于中国南方实行稻麦两熟制的早期记载。从上述记载看,稻麦复种已是云南滇池一带在以白族为主体的政权统治下的主要耕作制度,与水稻复种的作物是大麦,生长期从十一月、十二月之交到次年三、四月,生长期约四个月,相比当时长江流域八月种麦,次年四月、五月收麦而言,是早熟的品种。这与云南气候比较温暖有关。云南早在铜石并用时代即已种麦,麦作有悠久的历史,率先出现稻麦复种制,并非偶然。而长江流域实行稻麦两熟制度在宋代才出现。稻麦两熟制具有良好的生态价值。

二、作物种植技术

(一)薯蓣的繁殖技术

据《四时纂要》所引《山居要术》记载,当时薯蓣的繁殖法有两种:一是收取薯蓣叶长出的小球块作播植用;二是用根薯分割繁殖,当时有"根种者,截长一尺已下种"的说法。这两种繁殖方法,又可以结合起来使用。

(二)果树嫁接理论的发展

果树嫁接在北魏时期已达到较高的水平,唐代又有新的进步。嫁接亲和力又称嫁接亲和性,是指砧木和接穗在嫁接后能正常愈合、生长和开花结果的能力。决定嫁接亲和力的因素是什么?这是嫁接理论上的一个重要问题,对这一问题做出初步阐明的当以唐代《四时纂要》为最早。该书"正月·接树"中指出:"其实内子相类者,林檎、梨向木瓜砧上,栗向栎砧上,皆活,盖是类也。"这里所说的其实内子相类者皆活,指的是种子的形态结构相近似、亲缘关系较近的植物相互嫁接亲和力较强,容易成活,这是嫁接理论上的一个重要进步。

现代嫁接都使用接穗和砧木这两个术语,而"砧"这一术语也是《四时纂要》首先应用于嫁接上的,所谓"取树本如斧柯大及臂大者,皆可按,谓之树砧"。"砧"这一术语的使用，说明当时的人们对嫁接复合体中两个部分的关系有了进一步的认识，以"砧"字形象地形容其基部。

（三）葡萄扦插繁殖技术的采用以及常绿果树移栽适期的提出

自西汉张骞引入中国后，葡萄的栽培在北方很盛行，唐代杜甫诗中有"一县葡萄熟"之句。但是，直到南北朝时期仍用种子繁殖，而应用扦插法繁殖则始见于唐代。据段成式的《酉阳杂俎》载："天宝中，沙门县霄因游诸岳，至此谷，得葡萄食之，又见枯蔓堪为杖，大如指，五尺余，持还本寺植之，遂活。"说明当时僧人已知应用葡萄藤蔓扦插的方式来繁殖新枝。由此我们可以推想葡萄扦插繁殖法在唐代后期也已进一步推广应用，唐代以后葡萄品种明显增加可能与扦插繁殖法的广泛应用有关。"马乳"葡萄品种系唐代从西域引进的，这个著名品种可能也是用扦插繁殖法留传下来的。

落叶果树的移栽适期问题在《齐民要术·栽树》篇中已有较全面的总结，但是关于常绿果树移栽适期问题的提出，则始于唐代。《植桔喻》说："橘不可以前春种也……冬荣之木，其气外周，外周者非阳盛不可活也。冬谢之木，其气内固，内固者虽阳未盛活也。"所谓"冬荣之木"和"冬谢之木"，即是指常绿果树和落叶果树。根据果树冬季落叶与否来确定冬季移栽或春季移栽，这是果树移栽技术上的重大进步。现在南方的柑橘产区，大多数仍然采用春季移栽。

（四）中华猕猴桃的驯化栽培

中华猕猴桃原产中国，唐代陕西秦岭一带的农家就已栽培。唐人岑参曾有"中庭井栏上，一架猕猴桃"的诗句，这其中的猕猴桃，就是中华猕猴桃，说明当时已经开始驯化栽培中华猕猴桃了。

（五）《茶经》的问世与植茶技术的进步

对茶叶的利用可以追至传说中的神农时代。但是具体为何时，到目前为止依然是众说纷纭，争议未定。大致有先秦说、西汉说、三国说三种。最早利用茶叶的可能是四川一带古代的巴人。到了西汉时期，四川成为茶业中心，著名的王褒《僮约》中有"武阳买茶"的记述。东汉时期的《神农本草经》记载了关于茶叶方面的知识。南北朝时长江中下游开始成为新的茶业中心，并由此产生了独特的茶文化。最初，喜好饮茶的多是文人雅士。唐代开元以后,茶道大行,饮茶之风弥漫朝野,茶圣陆羽著有《茶经》一书。它是中国乃至世界现存最早、最完整、最全面的有关茶叶方面的专著,标志着中国在茶叶利用技术方面取得了重大进步。书中对茶叶的采摘、制作、鉴定、分级及烹煮、饮用等都有精当的论述。

唐代饮茶之风流行,茶文化兴盛,自然推动茶叶生产方面的不断进步。在植茶方面,韩鄂的《四时纂要》对晚唐以来的茶树栽培与管理技术,包括种植季节、茶园选择、播种方法、中耕除草、施肥灌溉、遮阴措施等都有详细的记载。

第六节　养殖技术

隋唐时期,特别是在唐代,以养马业为主的国营牧业曾盛极一时。史载,唐太宗时代陇右国有牧场,养马达七十万匹之多,唐玄宗初年陇右牧场养马、牛、驼、羊也有六十多万头。对役畜如牛、马、牛、驴、骡等,特别是对马的饲养的重视超过前代,是唐代畜养业的主要特点,也是唐代国势强大的一个原因。唐代先后灭了东西两大突厥,必定与养马业的兴盛有关。

隋唐五代养马业的兴盛与马政的建立推行有关。唐代的马政是典型的中央集权马政组织,中央设有太仆寺、驾部、尚乘局和闲厩使,地方设有监苑,形成了严密的监牧制度。这一制度有利于增强国防力量。

唐代畜牧业的高度发展也表现在耕牛饲养方面,因为牛是农田耕作的基础。唐朝统治者不仅累下诏令,禁止宰杀耕牛,而且还致力于使农户都有耕牛。《唐律·厩库律》规定:"诸故杀官私马牛者,徒一年半。"《新唐书·张廷珪传》记载张廷珪上书武后谏阻会诏市河南、河北牛羊一事说,"君所恃在民,民所恃在食,食所资在耕,耕所资在牛,牛废则耕废,耕废则食去,食去则民亡,民亡则何恃为君?"这里是将保护耕牛提高到王朝存亡的高度上来加以认识的。

唐代养马业的兴盛,还建立在"牧养有法,医疗有方"之上。唐代关、陕在西北重地已建立了马的繁育制度。在兽医技术方面,"其订马骨相,论马证治,施针用药,悉有根据,历千百世之为马医者,莫之能违也"。说明重视兽医技术,以保障畜牧业的健康发展。

不过,中唐以后,北方动荡不安,马政逐渐废弛,养马业趋于衰落。到五代时,北方战争频繁,政府饲养的马匹不足,经常下令搜刮地方和民间的马匹,使民间很衰微的养马业,又进一步受到摧残。

唐代关于养鱼技术方面,也体现出了不少新的进步。

一、家畜饲养与繁育技术的新发展

(一)相马术的发展和马籍制度的完善

1.相马技术的进步

相马技术可以溯源至相传先秦伯乐所著的《相马经》,到汉代铜马式的出现,再到贾思勰的《齐民要术》,已经有了很大的发展,到了唐代则更进一步。《司牧安骥集·相良马论》说:"马有驽骥,善相者乃能别其类;相有能否,善学者乃能造其微……而善相者掉手飞廉,指毛命物,其质之可取者,牧畜攻教,殆无遗质;自非由外以知内,由粗以及精,又安能始于形器之近,终遂臻于天机之妙哉!"这段文字可说是当时相马技术的总纲,体现了当时进步的一面之所在,具体表现如下:

(1)由粗以及精的相术。《司牧安骥集·相良马宝金篇》指出:"三十二相眼为先,次观头面要方圆。"强调相马的要领,即首先要掌握相眼的技术,如系"龙头突目",则属好相,一定是良骥。中国传统的相马术,一贯重视相眼,《齐民要术》记载:"目欲满而泽"。《司牧安骥集》说:"眼欲得高,又欲得满而泽,大而光,又欲得长大……目睛欲得如垂铃,又欲得黄,又欲光而有紫艳色。"这里对良马眼的部位、大小、色泽,形态都由粗及精,作了较细致的描述。

(2)由外以知内,即是认为外形与内部器质之间具有相关性的相马理论与技术。《司牧安骥集·相良马论》把"五脏论"与相眼术有机地联系起来,应用于相马。如所谓"目大则心大,心大则猛利不惊",点明了目与心、外形与内部器质之间的关系。按中医脏腑理论,心的主要功能是主管精神活动,因此心大则胆大,遇到突发事件不惊慌;反之,"若目小而多白,则惊畏"。当时对外形是内部器质的外部表现这一点,已经有了感性认识。"鼻与肺""耳与肝""胀与脾""腹与肠"亦具有同样的相关性,《司牧安骥集》也都分别予以了阐明。

(3)破除迷信,表现在对旋毛意味着吉凶的批判上。《司牧安骥集·旋毛论》说:"且马之有旋,未必果为凶也,而畜之者,事或不祥,则归咎于马,以为马致然也,岂理也哉!"说的是马的旋毛本不足奇,根据旋毛的位置、方向判断凶吉,显然是迷信的说法。《旋毛论》中在一千多年前能够对那种迷信说法给以严正的批判,其科学精神是可取的。

2. 马籍和马印制度

马籍制度起源很早,到了唐代,马籍制度更加趋向完备,并以登记马种优劣为重要内容。据《新唐书·百官志》说:"马之驽、良,皆著籍,良马称左,驽马称右。每岁孟秋,群牧使以诸监之籍合为一,以仲秋上于寺。"

为了与马籍制度相配合,唐政府还建立了马印制度。据《唐会要》卷七十二诸监马印条说:"凡马驹以小官字印印右膊,以年辰印印右髀,以监名依左右厢印印尾侧。""至二岁起脊,量强弱,渐以飞字印印右膊,细马、次马俱以龙形印印项左。""其余杂马齿上乘者,以风字印左膊,以飞字印左髀。"

很明显,唐代的马籍和马印制度,把良马和驽马、强马和弱马区别开来,这就不仅为了征调的便利,还含有去劣存优的意义。这一方面显示了当时相马术的进步,另一方面又为马匹的良种繁育提供了有利条件。古代日本也有马籍制度,就是仿唐制而建立的。至于欧洲,现代化的良种马籍制度直到 19 世纪初才开始在英国推行于纯血马的育种上。

(二)畜禽繁殖技术与优良畜种的引进

1. 良种的引进

隋唐时期与国外经济、文化的交流进一步加强,作物、牲畜的引种和推广也更加频繁。唐朝从大宛、康居国(今新疆北部至中亚细亚一带)和波斯等国引进的大宛马、康国马和波斯马,对马种的改良和赛马业的发展很有影响。著名的大宛马,在西汉已有输入。隋文帝时大宛国又献被称为"狮子骢"的千里马,直到唐初还有五驹,据说都是"千里足"。唐初武德年间(618—626)康居国献康国马四千匹,据《唐会要》说,康国马也是"大宛马种,形容极大",并指出"今时官马,犹是其种"。

波斯马也是隋、唐时代著名的马种,早在隋、唐以前,北魏政府就曾经向波斯求名马十余匹。到了隋代,游牧于青海一带的吐谷浑部落也引进过波斯草马,对当地的马的改良起过一定作用。《隋书·吐谷浑传》说:"青海周回千余里,中有小山,其俗至冬辄放牝马予其上,言得龙种。吐谷浑尝得波斯草马,放入海,因生骢驹,能日行千里,故时称青海骢焉。"波斯马可能就是古代的阿拉伯马。从上述记载可以看出,中国马和阿拉伯马之间存在着血缘关系。唐玄宗时还从突厥引入蒙古胡马,通过杂交培育出适合西北黄土高原的优良马种。

2. 家畜良种的培育

《酉阳杂俎》谈到种马的选留,指出"十三岁以下可以留种"。种马的标准是"戎马八尺,田马七尺,驽马六尺"。《新唐书·兵志》谈到当时的西域(今新疆一带)与其他地区引进良马在改良马种方面的作用,并特别指出"既杂胡种,马乃益壮",表明当时人对不同品种的马匹杂交而产生的品种的优势已有所认识。

唐代所育成的优良羊种,首推同州羊。这种羊被毛细柔、羔皮洁白、花穗美观,肉质肥嫩,有硕大的尾脂。同州朝邑即今陕西大荔沙苑地区,秦汉以来畜牧业发达。唐代在这里设沙苑监,牧养陇右诸牧场牛羊,以供朝廷宴会、祭祀及尚食所用。苏东坡曾说"蒸烂同州羊,灌以杏酪,食之以匕,不以箸,亦大快事"。同州羊又名苦泉羊、沙苑羊,据《元和郡县图志》卷二"同州朝邑条"载:"苦泉,在县西北三十里许原下,其水成苦,羊饮之,肥而美。今唐于泉侧置羊牧,故俗谚云。"苦泉羊,洛水浆。这种羊被毛细柔、羔皮洁白、花穗美观、肉质肥嫩,有硕大的尾脂。《太平寰宇记》亦有类似的记载。

3. 官牧中对畜群繁育的考课

唐代官牧职官中的"监",是专职负责畜群繁育考课的。《唐律》对官养家畜的交配季节、母畜繁育幼畜的比率等都有规定。《唐律疏义》:"准令:'马、驼、牛、驴、羊,牝牡常同群。其牝马、驴每年三月游牝,应收饲者,至冬收饲。'不当游牝之时,课虽不充,依律不坐。"马、驴是季节性繁殖的家畜,每年三月正值最佳交配季节,此律条强调要做好牝牡合牧的交配工作。工作做好了,幼畜出生成长率高,负责的官员就会得到奖励。冬季不是交配季节,故即便是已到了课驹年龄,但是不孕也不予以惩处。

对课驹、犊、羔等幼畜的比率也都有明文规定。《唐律疏义·厩律》载:"牝马一百匹,牝牛、驴各一百头,每年课驹、犊六十,骡驹减半。马从外蕃新来者,课驹四十,第二年五十,第三年同旧课,牝驼一百头,三年内课驹七十,白羊一百口,每年课羔七十口,殺羊一百口。课羔八十口。"由此可见,当时对于母畜繁育幼畜的比率规定,是较为合理的。

4.注重饲养管理和推出饲料标准

唐代家畜饲养管理的经验已经相当丰富。唐张说在《大唐开元十三年陇右监牧颂德碑》中,就曾对马的生活习性及饲养要点作了生动而扼要的说明。指出了养马的三个要点:第一,出牧和收牧、烧野和清厩,都应该按照一定的时令进行。在春分时出牧,在秋分时收牧,这个制度早在奴隶制后期的春秋时代已经建立,唐代继续沿用。第二,清洁的泉水、精美的草料,夏天有凉爽的马棚,冬季有温暖的马栏,有时让它们跳跃、追逐,有时让它们交颈、摩弄,这一切都是为了适应马的生活习性。第三,对幼马要调教,稍大要驾驭,或是加以装饰、修整或者加以控制、鞭策,这一切都是为了培养和训练马的役用性能。

在官牧马群的饲养管理上,尤为重视病马的去除隔离。当时养马有"纲恶去害"之说,"害之不去,马之所亡也"。这里的害与恶,指的是害群之马,也可能包括病马。幼驹的饲养,则讲究用精料补充营养,"三年内饲以米清粥汁",以防营养不良,至于瘦马、病马,则强调酌情区别对待,加以精细饲养和护理,非至康复,不得使役和乘骑。

5.饲料基地与不同家畜饲料供应标准

随着唐王朝马政机构的完备,由政府经营的大面积牧场和饲料基地也由此出现。如唐初在渭水以北的陕、甘交界地区,就曾设置了广阔的牧场和饲料基地。

重视牧场的开辟和饲料基地的设置,对促进养马业的发展有很大的作用。张说在其所作《大唐开元十三年陇右监牧颂德碑》的序文中,就把"莳苘麦、苜蓿一千九百顷,以荄蓄御冬",列为当时马政的八政之一。

《唐六典》谈到了唐政府规定的各种牲畜饲草和饲料的供应标准。有关家畜的饲料供应标准,在秦律和汉简中虽有记载,但都不如《唐六典》具体和详细。

唐代关于军马场各种家畜饲料和饲草的供应标准的规定已经形成了以下原则:第一,不同家畜采用不同的饲养标准,一般体形大的喂量多,体形小的喂量小。第二,同一畜别,体型和年龄不同,喂量也有差别。大型马每日喂稿秆 1 围,小型马及驴每日喂 0.8 围,成年牛、马日喂稿秆 1 围,乳驹和犊牛每日喂 0.2 围。第三,家畜生理要求和役用情况不同,饲草和饲料的供应量也不同。大型母马和哺乳母马每日供应的稿秆量相同,但大型马每日喂粟 1 斗,哺乳马则喂粟 2 斗。又如役牛、哺乳母牛、田牛每月供应稿秆都是 1 围,但役牛、哺乳母牛每日喂粟 1 斗,田牛则只喂半斗。第四,用青草代替稿秆饲喂牲畜,喂量需要加倍。但是,用青草饲喂,精料的供应量则可以减半,这是因为青草营养价值较高,特别是含蛋白质较多,故饲喂青草可以节约精料。第五,重视食盐的供应。这不仅因为食盐可以满足家畜生理上的需要,还因为食盐可以提高家畜食欲。

二、兽医技术的重大进步

(一)兽医教育机构的创建

隋唐王朝在中央政府畜牧业管理机构太仆寺和监苑牧场中分别设有专职的兽医。《隋书·百官志》说:“太仆寺又有兽医博士员一百二十人。”《旧唐书》载太仆寺设“兽医博士四人,生学百人。”这可以说是世界上最早的兽医学院。《大唐六典》记载说尚乘局内有兽医七十人,至于民间的兽医就更多了,他们不仅做兽病的防治工作,而且还从事畜养技术的指导。这样强大的兽医队伍,无疑对唐王朝战马、耕牛的迅速发展起了积极的推动作用。世界上其他国家的兽医高等教育都是 18 世纪才开始设立,较中国晚 1000 年左右。可惜的是,这种培养兽医的制度到宋代就被取消了。

(二)兽医专书《司牧安骥集》问世

唐代,中国养殖业高度发达,与兽医技术的不断进步有很大的关系。兽医技术方面代表性的成就是关于马病治疗的专书《司牧安骥集》。该书由进士及第,官至尚书右仆射、宰相的李石(? —845)在 838 年前后任行军司马时,收集当时医治马病的重要论文汇编而成。该书卷一收有《相良马图》《相良马论》《相良马宝金篇》以及《伯乐针经》《王良百一歌》和《伯乐画烙图歌诀》等文献。卷二有《马师皇五脏论》《马师皇八邪论》《起卧人手论》《造父八十一难经》和《看马五脏变动形相七十二大病》等篇。卷三收录了《天主置三十六黄病源歌》《岐伯疮肿病源论》《三十六起卧病源图歌》。卷四选录了治骒马通用的经验效方 25 类,药方 143 个。

《司牧安骥集》一书的重点是马病各论,并选录了 9 世纪以前治疗马病的经验效方,是现存最古老的兽病方药专集,其内容与价值具体如下:

1. 针灸学

一是穴位。《伯乐针经》中提出穴名 77 个、针刺点 171 个,这些穴位在针灸中至今还有所应用,是一些疗效切实的重要穴位。

二是手法。提出"看病浅深,补泻相应"的治疗原则和针刺手法。补泻手法中又分出气入气,左转针和右捻针,以及按压针孔和不按压针孔三种。

三是针具和适应症。提出放血针泻热壅之患,火针散寒去滞,白针行气。已采取辨证施针选穴的治疗原则,并分别指出各种针具的适应症和适用穴位。

四是烙画法。早在春秋时期,就已出现在马体烙火印的做法,但烙法、画烙法取得较大发展是在唐代。当时根据部位和所患的病症,已选用各种形状的烙铁进行治疗。这一疗法对腱鞘炎、骨膜炎、骨质增生等疗效显著,至今仍然在使用。

五是放血法。书中提出"春首及马有病,弃血如泥,余月及马无病,惜血如金"的放血理论。此法对初期中毒和个别内中毒病,如破伤风初期是有辅助治疗意义的,对改善新陈代谢,泻"热壅之患",也是一种较好的疗法。

2. 脏腑学说

《司牧安骥集》中的四篇五脏论——《马师皇五脏论》《王良先师天地五脏论》《胡先生清浊五脏论》《碎金五脏论》,是关于病理学方面的理论,具有以下特点。其一,提出畜体是一个"小宇宙",是一个统一的整体。认为脏腑、经络、皮毛、筋骨肉、气血津液等密切相连,在结构上,它们是不可分割的;在功能上,它们是互相依存、互相制约的;在属性上,他们将畜体这个小宇宙与天体这个大宇宙作了若干类比。其二,认识到家畜在大自然中形成了生理适应性。注意到畜体有生物钟现象。其三,阴阳表里的结构论。提出脏为阴,腑为阳,脏为里,腑为表,一脏一腑组成一个阴阳表里系统。其四,脏腑辨证论。将阴阳表里与五行生克相结合,说明五脏之间存在相互制约和相互促进的关系,进而辨别疾病属何脏何腑,以及病理演变的机制和治疗法则,形成了中兽医学的核心——辨证论治。

3. 八邪致病论

《司牧安骥集》中的《马师皇八邪论》是论述中兽医病因、病机、病程的现存最古老的文献。它认为风寒暑湿、饥饱劳役是导致疾病发生的根本原因。

4. 症候学

现代兽医学可以通过显微镜或其他科学手段按照病原和病变来确定疾病。但在古代,兽医们只能根据症候进行断症(证)和断病,这就是症候学。症候学至唐代已发展到能根据细微症候,把一些特征类似,容易混淆的疾病区分开来的阶段。

5. 外科

在外科技术方面,也有很大的进步。关于马蹄病方面,当时共提出十六种蹄病,并说明了每种病的病因、病机、病变和症状及治疗方法。其观察细致入微,治疗方法巧妙有效,成为中国蹄病治疗史上光辉夺目的一页。

《司牧安骥集》的《取槽结法》一文叙述的是当时总结出来治马腺疫的有效手术疗法。《起卧入手论》则详细介绍了马便秘病的直肠检查法和打碎结粪的各种手法。"疮黄肿毒"的提出,表明当时对家畜这些常见病已有充分认识。

三、养鱼技术

唐代以前,鱼类的养殖以鲤鱼为主,到了唐代,鲤鱼的命运因为鲤、李同音,而发生了改变。唐朝政府规定百姓不得捕食鲤鱼,违者重罚。段成式的《酉阳杂俎·鳞介》中记载说:"国朝律,取得鲤鱼即宜放,仍不得吃,号赤鯶公,卖者杖六十。言鲤为李也。"不能养鲤鱼,但百姓还得吃鱼,致使百姓转而主要养殖青、草、鲢、鳙等品种,促进了今天我们所熟知的四大家鱼的养殖。在养殖技术方面,这时出现了利用水草收集鱼卵,养鱼开荒种稻,驯养水獭捕鱼等技术。

（一）改进鱼卵采集法

鱼种的获取是人工养鱼的重要环节,先秦时使用采集天然鱼苗的办法,北魏时则通过在深薮大泽岸边取泥,利用散落在泥中的鱼卵,让其在池塘中自然孵化的办法获得鱼苗。但捞取河泥采集鱼卵有不少缺点,一是用工多,运输不便;二是采集的鱼卵数量有限。隋代太湖地区的渔民发现了成鱼常在水草中产卵的现象,于是改用收集水草的方式来采集鱼卵。据《吴郡图经续记》记载,此法由隋炀帝大业年间(公元605—618)吴郡百姓首先发明,其法是:"夏至前三、五日,白鱼之大者,日晚集湖边浅水中有菰蒋处,产子缀著草上……乃刈取菰蒋草有鱼子者,曝干为把,运送东都(洛阳)。"这一方法减轻了采集鱼卵时的劳动强度,提高了鱼卵的采集量,并且有利于鱼种的长途运输。到了唐代,这种方法得到广泛运用。

（二）利用养鱼清除杂草以利种稻

在唐代人们还创造开发了利用养鱼开荒种稻的方法。唐代广东西部山区人民利用鲩鱼食草的习性,在新开荒田上放养鲩鱼,使荒田变为熟田。刘恂《岭表录异》记载说:"新泷等州(在今粤西新兴罗定一带)山田,拣荒平处,以锄锹开为町畦。伺春雨,丘中聚水,即先买鲩鱼子散于田内。一、二年后,鱼儿长大,食草根并尽。既为熟田,又收鱼利,及种稻且无稗草,乃齐民之上术也。"这种方法不但收养鱼之功,同时也是利用生物清除杂草的创举。

（三）驯养水獭捕鱼

水獭是捕食鱼类的动物,因而被认为是人工养鱼池的祸害,故《淮南子·兵略训》说:"夫畜池鱼也,必去猵獭。"不过是可以化害为利的。水獭往往捕到鱼后并不马上吃掉,而是把捕获的鱼放在岸边,唐代,人们利用水獭的这种习性,使之为人捕鱼,这是继养鸬鹚捕鱼后利用动物捕鱼的又一创造。《朝野佥载》说:"通川界内多獭,各有主养之,并在河侧岸间,獭若入穴,插雉尾于獭穴前,獭即不敢出去,却尾即出,取得鱼必须上岸,人便夺之,取得多,然后放,令自吃,吃饱即鸣杖以驱之,还插雉尾,更不敢出。"从上述记载看,养獭捕鱼已经非个别现象。

据《酉阳杂俎·诡习》记载,有的养獭能手驯养的水獭如家犬一般,能闻声而来。其曰:"元和末,均州郧乡县有百姓,年七十,养獭十余头,捕鱼为业,隔日一放。将放时,先闭于深沟斗门内令饥,然后放之。无网罟之劳而获利相若。老人抵掌呼之,群獭皆至,缘衿藉膝,驯若守狗。"可以看出驯养技术已经十分娴熟。

第六章　宋辽金元时期的农业

　　960年,后周诸将发动陈桥兵变,拥立赵匡胤为帝,建立宋朝,定都东京开封府(今河南开封),改元建隆,到1368年元顺帝被赶出北京,明朝建立,宋辽金元时期历经了四百余年。

　　北宋时期,契丹族崛起于北方,建国为辽,其南部在今天津海河、河北霸州、山西雁门关一线与北宋接壤。党项族于西北崛起,建立西夏国。女真族崛起于东北,建国为金,先后灭辽与北宋,在秦岭淮河一线与南宋长期对峙。在宋金对峙之际,蒙古又勃兴于蒙古草原,并于1206年,由铁木真统一蒙古,建立蒙古国。1234年,南宋与蒙古夹击,消灭金朝。此后,南宋与蒙古之间的对峙与战争开始,1276年蒙古军队攻陷南宋都城临安,并在1279年灭亡南宋。

　　两宋时期,以农耕为主体的中原王朝与以游牧为主体的少数民族政权,始终处于对峙与战争的状态。在此种社会政治背景下,一方面战争与动乱破坏了黄河中下游和淮河流域的农业生产;另一方面民族的融合下农耕文化也向北扩展,促进了南北间的农业交流。

　　北宋建国之初,在后周农业生产体制的基础上,继续采取恢复和发展农业的方针,鼓励广植桑蚕,垦辟荒田;招徕流民,劝课农桑;规定地方官兼理农事的职责,州设劝农使,县置农师,时常以劝农文的形式推广生产经验。劝农文的盛行,加以印刷术的进步,促进农书的刊刻流行,产生不少有价值的农书。宋真宗(998—1022)时社会比较安定,政府提倡南北作物交流,加快江南耕作制的定型,改善北方作物构成,提高精耕细作的水平,为北宋的经济发展、文化繁荣作出重大贡献。南宋时,战乱使北方人口又一次大批南迁,进一步促进了江南的开发。隋唐时期开始的经济重心南移在此时终于完成。江南农业,一方面广辟土地,与水争田,向山要地;另一方面重视集约经营,提高土地利用率,进一步发扬精耕细作的农业传统,生产水平迅速提高。太湖地区产量达到每亩 2.5 石米,比唐代南方水稻产量有较大提高。

在农田水利方面,宋代水利工程以中小型为主,发展重心转向南方。由于政府强调漕运便利,不惜破坏吴越以来形成的塘浦圩田系统,后虽经范仲淹、郑亶、赵霖等主持整治,但或收效甚微,或功败垂成。南方稻区耕—耙—耖技术体系萌芽于魏晋,渐成长于隋唐五代,定型于南宋之初。作物种植方面,宋真宗提倡江南杂种粟、麦、黍、豆,在北方有水源之地广种水稻,全国作物结构发生了一次很大变化。这个变化改变了汉唐以来全国粮食作物以粟、麦和稻为主,油料作物独有芝麻的基本格局,形成粮食作物以稻、麦为主体,油料作物则是油菜与芝麻并列的局面。

元代农业承袭金和两宋的成就,南北方都继续有所发展,精耕细作程度进一步提高,蒙古地区的畜牧经济也有明显发展。忽必烈即位,制定发展农业的政策,提倡"地利毕兴",鼓励蒙古人在牧养驼、马、牛、羊之外,广种庄稼,并在蒙古地区实行屯垦,提高畜牧经济水平,促进农业经济发展。

在农具方面,王祯在北宋曾之谨《农器谱》基础上,作《农器图谱》,记述从使用耒耜以来的各种农器二十个门类,共二百五十余种。至此,中国传统农具定型,并大致完备。

第一节　自然环境

中国的气候自晚唐五代时期开始逐步转冷,在北宋初年进入中国历史上的第三个寒冷期。两宋时期,随着北宋的农耕线向东南方向收缩,草场也越过长城一线,向黄河流域迁延。这种情况与该时期之前农牧区域在长城以北(主要是今东北和内蒙古地区)顽强立足和逐步扩展形成鲜明对照。在黄河中下游地区,因气候渐趋寒冷干燥和黄河河道屡决屡徙,当地水旱灾害发生的频率大幅上升。与之形成鲜明对照的是,江南地区因水利资源的开发,圩田、涂田的兴修,农业生产条件得到了显著改善。南宋时期,人口大量南迁,南方广大地区被进一步开发,全国经济重心南移的过程得以最终完成。

第二节　土地与赋税制度

晚唐以来,均田制遭到破坏,两税法开始推行,土地私有制得到发展,农民的生产积极性也因此提高。宋代的土地所有制形式基本上遵循这个发展方向,国家不再严密地控制荒地,而是准许开垦,并采取相应的鼓励措施。

一、官田与民田

宋代的土地类型主要分为官田与民田两类。官田是国家占有的土地,民田为私人所占有的土地。

（一）宋代官田的来源与用途

宋代官田的来源主要有三:其一是来自无主荒地,这些无主荒地,成为屯田与营田的主要来源;其二是没收罪犯、债务抵产者、被隐匿的以及抛荒与绝户的田产充作官田;其三是购买。政府出资购买田地,用作学田、屯田、养济院田,或是以购田所获之租米支付其他公共事业的开支。

宋朝的官田,依据其用途主要包括屯田、营田、职田、学田、仓田、公田等类。官田除了屯田、营田等由官方直接组织军队或百姓耕种之外,其他也多采用租佃的方式进行经营,甚至有的屯田或营田也采用租佃方式来经营。

（二）土地自由买卖与"不抑兼并"

唐末均田制破坏之后,土地兼并日趋严重。入宋以后,统治者为取得地主阶级的广泛支持,巩固自己的统治,更以放任态度对待土地兼并现象,国家采取"不抑兼并"的政策,放弃通过土地立法或行政手段限制占田的传统。由此,宋代的私有土地可以自由买卖,而不再受法律限制。从买方来说,几乎没有身份的限制,只要有钱就可以买田。从卖方而言,只要他对土地拥有合法产权,便可自由出卖。只是在土地出售时,亲属、邻居具有优先购买的权利。不过,从北宋到南宋,具有土地购买优先权的亲、邻范围越来越小,这体现了田宅交易的宗法限制逐步宽松的发展趋势。土地自由买卖使地权变动极为频繁,故辛弃疾在《最高楼·吾衰矣》中有"千年田换八百主"之叹。宋代的土地兼并主要是通过买田和占田来实现的。土地兼并使土地高度集中于少数人之手,改变了农民的身份结构,使以下户为主体的结构演变为以佃农为主体的结构。

(三)契约租佃关系逐渐普遍和定租制的出现

与唐代的部曲和均田户相比,宋代的契约佃农身上出现了前所未有的三大特征:一是佃农与田主之间的关系不是靠出让人身自由,而是靠订立租佃契约建立;二是契约佃农的人身依附关系已大为松弛,一般均享有迁徙和退佃自由;三是作为契约佃农主要存在形式之一的客户,已经正式登上国家户籍,从而在身份上与作为田主的地主阶级同为国家编户。不过,宋代的租佃制下,主客之间并不是平等的关系,囿于人多地少的关系,租佃双方在客观上和法律上都是不平等的。具体表现为,宋代的法律规定:"佃户犯主,加凡人一等。主犯之,杖以下勿论;徒以上减凡人一等。"

在土地租佃关系之下,客户没有土地,只能租种地主的土地,向地主缴纳地租。地租的形式有实物地租与货币地租两种;缴纳比例又有分成租与定额租两种。实物分成地租是古有之旧例,实物定额租与货币地租则是宋代才有的。分成租在宋代已较少见,定额租才是普遍形态。在南宋太湖流域,定额租有较大发展。不论是官田还是民田,都存在定额租。定额租高低不一,高者每亩 1 石 8 斗以上,低者每亩只有 2 斗 5 升。但租课在 1 石以上者并不多。稻米在纳租时,有纳白米的,有纳糙米的,也有纳谷的,规定各有不同。定额租是固定的,丰歉不变。地租率大致为四六分。

宋代商业日益发达,货币流通愈加频繁,货币地租逐渐流行。若干田产的租课,或部分纳钱,或以实物折钱,或全部直接纳钱。货币地租流行的地区,包括两浙、江东、江西、福建以及广东,而尤以两浙为多。

时至元代,土地所有制形式仍可分为官田与私田两种。官田是国有土地。私田是蒙古贵族、汉族地主和一部分自耕农所拥有的私人土地。此时土地集中的现象更为突出。蒙古贵族广占田地。寺院、汉族地主也都趁着宋元鼎革之际,大肆侵占土地。地租加重,广大佃户过着贫苦的生活。

元代的贵族、官僚是土地的主要占有者。他们除采邑分地、赐田等合法形式占有土地之外,又以自己的特权与势力强占民田。豪强夺民产的情形在元代一直十分严重。江南地区的官僚、大地主在通过兼并手段积聚大量土地之后,又采取坐收地租的办法,将土地出佃。这使元代江南的租佃制,在宋代的基础上有进一步发展,定额租仍是江南地区地租的主要缴纳方式。

二、赋税制度

宋代的田赋沿袭唐代所推行的两税法,但又有所不同。唐代杨炎所倡之两税法以"资产"为宗,宋代以"田产步亩"为宗。唐代的两税法包括丁钱与徭役;宋代的两税法仅为田赋,两税之外,复有丁钱与徭役;唐代的两税,钱、米均分夏秋两次征收;宋代的两税则夏税输钱或折绢,秋税输米等。

宋代在乡村摊派赋役有四种基本形式:一是按田地多寡肥瘠;二是按人丁;三是按乡村主户的户等;四是按家业钱、税等划分乡村主户等级,再以等级确定摊派标准。

元代的田赋有税粮,有科差。税粮行之于江北地区叫做丁税、地税,主要取法于租庸调制;行之于江南的叫夏税、秋税,主要沿袭两税法。南方地区还有茶税和棉税。科差在江北有丝料、包银、俸钞,在江南有包银和户钞。另外,无论南、北方,除了正额税粮外,元朝政府还加征税粮,其名目繁多,给人民带来巨大的负担。

第三节　农田水利与土地利用

宋元时期,农田水利建设和土地利用方面有许多建树。其主要内容有四个方面:一是利用河北淀泊开辟稻田;二是利用东南洼地修筑圩田;三是引浊放淤,改良盐碱地;四是修复古渠、旧陂,并新建陂堤灌渠,特别是在南方以中小型农田水利工程发展迅速。至于土地利用方面,除提高农业技术,增加复种指数,获取单位面积更高产量外,还表现在筑圩田、修海塘、开梯田、垦荒地等方面。

一、《农田水利法》的制定与颁行

宋神宗熙宁元年（1068），宋朝政府制定了中国历史上第一部农田水利法——《农田利害条约》，并于第二年颁行。《宋史·河渠志五》记载条约规定："凡有能知土地所宜，种植之法及修复陂、湖、河、港，或原无陂塘、圩岸、堤堰、沟洫而可以创修，或水利可及众而为人所擅有，或田去河、港不远，为地界所隔，可以均济流通者，县有废田旷土，可纠合兴修，大川沟渎浅塞荒秽，合行浚导，及陂塘堰埭可以取水灌溉，若废坏可兴治者，各述所见，编为图籍，上之有司。其土田迫大川，数经水害，或地势汙下，雨潦所钟，要在修筑圩岸、堤防之类，以障水涝，或疏导沟洫、畎浍，以泄积水，县不能办，州为遣官，事关数州，具奏取旨。民修水利，许贷常平钱谷给用。"对于兴办的范围和官办、民办的办法都作了明文规定。

《农田利害条约》的公布极大地促进了农田水利建设的开展。社会上出现了"四方争言农田水利，古陂、废堰，悉务兴复"的局面。熙宁三年至九年（1070—1076），从《宋会要辑稿·食货六一·水利田》可知全国兴修水利农田达 10793 处，受益民田面积达 361178 顷 88 亩之多。在如此短的时期内，取得这般大的成绩，在宋代以前是很少见的。

二、北方农田水利的恢复和发展

宋元时期，北方农田水利发展主要表现在以下三个方面：

（一）河北海河流域淀泊工程的兴建

北宋时，从白沟上游的拒马河，向东至今雄县、霸州，信安镇一线是宋辽的分界线。北宋政府为防御辽国骑兵南下，决定利用分界线以南的凹陷洼地（即今白洋淀，文安洼凹陷地）蓄水种稻，以达到"实边廪"和"限戎马"的目的，时称"水长城"。军事上的需要促进了河北海河流域淀泊的开发。

（二）西北地区的渠堰整治及用水法则的制定

宋元时期，西北地区一些废坏的古渠堰也得到整治和恢复。整治工作比较突出的是河套地区和关中地区。河套地区古渠很多，西夏政权重视水利设施，动员百姓大加修治；元代水利专家郭守敬任西夏河渠提举时，继续整治。关中地区，自汉唐以来兴修了众多水利设施，但至宋代多已毁坏。为利用泾水灌田,宋代组织民力多次修筑三白渠。为了利用原有的渠系进行灌溉,宋元统治者对渠系的护养及用水都相当重视,并逐步形成制度。元代李好文所撰的《长安图志》详细地记载了这方面的技术和经验。

(三)大规模地引浊放淤

宋代,政府在河南、河北、山西、陕西一带广泛利用黄河、汴河、薄河、绍河、葫芦河、滹沱河、汾河等河水广泛进行放淤灌溉。宋熙宁二年(1069),还专门成立淤田司,管理这项工作。在中国历史上,像这样采用行政力量大规模地引浊放淤,改良盐碱地是极为罕见的。

三、南方地区的中小型农田水利工程建设与围湖

入宋以后,全国经济重心已完成南移。因此,南方的农田水利建设得到空前发展。《宋史·食货志》说:"大抵南渡后,水田之利,富于中原,故水利大兴。"反映的就是这一情况。南宋时,南方的农田水利建设主要集中在江浙一带。由于南宋定都临安,江浙地区是南宋政府财赋的渊薮,因此,水利建设以江浙为重点的特点在这个时期就更加明显。虽然这一时期南方的水利工程建设以中小型为主,但在有条件的地区,出现了大型的农田水利工程,如北宋时期,福建莆田县修筑的木兰陂就是一座集引、蓄、灌、排为一体的大型农田水利工程。

在太湖地区,随着江南地区的开发,围田与治水、挡潮与排涝、蓄水与泄洪的矛盾日益突出,这些矛盾交互影响,最终导致太湖地区塘浦圩田系统的解体。在塘浦圩田日益被破坏的情况下,北宋政府也采取一些治理措施。景祐年间(1034—1038),范仲淹在吴淞江东北主持疏浚港浦,疏导积水,使之东南入吴淞江,东北入长江,并建闸挡潮。

宋代南方地区人地矛盾加剧,向湖要田成为人们扩张土地的主要形式。当时在东南地区出现了一次大规模的围湖造田、与水争地活动。宋徽宗时,政府为了开辟财源,鼓励围垦,并以出租湖泊来增加收入。围湖行为由此合法化,大量湖泊因此而废弃,明州广德湖、会稽的鉴湖因此而废。

为了解决围湖垦田造成的严重水旱灾害,皇帝曾下诏废田还湖,并取得了一定成效,但由于这时淮河流域人口大量流入江南,需要土地耕作,官豪

之家又巧取豪夺,已被开掘的湖田至光宗、宁宗时期又被围裹起来,废田又变成废湖,而且到了不可收拾的地步。绍熙四年(1193),当涂、芜湖、繁昌三县的湖泊低浅处都被围筑成田,《宋会要辑稿》说"圩田十居八九";《宋史·食货志》记载说庆元二年(1196),浙西"陂塘、娄渎悉为田畴,曩日潴水之地,百不一存"。两宋时期的围湖活动虽然带来了暂时的利益,但其破坏生态环境,加剧水旱灾害,毁坏河道,加剧社会矛盾,长远来看得不偿失。

四、梯田及其他土地利用方式

宋元时期,随着南方人口的不断增加,人口与耕地不足的矛盾日益严重。为了维持生活,人们不得不到处寻找耕地,出现了《王祯农书》所说的"田尽而地,地尽而山,山乡细民,必求垦佃,犹胜不稼"的情况。在这种局面下,除平原而外,山地、河滩、水面、海涂等都被利用起来,出现梯田、架田、涂田等土地利用形式。宋元时期的土地开发是中国土地利用技术的一次大爆发。

(一)梯田

"梯田"名称最早见于南宋范成大的《骖鸾录》,其中有"岭阪上皆禾田,层层而上至顶,名梯田"之句。但是实际上早在唐代就已经出现了梯田。唐朝人樊绰到云南后,曾在所著《蛮书》中赞叹:"蛮治山田,殊为精好。"并说这些"精好的山田"不同于一般的"山田",它"浇田皆用源泉,水旱无损"。兼有人工灌溉设施功能、种植禾黍作物的山田就是梯田。这是已知最早关于梯田的记载。到了宋代,梯田频见于文献记载。楼钥《攻媿集》中也有"百级山田带雨耕,驱牛扶耒半空行"的描述,此处的山田即梯田。梯田即在山地、丘陵上筑坝平土,修成的许多高低不等、形状不规则的半月形田块,上下相接,像阶梯一样,有防止水土流失的功效。

宋代,南方梯田的迅速发展与江淮以北战事不断,中原土地荒芜,人口大量南迁有直接关系。关于梯田的修筑技术,元代《王祯农书》有较详细的记载,其要点是:(1)在山多地少的地方,把土山"裁作重蹬",即修成阶梯状的田块,即可种植;(2)如果有土、有石,则要垒石包土成田;(3)上有水源,可自流灌溉,种植水稻。如无水源,只好种粟、麦,是为旱作梯田,但这种田收成无保证。

（二）架田

架田是在葑田的基础上发展起来的,时间大致在宋元时代。葑田是指
湖面上菱蒲等水生植物生长日久之后,根离开地而浮于水上,农家乃利用其
又广又厚密的特性在上施土种植。这时,江南人口相对来说空前增加,耕地
日益显得不足,人们在葑田的启发下创造了架田。《王祯农书》描写当时的
情况:"只知地尽更无禾,不料葑田还可架……悠悠生业天地中,一片灵槎
偶相假,古今谁识有活田,浮种浮耘成此稼。"架田最迟在南宋时期就已被
创造出来。《陈旉农书》中详细记载了架田的建造方法:"若深水薮泽,则有
葑田,以木缚为田丘,浮系水面,以葑泥附木架上而种艺之。其木架田丘,随
水高下浮泛,自不淹溺。"

（三）涂田

唐宋时期,人们对于海涂的利用一般采用筑堤的办法,外以挡潮,内以
捍稼。元代,人们又创造了一种直接利用海涂耕作的办法,这就是涂田。
《王祯农书》记载涂田:"沿边海岸筑壁,或树立椿橛,以抵潮泛,田边开沟,
以注雨潦,旱则灌溉,谓之甜水沟。"它包括筑堤挡潮、开沟排盐、蓄淡水灌
溉三种措施,其中田边开沟是中国滨海盐地使用沟洫条田耕作法的开端。
王祯说以这种方法利用海涂,"其稼收比常田,利可十倍"。但是,海涂一般
含盐分很高,所以开始还不能种庄稼,必须先经过脱盐过程。其法是"初种
水稗,斥卤既尽,可为稼田"。这又是利用生物治理盐碱的创始。涂田的出
现表明利用海涂的技术又有新发展。

第四节　农具的创新与发展

宋元是中国传统农具发展史上十分辉煌的一个时期。钢刃熟铁农具得
到推广,高效、省力、专用农具出现,农具种类尤其是南方水田农具增多和配
套,水力、风力在农业上使用较广泛,是这一时期农具发展的主要特点。

成书于元代的《王祯农书》之"农器图谱"中详细地记载了这一时期
的各种农业生产工具,共计103种。从《王祯农书》中,我们可以看到宋

元时期的农具在继承中改良创新,具有高效、省力、专用、完善、配套使用等特点。

一、改进农具

宋代冶铁与农具锻造技术的进步,使小型嵌刃式铸铁农具逐渐被钢刃熟铁农具所代替。如《王祯农书》中所记的铁杴"锻铁为首……唯宜土功",又有江南地区翻地所用之铁搭"自夫锻炼而锋,乃为銎柄之揭……锐比昆吾之钩,利即莫邪之铁"。这时出现的铁铧、犁刀均系钢刃熟铁。灌钢技术的出现提高了铁农具的坚韧和锋利程度,进而有力地促进了农业生产的发展。

宋元时期农具的种类也相当丰富,据当时的农书所记载,南方水田农具、整地农具有:犁、耙、耖、碌碡、铁搭等;育秧、移栽的农具有:平板、秧绳、秧弹、秧马等;中耕农具有耘荡;排灌农具有:翻车、筒车、戽斗、水转翻车、牛转翻车等;收获农具有:麦钐、绰、笼及各种场上用具。多数农具南北方均可使用。

另外,宋元时期耕犁挽套工具也有所改进。汉代实行二牛抬杠的耦犁,犁是直辕犁,犁辕与轭直接连接,长轭架于两牛的肩部。这样,牛和犁也就连接在一起。耦犁的缺点是"回转相妨",也就是说这种连接方式不利于犁地时调头。唐代出现了曲辕犁,犁辕前端有可以转动的犁盘,犁盘的两端用绳索与套在牛肩上的曲轭两端连在一起。这样,犁辕就不直接与轭缚在一起。不过这时的犁辕与犁盘还是直接连接的。这种连接方法,牛驾犁耕地时转动仍欠灵活。为克服这一缺点,宋元时代,农民在犁盘与犁辕之间加上一副钩环,使其"耕时旋擩犁首,与轭相为本末,不与犁为一体",从而增加了它的灵活性,并形成有别于传统耕地方式"牛犁相连"的新形制。

宋元时期的犁铧和犁镵也有许多改进,且种类增加。《王祯农书·农器图谱》中记载有镵、铧、劓、铲4种,并指出:"铧与镵颇异,镵狭而厚,惟可用,铧阔而薄,翻覆可使,老农云,开垦生地宜用镵,翻转熟地宜用铧,盖镵开生地著力易,铧耕熟地见功多,然北方多用铧,南方皆用镵,虽各习尚不同。若取其便,则生熟异器,当认老农之言为法。庶南北互用,镵铧不偏废也。"

宋元时期,开垦工具如踏犁、铁搭被广泛使用。宋代初年,踏犁在黄淮平原的一些地方推行。到宋真宗景德二年(1005),又在黄淮以北的地方应用。南宋时,踏犁再度在南方推行。踏犁虽不如牛耕,但它已较锄(镢)耕有很大进步。在开垦荒地方面,踏犁以其灵活、便于使用的特点,比牛耕更为适用山地开垦。铁搭,即铁齿耙,有4齿或6齿不等。唐宋以后,铁搭被广泛用于江南地区农事活动中的翻地、整地中。铁搭一具多用,对于无牛而只有少量土地的贫苦农家是一件重要的农具。加之,南方水田土质多黏重,使用犁、耙,阻力不小,难于深耕,铁搭有深耕的作用,且能随手敲碎土块,为一般小农家庭所适用。

二、新制农具

(一)犁刀的出现

一般的耕犁形制扁平宽阔,对于草根盘结的荒地,难于发挥其破土的作用。宋元时期为满足大力开垦荒地的需要,创造了一种新的耕具——犁刀。犁刀也称鐅刀,是一种形似短镰,背宽而厚的钢刃工具,具有破土和切断根株的作用。主要是在耕地前使用,为耕犁的耕翻创造条件。《王祯农书》说:"置刀裂地,辟及一垄,然后犁镵随过,覆壤截然",并称它具有"省力过半的功效"。

(二)耥头

1960年以来,在东北的一些地区,如吉林肇东八里城,吉林市江南,绥中城后村,金县后山村等的金代遗址中,发现了一种新的农具,这种农具的铁刃部分,前端尖锐,底呈三角形,中部起脊,尾部向上翘起,两侧中部各有一个钮鼻,能起到分土起垄、中耕耥地的作用。这和如今在东北垄作地区使用的耥头形制完全一致,说明耥头在宋金时期已被发明出来。

(三)粪耧

耧车最早出现于汉代,主要用于播种,到元代又将施肥和播种结合起来,创造了下粪耧。《王祯农书》记载说:"近有创制下粪耧种,于耧斗后别

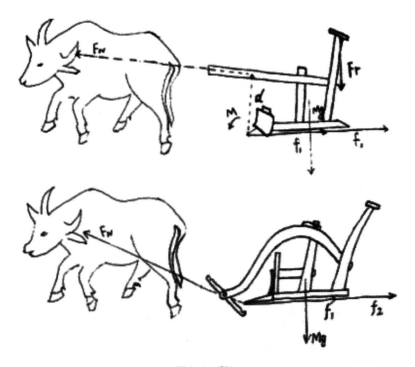

图 6-1　犁刀

置筛过细粪,或拌蚕沙,耩时随种而下,覆于种上,尤巧便也。"这样耧车除具有开沟、播种、覆土的作用外,又增加施肥的功能,成为一种多功能的农具。

(四)耘爪的创制

耘爪是用竹管或铁管制成的一种耘田工具,长约寸许,一边削尖,形似爪甲,套于指上,以代指甲。在耘田时使用这种工具,既能保护手指,又能提高耘田的质量。

除耘爪外,宋元时期使用的劳动保护工具还有缚于胯间以防稻叶所伤的薅马;披在背上以防日晒雨淋,并有通风作用的覆壳;套于臂上防稻叶割剿的臂篝;等等。这些表明宋元时人们对于田间劳动保护已相当重视。

三、水力、风力的利用与灌溉农具的发展

对水力、风力等自然能源的大力开发利用是宋元时期的一个重要特点。

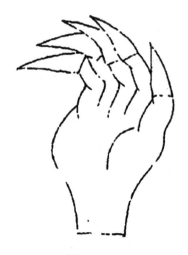

图6-2　耘爪

宋元时期利用水力,不但地域广,而且门类多。除了在灌溉上使用水力外,在加工方面也大量使用水力,据《王祯农书》记载,有水磨、水砻、水碾、水轮三事、水转连磨、水击面罗、槽碓、水碓、水转大纺车等多种水力加工工具。农业上利用风力作动力是这一时期的新发展。利用风力提水的工具,即后世所称的风车,便出现在这一时期。元代的任仁发在《水利问答》中说:"浙西治水,砝堰壩水、函石、仓石囤、蓬蓀、土帚、刺子、水管、铜轮、铁箄、木枕……水车、风车、手罕、桔槔等器,陇西未必有也。"文中的风车,即是风力水车,其使用的地区,多在今日的江浙一带。风力这一时期也用于加工。在元代,东南和西北地区都已利用风力作动力。

宋元时期的灌溉工具就其类型来说,主要有两种:一是翻车,一是筒车。这两种灌溉工具在汉唐时期已先后出现和应用,到宋元时期,发展得相当快,不仅使用地区广,而且形制繁多。在翻车方面,除人力翻车外,还出现了水转翻车、牛转翻车和风车;在筒车方面,除原有的筒车外,又出现了驴转筒车、高转筒车,这些不同形制的灌溉工具的出现,对于利用不同的动力和适应不同的灌溉条件有着重要意义。中国传统的灌溉工具,在这一时期已完全定型。

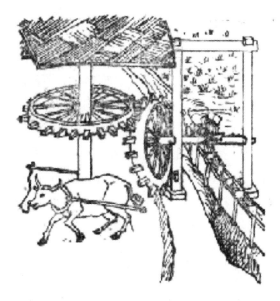

图6-3　牛转翻车

第五节　农作物结构的变化与多熟制的发展

　　宋元时期社会经济发展的需要和农业生产技术水平的提高,解决南方人多地少、发展农业经济的重要手段之一便是调整作物结构和发展多熟种植。新的作物结构和创造的多熟种植方法,不仅在当时产生巨大经济效益,而且对后世农业发展产生深刻影响,至今中国作物结构中的一些重要组成形式和多熟种植中的一些基本复种方法,大多是在这一时期形成。粮食作物中双季水稻在南方普遍推行。在唐代限于云南的稻麦二熟制度,此时普遍在江南地区推行,成为新的种植模式,具有水旱轮作的特点。

　　经济作物结构也出现了新变化。首先,棉花传入中原之后,以其种植优势,很快代替了麻、苎,成为全国最主要的纤维作物;其次,油菜种植规模的扩展,使其在油料作物中的地位大大提高,并成为继芝麻后又一种重要的油料作物。

一、麦类向南方的扩展和长江流域稻麦二熟制的形成

(一)麦类在南方的发展

麦类原是北方作物,虽然引入南方的时间较早,但长期以来在南方的分布不广,种植不普遍。东晋南朝,麦类在江南地区有所发展。入宋以后,由于北方人口大量南移,对麦类的需求空前增加,促进了小麦在南方种植空间的扩展,不仅长江流域广泛种植小麦,在气候炎热的珠江流域也推广种植。

据当时人的记载,麦类已到达江、浙、湘、湖、闽、广等地。庄绰在《鸡肋编》中说:"建炎(1127—1130)之后,江、浙、湖、湘、闽、广,西北流寓之人遍满。绍兴初,麦一斛至万二千钱,农获其利,倍于种稻。而佃户输租,只有秋课,而种麦之利,独归客户。于是竞种春稼,极目不减淮北。"由此可见,此时麦类的种植在南方已经深入福建与广东一带。

(二)长江流域稻麦二熟制的形成

宋元时期,麦类种植在南方的扩张也促进了稻麦二熟制在长江流域的形成。长江流域的稻麦二熟制在北宋时已经出现。朱长文在《吴郡图经续记》中已记有苏州地区"刈麦种禾,一岁再熟"。到南宋,稻麦二熟制度已相当普遍,反映在诗歌中,如杨万里《江山道中麦熟》:"却破麦田秧晚稻,未教水牯卧斜晖。"范成大《刈麦行》:"腰镰刈熟趁晴归,明朝雨来麦沾泥。犁田待雨插晚稻,朝出移秧夜食妙。"陆游《初夏》:"稻未分秧麦已秋,豚蹄不用祝殴窭。"到元代,这种稻麦二熟已定型为耕作制,《王祯农书》说:"高田早熟,八月燥耕而耰之,以种二麦……二麦既熟,然后平沟畎,蓄水深耕,俗谓之再熟田也。"稻麦二熟制在南方的形成,除了北方人口南迁后社会需求增加之外,政府与地方官员的提倡、推广也起到重要作用。稻麦二熟制在经济学上和农学上都有重要意义:其一,它提高了复种指数,提高了土地利用率,为当时增加粮食来源,开辟了新途径;其二,起到水旱轮作、熟化土壤的作用,对保持和提高地力亦有功效;其三,能够部分地解决旱地与水田的病虫害问题。因为环境一旦改变,不同生境的病虫害的危害性会大大降低,水旱轮作后环境变化较大,恰恰能够做到这一点。对于没有现代药物来对付害虫的古代,其意义不言自明。

二、水稻品种的增多与双季稻的发展

（一）水稻品种的增多

宋元时期的水稻，不仅类型全，品种亦多。例如嘉泰《会稽志》记有水稻品种56个，其中籼、粳品种有40个，糯稻品种16个。宝祐《琴川志》记有品种35个，其中籼、粳27个，糯稻8个。不过现实中的品种远比记录的要多。据游修龄先生对现存的12种宋代地方志的统计，其中有水稻品种共301个，除去重复的，有品种212个，比西晋《广志》所记南方的水稻品种13个，几乎增加了15倍。而这仅是南方12县的品种，由此可见宋元时代水稻品种的丰富。

（二）双季稻的发展

宋元时期有再生、间作和连作三种形式的双季稻。水稻收获之后，其茎部的休眠芽萌发抽穗结实，此称为再生稻。再生稻最初是一种自然现象，后来被人加以利用，形成种植制度。宋代的再生稻遍及两浙、江淮以及荆湖等许多地区。间作双季稻是同一时间，种两个成熟期不一样的水稻品种。双季连作稻是指早稻收割后，经过整地，再插晚稻的双季稻栽培形式。宋代的连作双季稻广泛存在于岭南、福建、江西、浙江和江苏等地区，奠定了明清以来中国连作稻发展的地理基础。

（三）占城稻的推广

占城稻的引入与推广是中国农业史上的重大事件。占城稻原产占城（越南中南部），引入中国的具体时间待考。《宋史》卷一百七十三《食货志》记载，宋真宗大中祥符四年（1011），皇帝"以江、淮、两浙稍旱即水田不登，遣使就福建取占城稻三万斛，分给三路为种，择民田高仰者莳之，盖旱稻也"。自此，占城稻从福建传入长江流域。占城稻在长江流域的传播过程中又分化出了许多适合各地特点的变异型品种，经过人工选择，又育成了新的品种，如"红占城""寒占城"（晚稻）"八十占"（早熟种）等。这些品种与当地品种结合，为水稻种植的合理布局与多熟制的发展创造了条件。

三、棉花传入中原

宋代以前，中国的棉花主要种植于华南、西南和西部的边疆地区。黄河

和长江流域的衣被原料,长期以来一直以丝、麻、葛和皮毛为主。宋元时期,棉花开始分南北二路传入中原。由此,中国纤维作物的结构和衣被原料发生了重大变化。故明人丘濬在《大学衍义补》中说"自古中国所以为衣者,丝、麻、葛、褐四者而已。汉唐之世,远夷虽以木绵入贡,中国未有其种,民未以为服,官未以为调。宋元之间,始传其种入中国,关、陕、闽、广首得其利",说的正是棉花传入中原的过程。南宋时,江南地区已有很多地区种植一年生的木棉了。元代棉花在长江流域的种植区域更广。元朝政府分别在浙东、江东、江西、湖广、福建设置木棉提举起司,每年向朝廷征收棉布十万匹。可见当时棉花在长江流域种植之广。

宋代时,棉花越过河西走廊,发展到黄河中下游。到元代棉花已发展到陕西,《农桑辑要》说:"苎麻本南方之物,木棉亦西域所产,近岁以来,苎麻艺于河南,木棉种予陕右,滋茂繁盛,与本土无异,两方之民,深荷其利。"

四、油菜种植的勃兴

油菜虽在中国西北地区早已种植,但以油用为目的油菜到宋代才见于苏颂的《图经本草》一书之中。元代,油菜已成为南方稻田的重要冬季作物,与水稻搭配形成"稻—油菜"一年二熟的耕作制度,这也是一种水旱轮作形式。《务本新书》记载:"十一月种油菜。稻收毕,锄田如麦田法。即下菜种,和水粪之,芟去其草,再粪之。雪压亦易长。明年初夏间,收子取油,甚香美。"《农桑衣食撮要》说:"九月种油菜,宜肥地种之,以水频浇灌,十月种则无根脚。""十一月,油菜,锄净,加粪壅其根。此月不培壅,来年无根脚。"这说明"稻—油菜"式的一年二熟制在南方已经定型,且积累了丰富的种植经验。

第六节　肥料技术的进步

宋元时期农业生产的发展需用肥料较多,有关开辟肥源、提高肥效、合理施肥等问题已受到人们普遍关心和重视。《陈旉农书》有《粪田之宜篇》专门讨论肥料问题,并在书中提出"用粪犹用药""地力常新壮"的重要观点。《王祯农书》也专篇论述"粪壤"问题,他说"田有良薄,土有肥硗,耕农之事,粪壤为急",并指出"粪壤者,所以变薄田为良田,化硗土为肥土也"。这都反映了宋元时期人们对肥料的重视与珍惜。

一、肥料种类的增加

《王祯农书》将宋元时期的肥料分为苗粪、草粪、火粪、泥粪四类。苗粪指栽培的绿肥,如绿豆、小豆、胡麻等;草粪指野生绿肥,如青草、树叶、嫩条等;火粪指熏土泥;泥粪指河泥。除此之外,还有人畜粪便、饼肥和一切杂肥等,还有诸如石灰、硫磺、钟乳粉等无机肥料。

据近人所编写的《中国古代农业科学技术史简编》统计,宋元时期农民利用的肥料种类,共计 40 多种,比之前的肥料种类明显增加了。

二、肥料的积制与保存

宋元时期的肥料积制与保存技术主要有沤制、发酵、熏制、利用河泥等。分述如下:

(一)沤制

《王祯农书》中记载:"为圃之家,以厨栈之下深阔凿一池,结甃使不渗漏,每春米即聚砻簸谷壳,及腐稿败叶,沤渍其中,以收涤器肥水,与渗漉泔淀,沤久自然腐烂浮泛。"这种方法时称为"聚糠稿法"。沤制成的肥料叫作"糠粪"。这应是中国利用沤制技术造肥的开始。

(二)肥饼发酵

中国利用油饼作肥料,宋元时代已有不少记载,如宋代的《物类相感志》说:"麻饼水浇石榴,花多。"《陈旉农书》说,秧田施肥"用麻枯尤善"。元代的《农桑辑要》说:"壅田,或河泥,或麻豆饼,或灰粪,各随其地土所宜。"《农桑衣食撮要》说六月耘田"用灰粪、麻糁相和,撒入田内"。《图经本草》提到以油菜饼"上田壅苗"。这些都是在农业生产上已使用饼肥的证明。

(三)熏土制肥也是宋代积制肥料的一种技术

《陈旉农书》提到熏土造肥的方法是:"凡扫除之土,烧燃之灰,簸扬之糠秕,断稿落叶,积而焚之。"又说桑地"以肥窖烧过土粪以粪之,则虽久雨,亦疏爽不作泥淤沮洳,久干亦不致坚硬硗埆也"。这里所提到的土粪就是一种熏土肥。后来的《王祯农书》也提到熏土,其制法是"积土同草木堆叠烧之,土热冷定,用碌碡碾细用之。江南水多地冷,故用火粪,种麦种蔬尤佳"。

(四)河泥的利用

罱河泥是宋元时期江南地区农民重要的取肥手段。宋人毛玥在《吴门田家十咏》中说:"竹罾两两夹河泥,近郭沟渠此最肥。采得满船归插种,胜于贾贩岭南归。"元代《王祯农书》更为详细地记载了罱河泥的过程:"于沟港内乘船,以竹夹取青泥,枚泼岸上,凝定,裁成块子,担去同大粪和用,比常粪得力甚多。"这说明在元代罱起的河泥,先要经过风化处理,以排除有害物质和释放养分,同时也便于运送。河泥的肥效比较长,和速效的人粪混用,能取得很好的施肥效果。这种河泥和其他肥料混合施用的方法,至今为江南地区的农民所沿用。

(五)肥料的保存

宋元时期的农民不但重视肥料的积制以扩大肥源、提高肥效,同时也十分重视肥料的保存。据当时的文献记载,农民保存肥料的方法主要有二:

一是设置粪屋以防肥效走失。《陈旉农书》说:"凡农居之侧,必置粪屋,低为檐楹,以避风雨飘浸,且粪露星月,亦不肥矣。粪屋之中,凿为深池,甃以砖甓,勿使渗漏。"

二是在田头设置粪窖借以保肥。这种方法多见于南方。《王祯农书》说:"南方治田之家,常于田头置砖槛,窖熟而后用之,其田甚美。"但用这种方法时,由于粪窖上缺少遮盖,肥效很易走失。后来又有一种堆封的草塘泥粪窖,在很大程度上弥补了肥效散发的缺陷。

三、合理施肥思想的形成

宋元时期,由于肥料种类和施用的增多,人们在生产实践中积累了不同土壤、不同作物施用不同肥料的经验。

在土壤认知方面,当时的人们已认识到"土壤气脉,其类不一,肥沃硗埒,美恶不同,治之各有宜也"。不同的土壤应采取不同的施肥措施,当时积累的经验是:"黑壤之地信美矣,然肥沃之过,或苗茂而实不坚,当取生新之土以解利之,即疏爽得宜也。硗埒之土,信瘠恶矣,然粪壤滋培,即其苗茂盛而实坚栗也。"土壤过肥并不利于作物丰产,故用新土中和;比较贫瘠的土壤则用粪壤培肥。

在作物方面,当时认为种麦、种蔬,使用火粪最好,秧田适宜用麻枯及火粪、焯猪毛和窖烂粗谷壳;花木施肥,鸡粪适宜于茉莉和百合,焯猪汤适宜于茉莉、素馨花及瑞香,猪粪宜于木樨,泔水及黑豆皮宜于葡萄,等等。

在上述施肥经验的基础上,宋元时期形成了一套合理施肥思想——"粪药说"。这一思想最早见于《陈旉农书》:"相视其土之性类,以所宜粪而粪之,斯得其理矣。俚谚谓之粪药,以言用粪犹用药也。"继后《王祯农书》又进一步提出:"粪田之法,得其中则可,若骤用生粪,及布粪过多,粪力峻热,即烧杀物,反为害矣。"这种思想对于合理施用肥料和保证作物良好生长都有重要的意义,是中国施肥技术上一次重大发展,并为施肥技术进步奠定思想基础。

第七节　大田耕作栽培技术

宋元时期,耕作技术发展的一个特点是北方旱地耕作技术继续得到发展,南方水田耕作栽培技术体系形成。

一、南方精耕细作技术体系的形成

这一时期,中国南方的耕作栽培技术有很大发展,集中表现在整地、育秧和田间管理三个方面。这三个方面彼此相辅相成,形成一个技术整体,奠定了中国南方水田精耕细作的技术体系。

(一)整地技术

南宋时期,农民重视对秧田、冬作田、冬闲田的整理。《陈旉农书·善其根苗》篇中记载了当时人们整治秧田的技术过程:"于秋冬即再三深耕之,俾霜雪冻冱、土壤苏碎,又积腐稿败叶,划薙枯朽根荄,遍铺烧治,即土暖且爽。于始春又再耕耙转,以粪壅之……田精熟了,乃下糠粪,踏入泥中,荡平田面,乃可撒谷种。"

冬作田的整治。南方因地势低,地下水位高,稻田冬作一般都采用开沟作垄的办法。在两季轮作地区,"早田获刈才毕,随即耕治晒暴,加粪壅培,而种豆、麦、蔬茹",以便争取时间,在稻后,再种一茬冬作物。同时,刈稻后,随即翻耕冬作,争取有更多的时间曝晒和熟化土壤,于下一年种稻有利。由于冬作田一般都是开沟作垄的,所以冬作田的整治都采用"平沟畎,蓄水深耕"的办法。

整治冬闲田的方法有干耕晒垡与干耕冻垡两种。《陈旉农书》中对这两种方法都有详细说明。

(二)秧苗培育

宋元时期,一年两熟制的推广使育苗移栽技术显得尤为重要,培育壮秧自然成为水稻种植的关键环节。农民培育壮秧的具体方法有:浸种催芽、合理安排播种期、秧田管理、秧龄掌握与移栽四种技术措施。

(三)耘田、荡田及烤田

1.耘田

宋代,农民已重视根据地势的高下来耘田,《陈旉农书》说耘田"必先审度形势,自下及上,旋干旋耘。先于最上处滀水,勿致水走失,然后自下旋,放令干而旋耘"。这样可以避免尚未耘过的田块水干田硬,影响耘功。元代改进宋代匍匐田间用双手耘田的方法:一是创制了耘爪,套在手指上以避免直接同田土接触以减少损伤,同时也借此提高耘田质量;二是采用足耘,《王祯农书》说:"足耘,为木杖如拐子,两手倚以用力,以趾塌拨泥上草秽,壅之苗根之下,则泥沃而苗兴。"

2.荡田

荡田是元代创造的稻田中耕除草的方法。农人用耘荡,即一种木板下钉有铁钉,上安有竹柄的工具,在田间推荡。《王祯农书》说耘荡,"耘田之际,农人执之,推荡禾垄间草泥,使之溷溺,则田可精熟,既胜耙锄,又代手足……所耘田数、日复兼倍"。效率颇高,又可代替手耘足耔。可见荡田的出现是稻田中耕除草的方法的一大改革。

3.烤田

为了保证田土烤得透,宋代采用开沟烤田的方法,《陈旉农书》说耘田后,"随于中间及四傍为深大之沟,俾水竭涸,泥坼裂而极干"。这样做,在营养生长期可以抑制无效分蘖,也有助于促进植株挺劲老健,防止倒伏。烤田后,就能收到"干燥之泥,骤得雨而苏碎,不三五日间,稻苗蔚然,殊胜于用粪"的效果。元代又将耘田、施肥和烤田结合起来形成一整套水肥管理技术。

二、北方旱地耕作技术的继续与发展

北方旱地耕作技术自北魏时期的《齐民要术》作了全面总结之后,到宋元时期又有新发展,具体表现为以下几个方面:

(一)内外分缴翻耕法

宋元时期,北方农民针对犁耕后地面高低不平的情况发明了一种内外分缴翻耕的方法。《王祯农书》中介绍这种方法说:"所耕地内,先并耕两犁,墢皆内向,合为一垄,谓之浮鳞,自浮鳞为始,向外缴耕,终此一段,谓之一缴。一缴之外,又间作一缴,耕毕,于三缴之间,歇下一缴,却自外缴耕至中心,割作一墒,盖三缴中成一墒也。其余欲耕平原,率皆仿此。"

(二)尤重多耙、细耙

宋元时代人们已认识到精细耙地在北方的农业生产中的重要意义。《农桑辑要·种莳直说》说:"古农法,犁一耙六,今人只知犁深为功,不知耙细为全功,耙功不到,土粗不实,下种后,虽见苗,立根在粗土,根土不相著,不耐旱,有悬死、虫咬、干死诸等病,耙功到,土细又实,立根在细实土中,又碾过,根土相著,自耐旱,不生诸病。"上述记载表明宋元时期,人们已经认识到精细耕地在北方农业生产中具有保墒耐旱、保证种子安全出苗、减少虫咬和病害的作用。这也是北方旱地耕作技术进一步精细化的重要标志。

(三)中耕技术精细化

《农桑辑要·种莳直说》说"耘苗之法,其法有四:第一次曰撮苗,第二次曰布,第三次曰拥,第四次曰复(俗曰添功),一功不至,则稂莠之害,秕糠之杂入之矣"。这反映出北方旱地的中耕至少有四次,并认识到中耕具有

免稂莠之草害和降低秕糠,提高谷物品质和产量的作用。《韩氏直说》说:"如耧锄过,苗间有小豁不到处,用锄理拨一遍。"争取无漏锄处。宋元时期对中耕的重视也反映在农具的使用上。《王祯农书》中记载的"耧锄"的主要功用就是中耕除草。

同一时期,北方的辽国继续推行垄作法,金国实行区田法,这两种方法都是典型的北方旱地农作法。

第八节　养殖业的进步

一、畜牧业的发展

宋元时,由于农业的发展,耕牛作为农家役用的主要动力受到人们的高度重视。南宋的《陈旉农书》专门列有"牧养役用之宜"和"医治之宜"的专篇来讨论耕牛的饲养、役用和防病问题。在养牛时,人们重视牛舍的清洁和卫生、讲究喂料和放牧的方法、注重疫病的防治,积累了一套相当成熟的牧养经验。养猪业在此时也十分发达,《东京梦华录·朱雀门外街巷》中记载,北宋时,每天输入开封的猪"每日至晚,每群万数"。养猪技术也有相当的进步,尤其是饲料的来源更广,如平原地区的农民用湖泊中的水藻、浮萍做饲料;山区人民用橡实养山猪;马齿苋、糠麸等都作为猪饲料。

南宋时期,生长在寒冷高原地区的蒙古绵羊来到高温潮湿的江南后,食物以桑叶为主,逐步形成了一个新的羊品种,即"湖羊"。湖羊具有色白、毛卷、尾大、无角的特征,其最终定型是在明清时期。

宋元时期的少数民族地区畜牧业也有新变化,如西南马的形成,大尾羊在西北地区安家,等等,都是畜牧史上重要的事件。

二、蚕业的发展

(一)蚕桑业的分布

中国蚕桑业的重心自唐中期以后,由黄河中游逐步转移到江南,不过宋元时期转移尚未完成。宋代蚕桑业发达的地区,一是河北、京东诸路;二是以出产蜀锦著名的四川地区;三是东南江浙地区,其丝织技术虽不如前两地,但产量大、发展快。

(二)湖桑的形成与桑树的种植嫁接技术

宋代,在鲁桑南移至杭嘉湖地区后,通过自然选择和人工选择,逐渐形成一个新桑种,即湖桑。彼时,当地已有湖桑类的新桑种存在,嘉泰《吴兴志》说:"今乡土所种有青桑、白桑、黄藤桑、鸡桑。富家有种数十亩者。"《梦粱录》记载杭州地区的桑树时说:"桑数种,名青桑、白桑、拳桑、大小梅红、鸡爪等类。"据《琐碎录》说"鸡脚桑,叶花而薄",说明鸡桑、鸡脚桑应是一种荆桑。该书又说"白桑叶大如掌而厚"。《蚕经》说"白皮而节疏芽大者为柿叶之桑,其叶必大而厚""青桑无子而叶不甚厚者,是宜初蚕"。故青桑、白桑当是鲁桑的一种。

湖桑之名,直到清代才见于记载,《齐民四术·郡县农政》中已见湖桑的称谓:"桑有二种:鲁桑一名湖桑,叶厚大而疏,多津液、少椹,饲蚕、蚕大,得丝多。荆桑一名鸡桑,一名黑桑,叶尖而有瓣,小而密,先结子,后生叶,饲蚕、蚕小、得丝少。"不过,"湖桑"并不是品种名,而是对桑种的通称。明清以前,杭嘉湖地区众多的优良桑种从不称"湖桑"。"湖桑"的称谓是由于明清时期杭嘉湖地区种苗业发达,外地向往杭嘉湖地区桑品种丰产优质,纷纷慕名向杭嘉湖地区引种而形成的。当时在引种推广作文字宣传时,无以名之,因而就统称为"湖桑"。

宋代在栽桑技术上的重要成就是采用嫁接技术,这对老树更新复壮,加速苗木繁殖、利用杂交优势培育良种等方面都具有重要意义。

最先提及桑树嫁接技术的是《陈旉农书》:"若欲接缚,即别取好桑直上生条,不用横垂生枝,三、四寸长,截如接果子样接之。其叶倍好,然亦易衰,不可不知也。湖中安吉人皆能之。"文中所说的湖中安吉,指的是今浙江湖州市安吉县。这段记载说明,桑树嫁接技术至少南宋时已在浙江安吉一带广泛流传。

元代,中国的桑树嫁接技术有飞速发展。《农桑辑要》和《王祯农书》对于当时的桑树嫁接技术都做过全面系统总结。这些记载,在一定程度上反映了七百年前中国桑树栽培技术的水平,同时也表明《齐民要术》以后六七百年间,中国桑树栽培技术有迅速发展和提高。

（三）养蚕经验的系统总结

宋元时期，人们在养蚕业方面也积累下丰富经验，如种茧选择、浴卵技术、添食的方法、病害防治以及"养蚕十字经"的总结等。

1.种茧选择与浴卵技术

南宋的《陈旉农书》在"育种之法"中说："凡育蚕之法，须自摘种，若买种，鲜有得者。"指出自己留种、自育自繁的重要性。他说："若自摘种，必择茧之早晚齐者，则蛾出亦齐矣。蛾出既齐，则摘子亦齐矣。摘子既齐，则出苗亦齐矣。出苗既齐，勤勤疏拨，则食叶匀矣。食叶既匀，则再眠起等矣。"这段话既说明当时自留种茧的原因，同时也反映了当时种茧的目的和要求。

金元时期，对于良种好茧的选择更为重视，《务本新书》对此说得更加具体而细致："养蚕之法，茧种为先……开簇时，须择近上向阳或在苦草上者，此乃强良好茧。其蛾……若有拳翅、秃眉、焦脚、焦尾、熏黄、赤肚、无毛、黑纹、黑身、黑头、先出、末后生者，拣出不用，止留完全肥好者，匀稀布于连上。"这样精细地选择种茧和种蛾，为育好蚕奠定了良好基础。

2.添食方法的运用

宋元时期，为了解决桑叶不足的问题，人们创造出以其他食物代桑叶喂蚕的方法，当时使用的代桑食品有老桑叶粉、百豆粉、米粉等。

3.蚕病的防治

宋元时代人们对养蚕中的各种病症，如僵病、微粒子病、软化病、脓病以及蝇蛆病的发病规律有更深刻的认识，并总结出一套相当成熟的防病经验。

《陈旉农书》中指出，高温、重湿和风寒是造成蚕病发生的重要原因。《士农必用》也指出："蚕成蚁时，宜极暖，是时天气尚寒；大眠后宜凉，是时天气已暄。又风、雨、阴、晴之不测，朝、暮、昼、夜之不同，一或失应，蚕病即生。"古人指出有关温度过高、过低或急变就会引起蚕病的看法是合乎科学道理的。

4."养蚕十字经"的形成

"养蚕十字经"是指"十体""三光""八宜""三稀""五广"这十个字。这些经验原零星地记载在金元之际的农书《务本新书》《韩氏直说》及《蚕经》中，后由元代农书《农桑辑要》汇编总结而成。这是中国古代养蚕技术经验的高度总结。

"十体"出自《务本新书》，具体指的是：寒、热、饥、饱、稀、密、眠、起、紧、慢（谓饲时紧慢也）。

"三光"是《蚕经》中所记，指"白光向食，青光厚饲，皮皱为饥，黄光以渐住食"。也就是参照蚕皮肤的变化来确定饲养措施。

"八宜"出自《韩氏直说》："方眠时宜暗，眠起以后宜明，蚕小并向眠宜暖、宜暗，蚕大并起时宜明、宜凉，向食宜有风，宜加叶紧饲，新起时怕风，宜薄叶慢饲，蚕之所宜，不可不知。反此者，必不成矣。"

"三稀"出自《蚕经》，即下蛾、上箔、入簇的时候要稀放，以留出足够的空间。

"五广"同样出自《蚕经》："一人、二桑、三屋、四箔、五簇"，也就是说养蚕的过程中，要充分准备人、桑叶、蚕房、蚕箔、蚕簇这五个方面的基础条件。

三、经济昆虫的饲养

（一）养蜂技术的完备

宋元时期，中国的养蜂业有所发展，创造了一系列新的养蜂技术。宋代，罗愿在《尔雅翼》中记载了有关中国的家蜂、人工养蜂、蜜蜂生活习性等方面内容。这一时期在养蜂经验技术方面也有诸多突破与创造，具体表现为：一是在饲养管理上开始注重蜂房的清洁，并要求供应水；二是总结了一套关于分蜂的技术；三是指出蜜蜂的天敌，如雀、蜻蜓、蜘蛛、山蜂、土蜂等；四是交代了如何取蜜；五是对能作为蜜源的植物有比较全面的认知；六是提倡冬季为蜜蜂提供食物补充。

（二）白蜡虫与五倍子的饲养

白蜡虫与五倍子是中国古代饲养的除蜜蜂以外的经济昆虫，饲养前者主要用来采收白蜡，饲养后者主要用于作药物和染料。二者在中国的饲养并利用都有悠久的历史，但饲养技术趋于成熟是在宋元时代。

1. 白蜡虫

古代文献中关于白蜡虫的记载最早见于唐代的《元和郡县志》，当时白蜡虫已被作为贡品。时至宋代，白蜡虫的饲养扩展到江南地区，且形成了成熟的饲养技术。

周密《癸辛杂识·续集下》中说："江浙之地,旧无白蜡,十余年间,有道人自淮间带白蜡虫子来求售,状如小芡实,价以升计。其法以盆桎树,树叶类茱萸叶,生水旁,可扦而活,三年成大树。每以芒种前,以黄草布作小囊,贮虫子十余枚,遍挂之树间。至五月,则每一子中出虫数百,细若蟣蟆,遗白粪于枝梗间,此即白蜡,则不复见矣。至八月中,始剥而取之,用沸汤煎之,即成蜡矣。又遗子于树枝间,初甚细,至来春则渐大,二三月仍收其子,如前法散育之。或闻细叶冬青树亦可用,其利甚博,与育蚕之利相上下。白蜡之价,比黄蜡常高数倍也。"从这些记载可以看出,时至宋代,中国在白蜡虫的饲养、寄主树的选择、放养的方法和提取白蜡的措施等方面都已比较成熟。

2.五倍子

宋代是五倍子大量发展放养的时期,重点产区在四川。苏颂《图经本草》说:"五倍子以蜀中者为胜,生肤木叶上。七月结实,无花,其木青黄色,其实青,至熟而黄,大者如拳,内多虫,九月采子曝干,生津液最佳。"《太平广记》说:"峡山至蜀有蟆子……其生处盐肤树背上,春间生子,卷叶成窠,大如桃李,名为五倍子,治一切疮毒。收者晒而杀之,即不化去,不然必窍穴而出飞。"这表明在宋元时代人们已经掌握了五倍子的放养保存技术。

第九节 园艺的发展

一、蔬菜的种植与栽培

宋元时期蔬菜种类增多,宋代《梦粱录》记载,仅临安一地的蔬菜就有四十余种;元代《王祯农书·百谷谱》列有三十多种蔬菜,并载有栽培技术。蔬菜种植规模扩大,种类增多,出现了专业化种植趋势,在安徽铜陵定州,出现了面积达三百亩的萝卜种植基地,所产萝卜销往南京;浙江绍兴地区的梅市盛产鸡头菜,有农户专业化大规模种植。

(一)蔬菜种类增加

这一时期的蔬菜主要有:

1. 菘

菘即白菜。虽然早在汉魏时白菜已出现于江南地区,但大量普及是在宋元时期。当时白菜已成为一种"南北皆有"的蔬菜,且品种较多。《嘉定赤城志》中提到:"大曰白菜,小曰菘菜,又有白头、牛肚、早晚等数种。"

2. 萝卜

萝卜,古称芦菔,又名莱菔、雹突。因其在不同生长时期形态不同,元代的人又给其取了不同的名称:"春曰破地锥、夏曰夏生、秋曰萝卜、冬曰土酥。"萝卜因其"四时可种"的优势,成为元代中国广泛分布的一种大众蔬菜。

3. 莴笋

莴苣在中国种植较早,但莴笋较晚。元代的《农桑辑要》有中国最早的莴笋栽种记录。

4. 菠菜

菠菜在唐代已传入中国,原称菠菱,宋元时期种植发展较快,成为冬春季节的重要蔬菜。

此外,竹笋、菌蕈也是宋元时期人们日常生活中食用较多的蔬菜。

（二）蔬菜栽培技术有所创新

宋元时期,蔬菜种类增多也促进了蔬菜栽培技术创新,出现了白菜黄化技术,如南宋《咸淳临安志》中记载:"冬间取巨菜,覆以草,积久而去其腐叶,黄白纤莹。"这是中国最早的白菜黄化技术。还有蔬菜的无土栽培、茭白栽培、食用菌人工接种、温室囤韭、阳畦植韭以及甜瓜的催熟技术,这些都是宋元时期蔬菜种植技术的突破与创造。

二、花卉与果树

（一）花卉

随着城市经济的发展与市民生活需求的提高,宋元时期的花卉业也发展迅速。宋代,观赏花卉已成为社会风气,尤其是在洛阳、成都、南京等大城市,人们不论贵贱,无不爱好赏花。正如欧阳修在《洛阳牡丹记》中所记:"洛阳之俗,大抵好花。春时,城中无贵贱,皆插花,虽负担者亦然,花开时,士庶竞为游邀。"值得注意的是,在《梦粱录》中还记载了一种花园酒店,其具有赏花与饮酒的功能。花卉业的发展促进了花卉栽培技术的进步,记载各类花卉的谱录也相当多,如《洛阳牡丹记》《扬州芍药谱》《洛阳花木记》《全芳备祖》《菊谱》《兰谱》等。此外,盆景栽培在宋元时也在民间得到普及。

（二）果树

由于两宋时期全国经济重心南移,南方热带、亚热带的果树栽培得到迅速发展。有些果树的栽培技术已经达到相当高的水平。如南宋韩彦直所著《桔录》,详细论述了种治、始栽、培植、去病、浇灌、采摘、收藏、制治、入药等内容。

宋元时期,荔枝的栽培在中国南方地区已颇具规模。在福州地区,曾出现"一家之有,至于万株"的盛况。宋代在讲关于果树的四种谱录中,就有三种是讲荔枝的。当时还出现了许多著名的品种,如福州一带的江家绿、蓝家红、周家红、清石白、宋香等。蔡襄《荔枝谱》中记载的著名荔枝品种就有32个之多。

宋元时期果树的栽培技术也出现了一些新的动向,如果树合理整枝,高寒地区的葡萄栽培、梨果防虫套袋、橄榄采枝、嫁接技术,等等。

第十节　农产品加工与储藏

宋元时期城乡经济的发展和人民生活水平的相应提高促进了农副产品加工技术进步。农产品的加工与储藏技术进步是其中一个重要的方面。

一、农产品的加工

宋元时期在粮食加工方面有新发展,出现冬春米、火米、爆米花。冬春米是利用冬季干燥米进行加工以减少稻米损耗的一种加工法。初见于范成大《冬春行》小序云:"腊日春米为一岁计,多聚杵臼,尽腊中毕事,藏之土瓦仓中,经年不坏,谓之冬春米。"火米是一种使稻米能够较久积贮的加工方法,最初流行于四川地区。陈师道在《后山丛谈》卷四中记载这种加工方式："蜀稻先蒸而后炒,谓之火米,可以久积,以地润故也。蒸用大木,空中为甑,盛数石,炒用石板为釜,凡数十石。"食物油种类在这一时期也有所增加。中国食用植物油,长期以芝麻油为主,宋元时期出现了菜油和豆油。畜牧业的发达也使得畜产品加工技术有所发展。当时的人们在腌制的基础上,又创造出了制作火腿的方法,还出现了专门制作酥(奶油)的装置。柿饼、荔枝干也成为此时人们日常的食品。在茶叶加工方面,人们发明了花茶的制作工艺。

二、食物的储藏

宋代以前,人们已创造了干制、冰镇、窖藏、蜜渍、腊封、腌制、酸渍、酱渍等一系列储藏方法。到宋代又有新的进步,即在原有的物理方法、化学方法储藏的基础上,又创造生理生化储藏法。古代的食品储藏方法,至此基本齐全。

(一)气调储藏

气调储藏是宋代出现的用于储藏新鲜果品的一种技术。其方法和原理是将新鲜果品储于密闭容器中,利用果品自身消耗空气中的氧气,释放二氧化碳,以降低果品养分的消耗,从而达到保鲜的目的。这种方法首见于宋代《格物粗谈》:"地上活毛竹挖一孔,拣有蒂樱桃装满,仍将口封固,夏开出不坏。"又说:"用一大碗,盛橙在内,再以小碗盖之,用泥封固,可至四五月。"元代的《居家必用事类全集》说:"拣大石榴连枝摘下,用新瓦罐一枚,安排在内,使纸十余重密封,可留多日。"这些都是利用新鲜果品在密封器内自我呼吸,消耗容器内的氧气与二氧化碳,减低果品的呼吸与养分的消耗,而达到延长储藏时间的一种方法。

(二)混果储藏

混果储藏是一种将新鲜果品藏于另外一种物品之中,意外能够起到延长储藏时间的方法。在宋代,混果储藏主要体现在桔子放在绿豆中储藏,方法见于北宋欧阳修的《归田录》中。而梨与萝卜混藏,柑桔与萝卜混合储藏,均见于苏轼的《格物粗谈·果品》中。混果储藏的科学原理还需要进一步的研究。

（三）密封储藏

密封储藏是一种兼有储藏与加工功能的方法，主要用于储蓄水果以外的食物。周去非在《岭外代答》中记载了南人用此法储藏老鲊："南人以鱼为鲊，有十年不坏者，其法以及盐、面杂渍，盛之以瓮，瓮口周为水池，覆之以碗，封之以水，水耗则续，如是，故不透风。"这种方法是利用水来隔绝空气以防微生物进入容器之内导致食物腐败变质，与泡菜储藏技术原理相同。

第七章　明清时期的农业

明清时期农业生产面临两方面的挑战:一是自然环境相当严峻,二是人口压力巨大。基于这一局面,明清政府推行重农政策和措施,对明初和清初农业生产的恢复起到重要作用。在明中期和清中期,适时改革赋役制度,明代出台"一条鞭法";清代则有"摊丁入亩""滋生人丁,永不加赋"等政策措施推行,这些都有利于减轻农民负担、缓和社会矛盾。不过,因为人口限制政策的松绑,人口迅速增长,在客观上又增加了农业的负担,承载更多的人口压力。

明清时期农民的人身依附关系相对松弛,租佃制度出现新的变化,对农业的发展产生深远的影响。此外,以集市、庙会等形式出现的交易市场,对调节余缺、互通有无发挥了重要的作用,一些地区的资源优势因商品经济发展而得到了充分的发挥。

由于政策的促进作用,明清时期农业发展必须而且确实也体现了其应有的亮点,即千方百计挖掘土地的生产潜力,具体措施有以下几条:一是推广多熟制,提高土地的利用率;二是采用粪多力勤的集约经营,提高挖掘土地的生产潜力;三是重视培育新品种,以适应各种生产条件的需要;四是引进海外新作物;五是向边疆与山区开发,利用以前未能或不能利用的土地。

明清时期经济出现新的变化。由于耕地缺乏,传统"男耕女织"的小农经济,仅靠男劳力从事粮食生产已难以养家糊口,因此,家中其他的劳动力都被调动起来从事副业生产——"以副补农"。传统的纺织业在一些地区从农家副业中分离出来,形成了独立的丝织业和棉织业。

由于上述的诸多努力,明清时期创造了以 9 亿亩耕地支撑着 4 亿人口生计的业绩,用仅占世界大约 7% 的耕地,供养超过 20% 人口。

第一节　自然环境

明清时期的自然条件不利于农业生产,主要表现在气候异常与灾害增加等方面。

一、气候异常

明清时期是中国历史上气候寒冷交替下的又一个寒冷期。据文献记载,严寒的天气在明代中叶就已经出现。《明史》记载从景泰四年(1453)至万历四十六年(1618)这 165 年中,曾有 8 年出现过低温严寒天气,人畜、鱼蚌、树木冻死者不计其数。17 世纪时,平均气温比现在低 2 摄氏度,吴存浩在《中国农业史》一书中称之为"近三千年来中国和北半球气候最为恶劣的时期",地处南方的大江、大河、湖泊经常出现封冻。在 1650—1700 年的 50 年中,"太湖、汉水和淮河均结冰 4 次,洞庭湖也结冰 3 次。鄱阳湖面积广大,位置靠南,也曾经结了冰。热带地区在这半世纪中,雪冰也极为频繁"。江西的橘园和柑园在 1654 年和 1676 年的两次寒潮中完全毁灭。《清史稿》记载从顺治九年(1652)至光绪二年(1876)的 200 多年中,低温严寒天气共有 40 年次。

总之,明清时期的气候在整体上处于寒冷期,低温对农业生产伤害很大,自然影响收成与农民的生活。

二、自然灾害增加

气候寒冷的同时,往往伴随其他灾害的发生,这一时期自然灾害频繁发生,表现出以下特点:

第一,自然灾害发生次数空前增多。闵宗殿根据对《明史》《明实录》《清史稿》《清实录》的统计,发现明清时期发生自然灾害次数之多、频率之高是空前的。明代发生的自然灾害为 5263 次,平均每年发生 19 次;清代发生的自然灾害为 6254 次,平均每年发生 23 次。其灾害发生次数和发生频率比以往任何一个历史时期都高。

第二,多种灾害同时出现。据统计,在明清时期的 543 年间,局部地区多灾并发十分频繁,共发生了 818 次,平均每年发生 1.5 次。其中,明代为 173 次,占 21%;清代为 645 次,占 79%。

第三,大范围灾害频繁出现。明清时期相比以往自然灾害不断增加的表现是大范围的灾害频繁出现。在灾害到来时,往往危及十几个、几十个甚至上百个州县。

第四,国家依赖的重要粮食产区东南地区为灾害多发中心。

第二节　社会与制度环境

一、人口与耕地关系趋于紧张

据历代官方统计中国的人口总数,即使是汉唐盛世,也没有超过 6000 万,其中最高时是西汉平帝元始二年,为 5900 多万。然而,进入明代以后,人口开始快速增加。史载明洪武十四年(1381 年)的人口已接近 6000 万;永乐元年(1403 年)时更是首次达到 66598337,自此以后人口数一直保持在 6000 万上下。到清代又突破这个数字,迅猛地增长起来。据闵宗殿的研究,中国人口突破 1 亿大关是在清康熙四十七年(1708)。乾隆六年(1741),据《清实录》记载,中国人口达 14000 万人;24 年后的乾隆三十年(1765),人口增加到 2 亿;到乾隆五十五年(1790),人口又增加到 3 亿;至道光十五年(1835)人口又猛增到 4 亿。人口增长快、耕地增长慢的结果是人均耕地迅速下降。明万历六年(1578 年),中国的人均耕地为 11.56 亩;到清乾隆三十二年(1767),中国的人均耕地为 3.72 亩,比万历六年时减少了 7.84 亩;到清嘉庆十七年(1812),中国的人均耕地为 2.19 亩,比乾隆三十二年时减少了 1.53 亩。如果从明万历六年算起,到清嘉庆十七年,中国的人均耕地减少了 9.37 亩,亦即减少了 81%,中国的人均耕地面积急剧下降。而人均耕地不足的矛盾问题在南方诸省尤为突出。

二、地权关系的演变：明代从分散到集中，清代则相对分散

经过元末农民战争对地主势力的打击，明前期农村中的土地占有关系与元代相比，发生了较大变化，自耕农及其占有的土地数量在增加，地主土地所有制在一定程度上被削弱，但是这种状况持续时间不长。从明中期起，随着地主特别是皇室、勋戚及缙绅特权大地主势力的扩张，大量自耕农及其他小土地所有者再次失去土地，地主土地所有制重新主宰了农村社会。土地兼并和集中的趋势从明中期到晚期不断发展，愈演愈烈，最终导致明末农民大起义的爆发和明王朝的覆灭。

清代在明末农民起义的冲击下，地权由集中转向分散。与明代相比，一直处于相对分散的形态。

（一）明代的地权关系

1.明前期是自耕农占主体的土地占有形式

明初，通过垦荒，大量农民获得土地，元末土地高度集中于元蒙贵族、官僚及富豪大地主的状况有了很大程度的改变。为了推进垦荒，明政府从一开始就强调垦出的荒田归耕者所有，并给予一定年限内免除赋役征派的优惠。洪武元年（1368），朱元璋在大赦天下诏中规定荒芜田土"许民垦辟为己业，免徭役三年"。洪武三年（1370年）与洪武二十八年（1395）又不断下诏，鼓励开荒，同时还尽力防富有者兼并多占田土，从而有利于普通人民通过垦荒成为自耕农小土地所有者。另外，通过移民屯垦，使得耕者有其田，让真正的劳动者有属于自己的土地。明前期六七十年间是自耕农经济发展的黄金时期。

2.明中期以后土地集中兼并盛行

明中期以后，土地兼并集中的发展是以皇室、勋戚及官僚缙绅特权大地主势力的膨胀为标志的。

明代，皇室占有皇庄（官庄），分封诸王、勋戚和依附于皇权的一部分权势宦官各有庄田，即所谓王府庄田（王庄）、勋戚庄田和宦官庄田。除贵族地主之外，各级现任及致仕回乡官员，其中取得了进士、举人、监生、贡生、生员资格的士人，也占有大量土地，成为缙绅地主。贵族地主和缙绅地主都是身份性的权势地主，拥有政治、经济上的种种特权。他们凭借其权势和特

权,巧取豪夺,是明代兼并土地最厉害、拥有土地最多的特权大地主集团。

在明代中后期的土地兼并中,地主中的一部分"素封"地主,他们财大气粗,也是不可忽视的力量。庶民地主势力有新的发展,主要是因为明中后期商品经济的发展和土地买卖的逐渐流行,也为一部分庶民富有者获得土地甚至获得较多的土地提供了更大的可能性。明中后期地主疯狂地兼并土地,是自耕农小土地所有者失地破产的主要原因,而国家繁苛的赋役征敛、吏治腐败以及贪官污吏的过分盘剥,则是促使小土地所有者加速破产的催化剂。

（二）清代的土地占有形式:中小地主和自耕农占主体

受明末农民大起义的冲击,清初的地权状况发生了很大的变化,由明中后期的高度集中变为相对分散,庶民中小地主和自耕农在新的土地占有关系格局中,占据了相当大的优势。虽然从康熙中晚期起,特别是到雍正乾隆时期以后,随着土地兼并的重新发展,清初的地权状况也逐渐发生变化,但是由于土地兼并集中的社会条件不同于明代,清前期地权集中发展的过程还是表现得比较缓慢,直到鸦片战争前,全国多数地区土地占有相对分散仍然是主流。

三、明清时期的租佃关系、地租定额与永佃化

（一）明清时期的租佃关系

明代,佃农的法律地位有所提高,人身自由有所发展,一般租佃制已成为农村中基本的剥削形式,但同时还存在着相当严重的依附农制度;特别是在明中后期,由于贵族和缙绅官僚特权大地主势力的扩张,依附农制度出现回潮,大量佃农又陷入了人身不自由之中。

清代前期,由于地主身份地位发生变化和佃农经济独立性增强,一般租佃制成为占主要地位的剥削方式,主佃关系逐步松弛。

（二）地租形式

明代是中国古代社会晚期地租形态发展演变的一个重要时期,特点有二:第一,虽然分成租仍是最普遍采用的地租形式,但定额租已经占有一定比例,并出现了货币地租的萌芽;第二,永佃制在明后期开始萌芽,在清代得

到广泛发展。

清前期地租形式最重要的变化是定额租取代分成租,成为占支配地位的地租形式。在定额租制下,地主一般不关心收成好坏,关心的只是规定的地租能否如数交清。至于佃农种什么、如何经营等,一般不加过问,所以佃农生产经营的独立性必然会增强,对地主的依附关系和受到的超经济强制会大大减弱,即主佃关系趋于松弛。

在清代,萌芽于明代的永佃制度在整个东南地区流行。在永佃制下的佃农对其佃耕的土地拥有永久使用权,这意味着土地的所有权和使用权分离,地主只拥有土地的所有权,而佃农则拥有使用权。佃农的这种权利并不因地主买卖土地而丧失,地主只能转移土地的所有权,即收租权,而不能同时转移不归地主所处置的使用权。土地的使用权可以由佃农自己买卖转让,地主同样不能干涉,即在永佃制下,地主只是掌握着土地的所有权而有权收租,至于由谁来耕种交租,他无权过问。这种制度在明代只存在于福建等个别省的个别地方,清前期则进一步在长江下游及整个东南地区流行起来;在广西、湖南的部分地区和北方直隶、河南、甘肃的某些地方,不同程度地有所表现。

四、赋税制度

(一)明朝的赋役赋税政策

1. 明初的赋役政策

明太祖朱元璋即位后对全国户口、土地进行了普查,并在普查基础上编制了黄册和鱼鳞册。

黄册又称赋役黄册,内容包括每户户主的姓名及其家庭丁口和土地财产情况。鱼鳞册是土地册,与以人户为经、土地为纬的黄册不同,鱼鳞册以田地为主、地域为经、人户为纬,业户各归其本区。册内按区详细地绘出每块田地的形状,标明其步亩、四至方位、质量高下及业主姓名,因所成图状似鱼鳞,故名"鱼鳞册"或"鱼鳞图册"。

黄册和鱼鳞册是明代赋役征发的基本依据,依靠基层组织——里、甲来征收。明朝基层设立里甲制度,将各地民户按里、甲组织起来。

　　明代的赋役征派包括田赋和徭役两个方面,田赋出于土地,按田地
"亩"派征;徭役出于户口人丁,按"户""丁"派征。明初田赋征收仍实行唐
宋时期以来的两税法,有夏税,有秋粮。夏税征麦,不超过八月;秋粮征米,
不超过次年二月。

　　明初所定田赋数额总的来说不算沉重,而且当时朱元璋建国以后,即着
手丈量土地,所丈量土地数量准确可靠,农民负担比较平均,数额也不算大。
但是明中期以后普通民众的田赋负担逐渐加重。究其原因,主要是土地开
始集中于少数人之手,大量自耕农和小土地所有者失地破产,赋役征发的基
础就动摇了。豪强富户大量隐瞒土地,可以凭借特权地位合法地免除某些
赋役。有能力的不承担或少承担国家赋役,没有能力的却承受着越来越沉
重的负担。其结果是加剧自耕农和小土地所有者的破产,使没有能力者更
加凄惨,被迫或者逃亡,或者投入大户荫庇之下,这导致明政府进一步失去
剥削的对象,形成恶性循环。作为赋役征派依据的黄册和鱼鳞册,到明中期
以后逐渐变得与实际情形差距愈来愈大,原本规定黄册十年一造只是虚应
差事,与实情完全不符,赋役征收完全失去其准绳。这种混乱的形成除与人
口变化等因素有关外,也与明中期以后国家行政能力减弱、吏治败坏有关。
为了改变这一局面,张居正总结当时各地的经验,开始进行赋役制度改革,
推行一条鞭法。

　　2. 一条鞭法

　　一条鞭法是嘉靖四十四年(1565)由浙江巡按庞尚鹏首创的,率先推行
于江南地区。后由海瑞推行于闽广,隆庆时江西又正式奏准实行。张居正
当政后,在全国推行的一条鞭法要点如下:(1)以州县为计算赋役的基本单
位,各州县算各州县的账,赋役总数不变化;(2)对过去田赋和徭役的多种
不同项目分别加以清理、合并,折成一个总的银数征收;(3)徭役折银后不
再有力差,政府需雇人充役;(4)赋役合并;(5)田赋的征收和解运由过去签
派民户改为官收官解。

　　一条鞭法改革是在大规模清丈全国土地的基础上进行的。这一改革使
国家增加了财政收入,在一定程度上均平了不同阶层的赋役负担,缓和了社
会矛盾。赋役征银既反映了商品货币经济的发展趋势,又反过来进一步促

进了商品货币经济的发展。雇役取代直接征发力役,说明农民对国家的人身依附关系有一定放松。这些都是顺应历史潮流的进步。在中国赋役史上,这也是继唐代两税法以后又一次重大的制度改革。但是,明后期党争激烈,朝政黑暗,社会矛盾尖锐,已经进入了一个治乱循环的朝代的末期,政策纵有千般好,人民实际得利难。一条鞭法实行十余年后,"规制顿紊",特别是万历末到崇祯时期,为了应付东北新兴的女真政权和镇压农民起义,明政府不得不先后在田赋中加征辽饷、剿饷和练饷等,增赋总额到崇祯末约达2000万两,进一步加剧了本来难以消除的内部矛盾,外患未除,内乱而至,明朝灭亡。

（二）清朝的赋役赋税政策

清初赋役制度仍沿明制实行地、丁分征,"有田则有赋,有丁则有役"。康熙五十一年(1712),鉴于丁银征收日益困难,且在民间造成极大苛扰,政府改行"滋生人丁,永不加赋",将征丁数额固定下来。雍正时期,进一步实行摊丁入地,取消了对人丁的征课。与丁银征收联系在一起的人丁编审制度,在"地丁合一"成为全国基本的赋税制度之后,于乾隆时明令废除。

1.清初的赋役征派基本抄袭明一条鞭法

顺治入关,豁除明季辽饷、剿饷、练饷加派,按照明万历旧额,于顺治年间编成《赋役全书》,总载地亩、人丁、赋税定额及荒、亡、开垦、招徕之数,颁示全国,作为赋役征派之依据。

清代田赋虽以征银为主,但也征收一定的米、麦、豆、草等实物。实物部分的田赋,主要是对山东、河南、江苏、安徽、江西、浙江、湖北、湖南八省征漕粮,每年共400万石,经由运河送至京通各仓,供京师王公百官俸米及八旗兵丁口粮等项之需。

清初的丁银征收极其混乱,主要原因是吏胥和地主豪绅转嫁负担,致使丁银征派贫富倒置,"素封之家多绝户,穷檐之内有赔丁"。穷苦之丁不堪编审派费和来自富者的负担转嫁,大量逃亡漏籍,而政府为保证征收额数,便以现丁包赔逃亡,即缺额由现有的非逃亡丁来顶数,从而引起了更大的混乱问题,既激化了社会阶级矛盾,也不利于国家的财政收入,因而在康熙五十一年(1712)实行改革。

2. 摊丁入亩

康熙五十一年(1712)，清政府规定以康熙五十年(1711)丁册所记的人丁数为准额，此后"滋生人丁永不加赋"，第二年以"万寿恩诏"的形式向全国发布。丁额的固定使丁银征数稳定下来，为摊丁入亩创造了条件。以后，随着征丁矛盾的发展，康熙五十五年(1716)，广东经清王朝批准，首先实行了全省摊丁。雍正前期，此项改革在各地区展开，从雍正元年到七年(1723—1729)，大多数省份相继改行新制。剩下来的个别省份和地区，除山西外，也于乾隆时期完成。唯山西摊丁于乾隆时起步，到光绪五年(1879)才完成。

第三节　土地资源利用进入深入发展阶段①

明清时期，人口政策的相对宽松，促进了人口不断增长，扩大耕地面积成为农业发展的主基调，方式有二：一是开垦边疆地区，二是开发内地原来开发力度不大的地区，使得耕地面积大为增加。现在的内蒙古自治区、新疆维吾尔自治区、东北地区成为新的农业区，两湖平原地区堤垸的建成，使得"湖广熟，天下足"开始流传；西部山区原有土地在美洲作物引进后，利用价值大为增加，耕地面积迅速增长，大大缓解了人多地少的矛盾。但是山区开发也造成了水土流失，水旱灾害增加，河道淤塞。不过在明代，这种淤积为两湖沿江平原地区围垦提供了便利。但是到了清代，河床抬高，雨季洪水常常泛滥成灾。

一、边疆的开垦

中原地区的土地已不敷利用所用，促使大量人口向边疆地区迁移。河北、山西、陕西农民走西口开发内蒙古，山东、河北、山西农民闯关东开发东北，甘肃、四川、陕西农民开发新疆，福建、广东农民赴台湾开垦。这些迁移人口形成一股汹涌的开发浪潮，使中国的边疆地区得到了空前大规模的开

---

① 本节和第四节主要参考闵宗殿：《中国农业通史(明清卷)》相关的章节。

发。边疆的开发,不但扩大了耕地面积,在一定程度上缓和了内地人多地少的矛盾,而且也使农业扩展到边疆,使边疆地区的土地资源得到了开发,并促进了当地经济的繁荣,并在军事上也起到了巩固边防的作用,加强了各民族之间的沟通、交流、融合和团结,影响是十分深远的。

（一）新疆维吾尔自治区的开垦

该地区的农业开发始于清代,出于稳定边疆的目的。康熙、雍正朝至乾隆二十五年(1760)以前,清政府为了巩固西北边防,打击盘踞于新疆的准噶尔分裂割据势力,开始在新疆进行屯田,其目的是为了"裕军需,省转输",以保障军队的粮秣供应。所以这一时期对新疆的开垦完全是军事性质的。当时主要是在北疆的巴里坤、哈密、吐鲁番、伊犁等地进行屯田,从事开垦的主要是派往当地驻扎的八旗和绿营军队。

乾隆二十二年(1757)以后,随着清政府对准噶尔割据势力的剪除和大小和卓叛乱的被平定,新疆形成了统一的局面。清政府为了巩固胜利和开发新疆,同时也从解决过快增长的人口对粮食的需求考虑,决定在原有军屯的基础上,再兴办民屯(含商屯)、回屯和旗屯,屯田活动因此在新疆迅速发展起来。

当时到新疆来屯垦的百姓,大多数是从邻近的甘肃省招募来的,主要在乌鲁木齐地区开垦。民屯的兴办,大大加快了新疆开垦的速度。到乾隆四十年(1775),新疆屯垦土地面积已达 1151800 亩,其中军屯为 288000 亩,回屯为 163800 亩,民屯为 700000 亩。民屯垦地是军屯的 2.4 倍,占总垦地数的 60%。嘉庆二十一年(1816),新疆兵屯垦地面积约为 171270 亩,民屯垦地面积上升为 750009 亩,民屯土地约为兵屯土地的 4.38 倍。这个数据说明,乾隆二十二年(1815)以后新疆屯垦发展之快,也说明民屯在开发新疆中所起的重要作用。

关于南疆的开发,林则徐在其中起了重要作用。道光二十四年(1844)林则徐被委派赴南疆实地勘垦的任务,他于道光二十五年(1845)开始对南疆各地进行履勘,南疆的垦殖活动就此迅速地发展。据统计,道光咸丰年间,南疆新垦的土地面积近 100 万亩,这一时期是自清以来南疆耕地面积发展最快的时期,农业经营在南疆各地得到进一步发展。

新疆开垦的结果,加速了人口增加的速度。以前新疆地广人稀,尤其是北疆一直以游牧业为主,大量的宜农地没有被开发用于种植业,南疆也只有为数很少的绿洲农业。经过清代的屯垦,大量的土地被开垦成农田。

与此同时,水利工程得到快速发展。干旱少雨是新疆气候的特点,要发展新疆的农业,必须开发人工灌溉。当时兴建的灌溉工程大致可以分为两类:一是引取河流泉水和湖泊水的明渠工程;二是引取地下水的"坎儿井"工程。

河渠灌溉工程主要分布于伊犁、乌鲁木齐、巴里坤、哈密、吐鲁番以及塔里木河流域。据《新疆图志·沟渠志》记载,到光绪末年,新疆各地共有干渠944条,支渠2332条,灌溉面积达1120万亩。

"坎儿井"类灌溉工程主要分布于吐鲁番盆地。据清人和瑛《三州辑略》记载,嘉庆十二年(1807)吐鲁番西二十里的雅尔湖地方已有"卡尔地二百五十一亩"。"卡尔"即"坎儿井","卡尔地"即用卡尔井水灌溉的农田。这是目前所知关于坎儿井的最早的文献记载。道光中期,坎儿井由雅尔湖推广到牙木什(即雅木什)地区,数量已达30余处。

整个新疆的开发,主要依托农业的兴起,促成了人口的增加和城市的繁荣。

（二）蒙古地区的开垦

清代蒙古地区的开垦主要在今天的内蒙古自治区境内,始于明末清初,主要是陕西、山西、河北的汉族贫苦农民迫于生计,而去口外垦荒,时人称之为"走西口"。

康熙年间在热河推广农业的过程中,因牧民不擅长农耕,于是放宽汉民进入蒙疆的限制,张家口一带涌入大量的汉族农民从事农业。

绥远归化(今呼和浩特)地区的开垦始于康熙中期,康熙三十三年(1694)开始在此实行军屯,地点是在大、小黑河流域。雍正末年和乾隆初年,归化城驻军都统丹津奏请将土默特境内闲旷膏腴之地作为官地,招民垦种,由地方征粮,以备军食。共垦地4万顷,征米12万仓石。

察哈尔地区是清朝的主要牧场。清初,在古北口到张家口一带已设有官庄,作为宗室和兵丁的庄田。同时,河北、山西的农民也进入察哈尔开垦。

雍正二年(1724),清政府专门划出察哈尔右翼四旗(即后来的丰镇厅)29700 余顷土地,招民垦种。至道光时期,东起热河,西至绥远,沿长城北边一线的荒地已被不同程度开垦用于种植。

在整个蒙古地区的开垦中,河套地区是开垦重点。河套地区是指今内蒙古自治区和宁夏回族自治区境内狼山和大青山以南、贺兰山以东黄河沿岸地区。历史上河套地区有过三次大的开发:第一次是在秦汉时期,第二次是在唐代,第三次便是在明清时期。就开发的规模而论,第三次开发要远超过前两次。

明清时期对河套地区的开发,主要措施是修渠,引黄灌溉。除了疏通此前的汉延渠、唐徕渠、汉伯渠、秦家渠和蜘蛛渠等古渠,又开凿了大小不等的新渠,如金积渠长度达 120 里,灌溉 30 万余亩地。据姚学镜《五原厅志略》载,到光绪宣统时期,河套地区直接从黄河引水的大小干渠就有 35 条,大者溉田千顷以上,小者溉田几十顷或上百顷,共灌田一万多顷。著名的河套八大渠,即永济(缠金)、刚济(刚目)、丰济(中和)、沙河(永和)、义和、通济、长济(长胜)、塔布河渠,在光绪末年全部建成,从而奠定了河套灌区的基础。

有人描写河套平原为"田畴被野,禾苗菁著,俨同内地"[1],俨然成为一个金谷飘香的大粮仓。

(三)东北地区的开发

明清时期,东北地区地旷人稀,土地农业开发程度相对中原来说很低。此时,中原地区由于人多地少的矛盾空前加剧,大量无地少地的农民急需土地谋生,遭灾后的饥民要寻地逃荒活命。于是地旷人稀的东北黑土地,便成了这些农民和饥民(当时称为流民)谋生的乐土。这块长期沉睡的荒原,终于随着成群结队流民的到来而被唤醒,被开垦成新的农区。东北地区的开垦,大致可以分为两个时期,即以军垦为主的明代和以民垦为主的清代。

---

[1] 王文景:《后套水利沿革》,中国人民政治协商会议巴彦淖尔盟委员会文史资料研究委员会编:《巴彦淖尔文史资料》第 5 辑,1985 年。

1. 明代东北地区的开垦

明初,军人进驻辽东,为了解决军队的军饷问题,让部分兵士进行临时性的屯垦耕种。洪武十五年(1382)正式实行屯田,抽调部分士兵进行专门屯种,从而揭开了大规模开发东北的序幕。随着屯田制度的建立,屯田面积不断扩大。洪武二十一年(1389),叶旺率领的明军"翦荆棘,立军府,抚辑军民,垦田万余顷"。洪武二十四年(1391),辽东屯田面积增至17000余顷,每年征收屯粮53万多石。永乐年间,辽东屯田进一步发展,屯田达到25300余顷,屯粮达716170石。明代辽东的屯垦曾兴盛一时,后因种种原因衰落了。

2. 清代东北地区的屯垦与开发

清代东北地区的开发经历了跌宕起伏的过程。顺治元年(1644年)清朝定都北京,八旗官兵"从龙入关",东北原有的都邑和村落遂尽行荒废,已垦的土地亦重现荒芜,从而造成了"荒域废堡,败瓦颓垣;沃野千里,有土无人"的凄凉景象。面对这一局面,重新开垦似乎是顺理成章之事,其中的辽东地区是满族发祥的"龙兴之地",开发辽东对增加清政府的财政收入、发展东北的经济,具有重要的意义。

清初政府为了解决劳动力不足的问题,在辽东一带"招民以辟土地,籍流徒以实边陲"①。顺治四年(1647),清政府派刘承义为锦州、宁远、广宁等处招民佐领,招民开垦,这是实现"招民以辟土地"的第一步;同时又采取"改流徒入籍"的措施,将因获罪而遣往关外的流犯变为官庄的庄丁,充作官庄的劳动力。当时流犯大多被发遣到开原附近的尚阳堡,因而锦州和开原便成了清初两个最早的农业开发点。

顺治十年(1653),清政府为了招聚更多的汉族农民到辽东开垦,颁布了《辽东招民授官例》,进一步推动了汉族农民出关开垦。这样,关内的大批农民开始大量流向辽东。从顺治十年到康熙七年(1668),奉天、锦州两府新增人丁达16643人;从康熙八年(1669)到十五年(1676),又新增10270人;开垦土地面积迅速增长,从顺治十八年(1661)到康熙二十四年(1685),

---

① 民国《奉天通志》卷二十八引《开原县志·民宦》。

奉天的耕地从 60933 亩增到 311750 亩,净增 250817 亩,即耕地增加了 4 倍多。

随着人口的增多和耕地的垦辟,辽东地区的州县设置也开始增加。不过,正当汉族农民大量出关,辽东开垦的速度加快之时,清政府突然于康熙七年下令废止《辽东招民授官例》,禁止汉族农民出关开垦;已在奉天境内的汉民,强令取保入籍;不愿入籍者,限期十年,勒令回原籍。乾隆时对东北又进一步采取了全面封禁的政策,规定禁止关内流民出关出口,"山海关、喜峰口及九处边门,皆令守边旗员和沿边州县严行禁阻";驱逐进入东北的流民,"凡非土著者,例逐之使归";变更流犯发遣地点,减少发往东北的流犯数量,"嗣后如满洲有犯法应发遣者,仍发黑龙江等处,其汉人犯发遣之罪者,应改发于各省烟瘴地方";增加东北民地田赋科则,"流民私垦地亩,于该处满洲生计大有妨碍,是以照内地赋则酌增,以杜汉民占种之弊",在经济上阻止流民进入东北。

但是中原流民不断冲破封禁,进入东北开垦。康熙五十一年(1712)仅山东一省破禁出关的农民就有 10 万多人。此时,清政府也只能默认农民出关谋生的权利,说:"伊等皆朕黎庶,既到口外种田生理,若不容留,令伊等何往?"特别是在遭水灾、旱灾时,清政府更无法阻拦大批饥民向关外逃荒谋生。明清政府从未考虑向境移民以解决内地农民生齿日繁,土地不足的矛盾。

与此同时,旗人亦需要汉人的帮助,也是"封禁"难以施行的原因之一。东北旗人大多惰于耕种,且不擅耕种,常将"份地"租给流民,以坐收地租,汉族流民因此在当地亦有安身之处。最后清政府不得不承认"查办流民一节,竟成具文",封禁宣告失败。

在关内汉族贫苦农民不顾封禁、不断出关开垦的压力下,清政府先是放开部分蒙地,以"借地安民",广大流民的开垦又成为合法行为,并将开垦地从辽东、吉林扩大到蒙地。到了清代后期,放垦蒙地的同时,东北全境开放,一方面与希望遏制日本与俄国势力渗透有关;另一方面,当时的清政府已处于债台高筑、财政破产的绝境,想通过放垦东北、收取押租,缓解财政危机。

由此,东北这块长期未曾适度利用的土地焕发了生机,也就成为日后粮豆生产基地,且至今依然是大粮仓。

(四)台湾地区的开发

在古代,台湾被称作夷洲和流求,很早以来台湾同大陆就有着密切的联系。三国时,吴王孙权在黄龙二年(230)派遣将军卫温、诸葛直率一万官兵"浮海求夷洲及亶州",这是大陆汉族人最早一次大规模移民台湾。不过,台湾真正的开发始于明末清初。明末福建人郑芝龙占据台湾,一部分跟随的移民至台湾本土,成为最早开发台湾的生力军。其子郑成功于1661年挥师进军台湾,将盘踞在台湾普罗文查城和热兰遮城的荷兰殖民主义者驱逐出境,于康熙元年(1662)2月1日收复了台湾。郑成功收复台湾后,十分重视土地的开发和农业的发展。

康熙二十二年(1683),郑克塽在清朝大兵压境的形势下,向清政府投降,从此实现了台湾与祖国大陆的统一。第二年,便废除了海禁,招徕大陆人民到台湾进行开发。当时福建、广东地区人稠地狭的矛盾问题已相当严重,在人口与土地的压力下,闽粤地区的贫苦农民大量涌向台湾,而台湾当时尚有不少土地未被开发和垦殖,可以吸收大量的人口前去开垦谋生。在这种压力和吸引力的相互作用下,清初便出现了一个移民台湾的高潮。

自康熙二十四年(1685)至嘉庆十六年(1811)的100多年中,台湾人口增加到了190万,这其中大部分是来自闽、粤二省的移民。这些人为台湾的开发提供了大量的劳动力,也带来了大陆的先进农业技术,台湾农业因此迅速发展起来。

台湾的中部和北部地区地势平坦,气候温暖,降水充足,适合水稻的生长。大陆精耕细作技术的传入,大大提高了当地的耕作栽培技术水平,因而水稻生产得到发展。嘉南平原由于多旱田,因而这里主要发展种蔗,熬制蔗糖。

二、内地的开垦

(一)两湖平原的开垦

长江中游宽广的两湖平原,北称江汉平原,南称洞庭湖平原。该区素为水乡泽国,农业生产以堤垸存在为生命线。堤垸的兴筑始于宋代,当地筑堤作围,外以挡水、内以围田形成的农田,两湖通称为垸田,形制与太湖地区的圩田相同,但其名称因地而异。因为宋元时期两湖平原地广人稀,限制了垸田的发展。明清两湖平原的开垦,原因有二:

一是元末动乱,江西人为躲避兵灾大批迁入两湖平原地区,改变了此前人口与劳动力缺少的问题。明洪武永乐年间,政府又组织"江右士庶"移民湖北。景泰五年(1454),由于灾荒,各处流民20多万,多转徙南阳唐、邓,湖广襄、樊、汉、沔之间逐食。这些地方地旷赋轻,是外地移民垦殖的理想之地。成化时期之后,外来"佃民估客,日益萃聚",于是垦湖淤地为垸田。

二是由于西部山区的开垦,唐宋时期由沼泽平原发展成为"西吞赤沙,南连青草,横亘七八百里"的汪洋大湖。景观逐渐发生改变,四水入湖之处亦洲渚增生,特别是在清前期,秦巴山区、湘鄂西山区、川东山地大量毁林开山,水土流失加重,泥沙被江汉水流带到两湖平原沉积起来。魏源在《湖广水利论》一文说,上游山区开垦后,"浮沙壅泥……随大雨倾泻而下,由山入溪,由溪达汉达江,由江、汉达湖,水去沙不去,遂为洲渚。洲渚日高,湖底日浅,近水居民,又从而圩之田之,而向日受水之区,十去其七八矣"。山区的开垦促使下游江湖淤积,间接造成堤垸增多,河湖淤地肥沃,成为外来人口围垦的好去处。明代万历时,江汉平原已不再是当年的沼泽地,而是肥沃平坦的土地。

明清时期两湖平原垸田的兴筑,促进了农业生产和商品粮基地的形成。民谚"湖广熟,天下足"在明代中期至清代中期广为流传,这与两湖平原垸田的发展过程是一致的,其主要表现在稻米作为商品粮及方便的水运交通。

但是这一过程并非一帆风顺,期间多有反复。如明末清初的战争,导致湖广地区"弥望千里,绝无人烟",两湖平原堤垸大多毁弃。清政府大力鼓励垦荒,荒芜的垸田才又得到了复垦。

然而明清时期特别是清中后期,两湖平原垸田过度膨胀,滥行开垦,导致水系紊乱,水面日蹙,水灾日益频繁。如江汉平原以乾隆五十三年(1788)荆州万城大堤溃决为转折标志,之后垸田区堤垸连年漫溃。嘉庆道光时期后"乃数十年中,告灾不辍,大湖南北,漂田舍、浸城市,请赈缓征无虚岁"。

因此,两湖平原围垦中的一个重大问题就是如何处理好人与水之间的关系。解决这个重大问题,既要做到"不与水争地",又要"不弃肥腴之壤"。过度盲目地围垦,产生了"人与水争地为利,水必与人争地为殃"的结果。然而一旦升平日久,户口殷繁,民艰于居食的问题就会产生,又必然围垦肥腴的淤土,不会看着肥沃的弃地与湖泊,不为所动。可以说,两湖平原围垦,是明清时期特别是清中后期人口过快增长的必然后果。但是必须有新的土地加入,才能满足人们对土地的需求。

明清时期两湖平原在人与生态环境关系紧张之时,曾经试图采取限制围垦、刨毁私垸、加强垸堤管理和疏浚水道等措施,以缓解矛盾。但是,由于开发水土资源的复杂性,及当时技术水平和社会条件的局限性,垦殖与蓄洪的矛盾、发展与灾害的矛盾仍然尖锐,这必然会影响两湖平原垸田经济的良性发展,到清代后期"湖广熟,天下足"就已经名实不符了,本地消耗已经难以照应其他地区。

两湖平原的开垦主要是利用上游淤积而形成农田,然而随着人口增长,上游的淤积并不会停止,而当地的人口增长趋势也不可能因势停止,因此,在人口、淤积、水流的出处,三者之间难以形成一个合理的平衡点,这就是矛盾的焦点之处。即使是寻找到了一个平衡点,但人口刚性增长机制也不会主动协调适应,形成合理的人地关系,而是会越过平衡点,很快进入到一个新的人多地少的局面,继续围垦。

（二）海涂的开垦

海涂是临海地区由于潮水而造成泥沙沉积后形成的浅海滩。低潮时,这些浅海滩较高的部分会露出海面,人们就加以开发利用。起初,土层含盐量特高,多被开辟为盐场。之后,地势逐渐淤高,经雨水不断淋洗,土地含盐量逐渐降低,这时通过修筑围堤,挡住海水,即可进行垦殖种植作物,这种农田称为涂田、海涂田、潮田、塗田等。

中国的海岸线曲折绵长,总长18000余公里。在人口增加的背景下,海涂资源开发势在必行。海涂开发利用的历史悠久,在人地关系紧张的明清时期尤甚。这一时期海涂利用,主要集中在苏北沿海、上海崇明岛及南汇嘴、浙东沿海、福建沿海及珠江三角洲滨海地区。

明清之际,滩涂土地资源的开发以发展粮食及经济作物生产为主。经过兴修水利工程,筑堤御潮,蓄淡洗盐,改良滨海盐碱地,从而引水种植水稻。棉花比较耐盐,适于沙土生长,经济作物以棉花种植最多。苏北的通州、海门厅,上海的崇明、川沙、南汇、奉贤,浙东的余姚等滨海沙地皆盛产棉花。这一种植结构一直延续到现代。随着海岸的变迁和海涂生态环境的改变,采用适宜的利用方式,可发展盐业、渔业、养殖业等。如淮南滨海地区,原来以从事盐业为主,明清时期由于海涂迅速淤涨,草滩日益发育,草荡地土性渐淡,盐产日减,在这种形势下,淮南利用盐场废灶兴垦增多。虽然朝廷屡禁垦殖,但终不能阻止这一趋势。而淮北有良好的晒盐生态环境,故淮盐北移,淮北晒盐日益兴盛,这就使苏北海涂开发利用的方式更趋合理。另外,海涂的开发也促进了沿海地区经济的发展,并为城市和对外贸易提供农产原料。虽然明清时期的海涂开发尚有局限和不足,但总的来说意义重大。

(三)丘陵山区的开发

在平原从事农业的优点众多,但是平原开发土地利用很容易趋于饱和,而中国国土中山丘面积广大,占全国土地总面积的三分之二,山区开发便成为焦点。在人口日益增加的背景下,明清时期以南方丘陵山区的开发规模最大,从河谷到山坡,从缓坡到陡坡,从浅山到深山,都大力推进开垦。开发渐趋深入,丘陵山区的土地资源得到较多的利用,使山区农业生产和农业经济有了较大的发展,但同时也造成了不小的生态问题。

明清时期,开发南方丘陵山区的原因主要有以下几点。第一,人口的增长需要开发更多的土地。第二,社会的固有矛盾迫使失地农民流入山区生活。第三,实行有利于山区垦殖的政策。明清两代皆颁布了一系列鼓励垦荒的政策,特别是清代开垦政策更加放宽。第四,玉米和甘薯等新作物的引进。这些美洲作物相对小米的耐旱性能有产量优势;相对小麦的高产性能有耐旱、耐贫瘠优势,因此迅速在一些地区替代了小米和小麦。

明清时期丘陵山区的开发以南方各省为最,其中又以鄂西、陕南、江西、云南等山区的开发最为引人注目。鄂西的荆襄地区,"地连数省,川陵延蔓,环数千里,山深地广",此地曾为"草木蒙密,人迹罕至"之地,经过明清两代的开发,改变了原来"林木盛,而禽兽多"的景象,成为"山尽开垦"的农作区。

陕南山区,北有秦岭,南有大巴山,中部镶嵌汉中、安康、商丹盆地,明代以前,陕南除汉中平原等地势平坦地区外,大部分地方保持原始的自然景观。明弘治年间,"河南、山西、山东、四川并陕西所属八府人民,或因避粮差,或因畏当军匠及因本处地方荒旱,俱各逃往汉中府地方金州等处居住",流民达 10 万以上。到嘉庆末年,陕南老林地区,"江、广、黔、楚、川、陕无业者侨寓其中以数百万计"。延至道光年间,有些地区十年前尽是老林,很快就已开空砍尽,可见当时开垦的烈度和深度之大。

云南是一个多民族的高原山区省份,其地形特征为"九分山,一分坝和水",明代在云南设置卫所,广开屯田,并移民垦殖,最初主要开垦平坝和河谷地区,山地亦有一些开辟,但利用较少。清雍正年间在云南大规模实施"改土归流"。山区"改土之初,地广人稀,除安插夷民外,留兵屯田并招募农民从事垦殖",从事开发的人员主要有军人、移民和当地人三类。史载清康雍以后,川、楚、粤、赣之汉族人来者渐多,其时江南一带的近湖泊之区已无插足余地,这些人业农则散于山岭间垦新地以自殖,伐木开径,渐成村落。其中汉人垦山为地,最初只选择那些肥沃之区,但是日久人口繁滋,于是沃土尽而改垦瘠薄之地,入山愈深,开辟也愈广。此时的作物新品种,特别是美洲作物,其生物学方面的特性具备了进入高山地区生长的特点,使得开发如鱼得水。云南部分地区如红河州、支河两岸一带,山间略为平广之地,可以引山水以灌田者,当地少数民族如哈尼族人,则垦之为田,随山屈曲,垄峻如梯,田小如瓦,远远望去,成为了壮观的梯田。① 这些梯田即为今天的山地稻作梯田。

明清时期对丘陵山区的垦殖,扩大了耕地面积,增加了粮食产量,发展了经济作物与经济林木,缓解了人口压力,缩小了与平原地区经济文化的差距。但是,所带来的负面影响也不少,主要表现在以下几点:

---

① 民国《广南县志·农政垦殖》,转引自闵宗殿:《中国农业通史·明清卷》,中国农业出版社 2016 年版,第 147 页。

一是表层沃土大量流失后,使地力下降,环境开始恶化。山区坡陡流急,雨水侵蚀力强,在植被被破坏的山区,表层土壤在下雨时容易被冲走,土壤变薄,甚至成为石山硗瘠之地,严重影响了农业生产的发展,造成山区日益贫困。这一状况在陕南山区表现得最为典型。

二是水旱灾害明显增加。因大量毁林种植,土壤涵养水分的能力全无,一遇暴雨,"山无茂木则过雨不留",引起山洪暴发,冲毁田地或堆沙于田。

三是淤积河道和湖泊。水土流失的大量泥沙,最终会流入下游低地,淤积到河道、湖泊和陂塘中,抬高了河床,使下游河道沙洲增多,减少了湖泊和陂塘的蓄水容积,加快了这些蓄水工程的堙废,并影响到平原地区的生产。典型的代表是长江上游地区,曾经可以有助于两湖平原的围垦,但是越过合理的度,就会变利为害,造成的水土流失会淤塞下游的江湖。荆江河床的抬高,洞庭湖淤积的加快,丹阳练湖、余杭南湖等的缩小和消亡,皆与大量垦山后加重水土流失有关。而河道浅窄,造成洪水泛滥,湖泊蓄水容积减少又使地区水旱灾害增多,从而影响了这些地区农业生产的健康发展。

第四节　水资源利用

一、治水

明清时期,黄河、淮河水患最为严重,政府不得不投入大量的财力物力用于治理。为了保障东南财赋之地,频繁地修筑海塘,改土工为石工,从而有效地捍御了海潮对农田的侵袭。沿长江中下游一带在前代时,已通过筑圩开河将河湖淤滩辟出不少沃土良田,明清时期继续开辟出大片圩田,同时对新老圩田的水患进行积极的治理。

(一)治黄治淮

南宋建炎二年(1128)冬天,为阻止金兵南进,东京留守杜充决开黄河南堤,河水自泗入淮,黄河主流河道南徙,开始了长达700余年黄河泛滥夺淮入海的流势。之后,由于治理不力,黄河在黄淮平原横冲直撞,大致以荥泽为顶点向东在今黄河和颍水之间呈扇形泛滥,灾患累及豫东南、鲁西南、鲁北和苏北广大地区。大片的沃野被流沙掩埋,土地普遍盐碱化,湖泊河流淤塞堙废,积水无出路,又造成一系列新的湖泊,使这里原来发达的农业经济一落千丈,形成了黄泛区。

淮河原来独流入海,是"四渎"之一,尾闾通畅,水旱灾害比较少。由于黄河夺淮入海,引起淮河水系的巨大变化,导致入海尾闾的不畅。明清时期治黄、治淮、治运纠缠在一起,治理起来十分复杂困难。

1.明代治黄治淮

明代治理黄、淮以保漕为目的,以治黄为中心。其治黄大致可以分为明初的"南北分流",弘治时期以后的"北堵南分",及明后期的"筑堤束水、独流入海"三个阶段。各阶段皆对淮河产生影响,致使对淮河也不得不进行治理。

明代采用"治黄保漕"的方针治理河道,虽然减少了一些决溢灾害,但因以保漕为主,故对黄淮地区的农业生产造成了不少负面影响。

一是耕地数量、质量大为下降。明前期黄河在淮河平原上进行分流,大片土地成为黄泛区,黄河水过后,土地沙化、碱化严重。

二是农业生产和农业经济大为凋敝。黄河夺淮以前,黄淮地区水旱灾害较少,故有"走千走万,不如淮河两岸"之谚,农作物以种植稻麦为主,可谓富庶之地。弘治七年(1494),黄河堵塞北流去路后,黄河由泗水东流入淮,加大了黄、淮、沂、泗四大水系行洪的矛盾。自此以后,淮安、扬州、凤阳、徐州等州县,"一望沮洳(泥沙),寸草不长"。黄淮地区水、旱、蝗灾频繁,加上劳民伤财的巨大河工,居民多溺死,或逃散,黄淮地区人口大量减少,农业生产和农业经济普遍凋敝,这种情况一直延续到清代。

2.清代治黄治淮

清代所需漕粮"仰给江南",因此治河、治淮以保漕为首要目的,主要采用"蓄清刷黄"和"分泄导淮"并重的治理方针。清代康、雍、乾时投入大量人力财力治理黄河、淮河、运河,所用治河官员较为得力,取得了较大的成效。但延及清代后期,因朝政渐坏,治黄治淮也流于敷衍。

(二)海塘修筑

中国东南沿海平原,为了防御海潮的侵袭,在唐宋时期已建成系统的海塘,其中尤以江浙海塘最为著名。明清时期,海塘修筑重点仍是江浙海塘。

江浙海塘全长 400 公里,分为江南海塘和浙西海塘两部分:江南海塘北自常熟福山口,南至金山金丝娘桥,长约 240 公里;浙西海塘自金丝娘桥至杭州狮子口,长 160 公里。

(三)圩区治理

明清时期,由于山地的普遍开垦,水土流失不断加剧,遂使长江中下游沿江滨湖地区淤滩洲渚不断出露,为占江围湖、开拓耕地创造了条件。在这一时期,江汉洞庭湖区、鄱阳湖区及皖北沿江一带的圩田皆急剧增加。为了防御大江大湖汛期的洪水,保护迅速发展的圩区以及解决圩内排涝和灌溉问题,不断对圩区水利进行整治。太湖地区和丹阳湖区是老水网圩区,明清时期治理活动频繁,更加重视圩区治理,取得了显著的技术成就。

二、水资源开发

明清时期的灌溉工程多为地方和民间自办,水资源开发的重点地区有畿辅和新疆地区,政府组织屯田水利,进行区域水资源的开发利用。

在地下水资源的开发利用方面也有新的进展,北方晋、秦、冀、豫、鲁五省初步形成了井灌区,坎儿井这一独特的水利工程在新疆有了较快的发展。

(一)畿辅水利

明清两代均建都北京,为了解决京师的供应问题,每年需从南方漕运大批的粮食,东南八省每年额定的漕粮为 400 万石。但漕运艰巨,"京仓一石之储,常糜数石之费"。为了减少对南方漕运的依赖,明清两代皆重视发展畿辅地区的农业生产,治理洪、涝、旱、碱,减少灾患,开渠修堤,引泉凿井,扩大水稻种植面积,提高作物产量。

由于独特的自然地理条件以及政府所采取的经济政策,明清时期畿辅地区在兴水利营田、利用水资源方面具有以下一些特点:(1)治水兴利,治水与治田相结合;(2)全面规划水利,广辟灌溉水源;(3)拓展水稻种植面积,不过发展过程中起落波动较大。

(二)华北的井灌

凿井灌田是开发利用地下水资源的方式,在地表水资源缺乏的北方地区尤为重要。尽管中国井灌历史悠久,但明代以前井灌"多在园圃",在大田中的应用比较少见。到了明清时期,华北地区旱灾频仍,人口与耕地的增加,农业生产和农业经济发展的需要,对水的利用需求极为迫切,开发地下水资源成为急需。正好华北地下水蕴藏丰富,埋深较浅,凿井灌溉费省工简,适于小农经营。

以黄淮海平原来说,该平原沉积了很厚的第四系含水岩系,地下有极好的含水层,地下水开采条件较好,促使了井灌的发展,并逐步形成大范围的井灌区,在北方灌溉事业中占据重要的地位。井灌区主要分布在华北的晋、秦、冀、豫、鲁五省,大致经明后期、清乾隆时期两次凿井高潮后初步形成。

明清时期华北井灌发展对农业生产的作用明显,增强了农业生产防旱的能力,促进了农作物产量的提高。凿井灌溉降低了地下水位,客观上还起到避免土壤盐碱化的作用。

(三)新疆水利

新疆属于典型的大陆性温带荒漠气候,灌溉水利尤为重要。新疆的水利建设还与边疆的治理密切相关。在用水方面,确立了依据纳粮地亩分配用水量的制度。

1. 清代新疆水利发展的特点与屯垦及军事行动密切相关

(1)灌溉水利的发展和屯垦的进展相一致。受自然条件的制约,新疆屯田必须兴修灌溉水利,"水利为屯政要务",农田水利也因屯田的需要而得到迅速发展,屯垦进展到何处,灌溉水利也兴修到何处,而且灌溉工程往往是屯垦的先导。

(2)水利发展与军政形势变化紧密相连。康熙雍正时期,因对准噶尔用兵,开始在新疆举办水利事业。嘉庆二十五年(1820),南疆叛乱,因此在南疆增驻军队,又开始兴修灌溉工程。

(3)确立了严格的平均分水制度。一方面,根据各用水单位所缴纳的粮额,将可用水量分配给各纳粮地亩,没有在册的荒地就没有灌溉水量,也不会有相应的水期。

2. 主要以河渠灌溉工程的发展为主

清代,新疆的灌渠工程主要分布于伊犁、乌鲁木齐、巴里坤、哈密、吐鲁番以及塔里木河流域一些地区。如在伊犁地区,以锡伯渠最为著名。乾隆二十九年(1764)从盛京抽调官兵连同家属共约 3000 人,在伊犁河南岸察布查尔一带驻防和屯垦,兴建了可以灌溉良田十万余亩的"锡伯新渠"。在哈密地区,雍正年间调官兵 2000 人在赛巴什湖开榆树沟等渠道,建闸蓄泄。道光年间修建了引山水的石城子渠。其中坎儿井是新疆的特色水利工程。

3. 坎儿井灌溉工程的发展

坎儿井是引取地下潜流进行自流灌溉的一种地下暗渠,一般由竖井、暗渠、明渠和涝坝四部分组成。竖井为开挖暗渠时定位、出土和通风,以及日后检查维修之用。由有经验的老匠人在山坡上找到水脉,先打一口竖井,待竖井中发现地下水后,就沿这一水脉的上游和下游,挖掘一连串的竖井,上游每隔 80—100 米一个,下游每隔 10—20 米一个,竖井的深度依山坡的斜度逐渐减低。暗渠是坎儿井的主体工程,其首段是引取地下水的部分,须在潜水位下面开挖,余为输水部分,在潜水位以上开挖。暗渠的纵坡,一般比地下潜流和地面坡降平缓。暗渠的出口称为龙口。龙口以下,接一段长几十米或几里的明渠。明渠末端,建有涝坝,用以蓄水,供灌溉和生活之用。吐鲁番地区是新疆兴修坎儿井最早、最多的地方。林则徐在吐鲁番了解坎儿井的优点后,开始着手修建,并推广到其他地区。

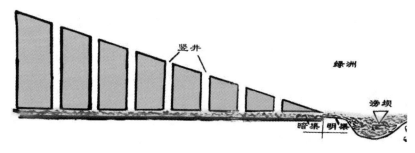

图 7-1 坎儿井工程示意图

第五节　农业技术

明清时期农业技术进步,主要体现在把前代已有的方法运用到极致,如对复种多熟制度的利用等。当然这一时期也有一些新的发明,如治蝗技术、家禽人工孵化技术,是这一时期农业科学技术发展的亮点。

一、作物种植技术

(一)复种技术与多熟种植

1. 复种技术

由于人口众多,土地不足,发源于战国秦汉时期的复种技术在明清时期得到广泛的应用,间作技术的运用也相当普遍,而套种技术更是如此。套种技术模式多种多样,有稻豆套种、麦棉套种、麦豆套种、麦子花生间的套种、粮肥套种等。

2. 多熟种植

(1)黄河流域广泛地实行二年三熟甚至一年两熟的多熟种植。多熟种植的推广,是明清时期农业的重要特点之一。这一时期,不论南方还是北方,复种指数都有不同程度的提高,当然这主要是在运用于中国中部、东部、东南部地区,即黄河中下游、长江中下游和珠江流域等,因为在这些地区人多地少的矛盾比较突出,所以多熟种植也比较发达盛行。如黄河流域偏南的地区山东沂水,采取出麦子—豆—秋杂粮二年三熟种植;山东登州采取黍—麦—豆二年三熟种植。

在气候偏暖、作物生长期相对较长的地区,则采用一年二熟制。例如:(山东平度)割麦种豆,岁再获。(山东日照)获稻毕,速耕,多送粪,种麦;割麦以后……又须趁雨种豆。(河南桐柏)立秋后始收早谷……寒露前后,晚谷亦已获殆矣……立冬麦种毕。(陕西汉南)城固县,农一岁两获。(陕西咸阳)东南、正南地沃饶,农民于麦收后,复种秋谷,可望两收。这些记载表明,黄河流域部分地区也有一年二熟制的存在,只是各地的种植形式、作物种类不同而已。为了提高土地的利用率、增加产量,乾隆时《修齐直指》作者杨屾的学生齐倬采用间套技术,设计了一年三收和二年十三收的多熟种植方法,堪称奇迹。

(2)长江流域的一年二熟制。长江流域一年二熟制的种植方式主要有两种:一是水稻与旱作的复种制;二是双季稻种植制。

水稻与旱作的复种制,包括"稻—麦""稻—豆""稻—菜""稻—草"等多种复种形式,其中又以"稻—麦""稻—豆"的复种制为主。这种复种形式,主要是利用秋后稻田的空闲时间进行复种,在冬闲时冬作,以提高稻田的土地利用率。这是一种水旱轮作方式,因为水田与旱地交叉进行,轮换之间,彻底改变了依赖旱地与水田的害虫的生存环境,病虫害大幅度减轻,生态效益明显。

还有一种一年两熟制是双季稻种植制。明代宋应星《天工开物·乃粒》中"南方平原,田多一岁两栽、两获者"的记载表明,明末时双季稻在南方已有较大发展。种植最多的是江西,遍及全省,几乎都是连作稻,是长江流域双季稻最发达的省份。安徽、湖南、湖北也有双季稻,但不如江西普遍。双季稻的种植,理论上使土地利用率提高了一倍,但当时双季晚稻的产量并不高。

长江流域除一年二熟制以外,个别地区也有一年三熟制。例如同治《江夏县志·风俗志·农事》载:"早秧于割麦后即插,六月半获之。插晚秧于获早谷后,仲秋时获之。"这是一种"稻—稻—麦"一年三熟制。不过这只是个别的例子。

(3)珠江流域包括广东、广西二省和福建(包括台湾)的一年二熟制、一年三熟制。这一区域地处南亚热带,气候炎热,降水充沛,四季宜农,自然条件很适合多熟种植。明清时期,一方面这一地区人口增长很快,人多地少的矛盾也相当突出,为了获得更多的粮食,便提高复种指数,进行多熟种植;另一方面,这一地区年平均气温高,一年之中适宜于农作物生长的时间长,有利于多熟制度实施,并成为这一地区解决人多地少矛盾的一项重要措施。

珠江流域一年二熟种植有着悠久的历史,东汉时期这里便是中国双季稻的发祥地。明清时期这一地区的一年二熟制和长江流域一样,有连作、间作、混作。

在普及二熟制的同时,珠江流域、福建(包括台湾)又发展了一年三熟制。基本形式是二季稻加一季冬作,也有连续种三季稻的。这种种植制度在福建、两广都存在,但不普及,只存在于个别地区。如雍正九年《广东通志》卷五十三记载:"再熟其常,三熟其偶,盖春熟即不及春种也。"

（二）耕作技术创新

耕作上出现了浅耕灭茬。明清时期一年二熟制和二年三熟制得到较大推广，耕作上出现了复耕和秋耕。夏秋时期，北方的气温还较高，庄稼收割以后，残茬留在地里，很容易跑墒。根据这一特点，当时便创造了一种"初耕宜浅，破皮掩草，次耕渐深，见泥除根""转耕勿动生土，频耖毋留纤草"的"浅—深—浅"耕法，亦即浅耕灭茬。

（三）施肥技术进步

1. 重视基肥

明代袁黄在《宝坻劝农书》中首先提出了"垫底"和"接力"的施肥概念。他说："用粪时候亦有不同，用之于未种之先，谓之垫底；用之于既种之后，谓之接力。"垫底与接力，即现在的基肥与追肥的概念。

清代的杨屾及其学生郑世铎在《知本提纲》中进一步阐发了这种观点，"用粪贵培其原，必于白地未种之先，早布粪壤；务令粪气滋化，和合土气，是谓胎肥。"胎肥即是基肥。明末《沈氏农书》也提出要重视基肥，认为："凡种田总不出'粪多力勤'四字，而垫底尤为紧要。垫底多则虽遇大水，而苗肯参长浮面，不致淹没；遇旱年虽种迟，易于发作。"这就是说，施基肥还有抗御水旱灾害的作用。

2. 看苗施肥

看苗施肥技术首先应用在太湖地区的水稻栽培。《沈氏农书》记载："盖田上生活，百凡容易，只有接力一壅，须相其时候，察其颜色，为农家最要紧机关。无力之家，既苦少壅薄收；粪多之家，每患过肥谷秕。究其根源，总为壅嫩苗之故。"文中的"相其时候"与"察其颜色"，就是通过查看作物生长的发育阶段和营养状况，决定施加追肥与否，也就是看苗施肥技术。

3. 广辟肥源并对肥料进行加工处理

由于明清时期的人口压力，开辟肥源显得比以前更加迫切，肥料种类也迅速增加。据闵宗殿统计，明清时期肥料已多达130种，比宋元时期增加了近两倍。仅《知本提纲》中记载陕西关中地区所用的肥料，就达10类32种，而《徐光启手迹·广粪壤》中记载的肥料名称达83种之多。其中增加最多的是饼肥、绿肥、无机肥等肥料。

　　明清时期还特别注意强调利用养猪来积肥。随着人地关系越来越紧张,北方养猪改散养为圈养,同时在圈内垫土,与猪的粪便结合,扩大积肥量。南方则通过猪圈垫灰、草的办法增加积肥。

(四)虫害防治技术

1. 治蝗技术

　　中国自古以来对治蝗都十分重视,并创造了不少治蝗的方法。但是明清之前对蝗虫的生活规律、孳生地等都缺少清楚的认识和研究,因而采取的防范措施总是不到位。及至明清时有所改变,开始注意到问题的根本,并采取了相应的措施,使这一时期的治蝗技术有了突破性的进步。这主要体现在明代著名的农业科学家徐光启所著《除蝗疏》中。徐光启开启了统计学分析方法,统计了春秋时期至元代2000年间发生的111次重大蝗灾的发生时间,第一次指明了蝗虫"最盛于夏秋之间,与百谷长养成熟之时正相值也,故为害最广"。他在《除蝗疏》中研究了蝗虫的生活史。关于如何对付蝗虫,他提出若干措施:其一,消灭蝗虫孳生地;其二,根据蝗虫生长发育的不同时期,采用不同手段人工捕杀;其三,兼种蝗虫不喜食的作物,如绿豆、豌豆、豇豆、大麻、苘麻、芝麻、薯蓣等;其四,在谷物上洒草灰、石灰,蝗即不食;其五,人工驱逐,用长竿挂红白衣裙或用鸟铳轰击;其六,改旱田为水田;其七,推行秋耕,使"蝗蝻遗种,翻覆坏尽,次年所种必盛于常禾"。这是一套标本兼治的综合防治措施,对当时及后来有效解决蝗虫的危害都有很大的帮助。

　　明代还发明了养鸭治蝗技术。这是继晋代创造黄猄蚁防蠹后,在生物防治病虫害方面的又一创举。由陈经纶于万历二十五年(1597)受鹭鸟喜食鱼子的启发而创造,经试验效果很好,使用"四十之鸭,可治四万之蝗"[1]。清代用这一方法在稻田治蝗上也获得了成功。

　　清代对治蝗方面,亦有新发明和新创造,主要有:(1)新发现蝗虫不喜食的作物,如棉花、苦荞麦、荞麦、芋头、马铃薯、红薯、黄豆、黑豆等。(2)对于捕蝗的最佳时间有了新的发现,创造了"相时捕蝗法":"捕蝗每日惟有三

---

[1]　陈世元:《治蝗传习录》。

时。五更至黎明,蝗聚禾稍,露浸翅重,不能飞起,此时扑捕为上策。又午间交对不飞,日落时蝗聚不飞,捕之皆不可失时,否则无功。"(3)在围捕飞蝗的方法上也有创新,创造了布围之法、人穿之法、刨坑之法、火攻之法等捕杀方法。

2. 其他虫害防治技术

据文献记载,明清时期,除蝗虫外,还对螟虫、黏虫、稻苞虫、浮尘子、稻飞虱、地蚕、蚜虫、微虫、铃虫、花蛾等多种大田农作物害虫,有了一定的防治方法。

(五)盐碱地改良技术

历史上不乏"化斥卤为良田"的事例。但是所用的办法不外引水洗盐、放淤压盐和种稻洗盐等几种边生产边改良的办法,很少能从根本上解决问题。到了明清两代,盐碱地改良技术也随着生齿日繁、农民千方百计地开发耕地而大量运用起来。

1. 利用原有的种稻洗盐技术

明万历时保定巡抚汪应蛟在葛沽、白塘一带改良盐碱土,垦田五千余亩,其中十分之四是稻田,当年"亩收至四、五石",比原来"亩收不过一、二斗"提高了几十倍。同一时期宝坻知县袁黄,利用沟洫条田的办法,在当地教农民先种水稗后种水稻,改良盐土,也获得了成功。

清代天津总兵官蓝理,引海河水围垦稻田二万余顷,亩收三四石。雍正时又在宁河围垦,使这一地区"泻卤渐成膏腴"。咸丰时僧格林沁在大沽、海口一带兴办水田,开垦稻田四千二百余亩,也使斥卤之区变成沃壤。可见种稻洗盐这一方法在明清时期一直受到人们的重视,并在改良盐碱土中取得了明显的效果。

2. 新的盐碱地改良方法

(1)种树治盐。见于道光十八年(1838)《观城县志·治碱》,当时使用种树治盐的技术,而且在树种选择、栽种技术、管理措施等方面,都积累了不少经验,以利更好地治理盐碱。

(2)深翻窝盐。这是利用深耕或深翻破坏盐碱土的盐根层以提高淋盐效果,并以下层的土壤来改良表上的治盐技术。清代地方志都记有这种治盐碱方法,而且效果都相当显著。

（3）绿肥治盐。据《增订教稼书》记载,绿肥治盐是在无水种稻的地方先种苜蓿,四年后犁去其根,改种五谷、蔬果,作物长势非常好。乾隆四十三年(1778)《济宁州志》,道光二十一年(1840)《扶沟县志》和道光十八年(1838)《观城县志》等都有类似的记载,说明清代中叶已有不少地区使用了绿肥治盐。

（六）冷浸田的改良和利用

一般说来冷浸田属酸性土壤,土温较低,而且缺乏磷钾等元素,自然种植作物后产量低。通过采取施用石灰、骨灰、草木灰等肥料,可以中和酸性,补充磷、钾等元素,还可以疏松土壤。薰土、烤田和冬季放水浸田,均可提高地温,改良土壤耕性。宋代陈旉提出了使用深耕冻垡、熏土暖田的办法改良冷浸田。到明清时期这一技术又有较大的发展,除继续采用火烧暖土的措施外,还采用施石灰、煤灰、骨灰和烤田及放水浸田等方法。

施用石灰的方法记载见于湖南《黔阳县志》、广东《(道光)长宁县志》、《(道光)廉州府志》、江西《建昌县乡土志》等。广东《兴宁县志》记载了用骨灰蘸秧根以适应冷浸田的栽培方法。湖南《宁乡县志》除介绍用石灰、麻菇、桐菇及牛骨灰施于田中以改良冷浸田的方法外,还主张田中蓄水。明代《菽园杂记》记载了浙江新昌用烤田的方法改良冷浸田。

在这一时期,甘肃砂田既抗低温又抗盐碱。砂田主要分布在以兰州为中心的陇中地区,约占全区耕地面积的百分之七八。该地区年降雨量300毫米左右,蒸发量却在1500—1800毫米,无霜期约150天,气温偏低,温差很大,作物生育期短,水资源不足,而且地下水含碱成分高,不利于作物正常生长。当地的人们在明朝中晚期创造了在地上铺砂石子种植作物的土地利用形式,是极为特殊的覆盖栽培措施。铺砂可以起到蓄水保墒、减轻干旱、抑制蒸发、控制泛碱、提高土温的作用,在年降水量仅二三百毫米的干旱条件下夺取丰收。

二、动物养殖技术

（一）家禽人工孵化技术进步

人工孵化技术出现于宋代,到明清时期进一步发展成炕孵、缸孵、桶孵三大孵法,至此,中国传统的人工孵化技术便完全形成;与此同时,还出现了看胎施温技术和嘌蛋技术。

1. 炕孵法

炕孵法主要流行于华北地区,它是由土炕发展而来的。明代《物理小识》对炕孵法有如下记载:"养湖鸭者,砌土池,置千卵,而以粟火温其外,时至则出。"这段记述缺少操作的技术细节。清代《豳风广义》中对炕孵法进行了详细的记载。

2. 缸孵法

这种孵化法主要流行于江浙地区,用缸孵,首见于清代《哺记》。该书是作者黄百家在康熙年间调查哺坊以后写成的,记述得十分具体。

3. 桶孵法

桶孵法首见于清代《治蝗传习录》,流行于闽广地区。

4. 看胎施温

这是根据家禽胚胎发育的过程及其所需的条件来提高禽蛋孵化率的一种技术。对于家禽的孵化期,明代以前人们早有观察和认识,但对胚胎发育全过程的观察、了解以及掌握,还未见有记载。到了清代,黄百家在《哺记》一书中开始有了记载,方法是"尽塞其室,穴壁一孔,以卵映之",即利用一个暗室,凿一小口,让阳光透进,利用阳光照蛋,以观察胚胎发育的情况。

5. 嘌蛋技术

嘌蛋是一种将孵化后期的禽蛋长途运送,在抵达目的地时生雏,完成孵化全程的方法。这种方法具有运输量大、体积小、成本低、孵化率不受影响、育雏率高、避免出现运输小鸭过程中容易死亡等优点。这一技术首见于清代《五山志林》中,其曰:"火焙鸭……所鬻贩有远近,计其地里而予之,或三四日,或十数日,必俟到其地,乃破壳而出,真神巧也。"民国《合浦县志》对此亦有记载:"当春季时,业贩鸭者,辄于鸭卵将孵化以前,即藏之篓中,挑往上八团各墟场,既至则可得鸭雏出售矣。"这种方法是建立在掌握家禽胚胎发育规律的基础上,充分反映了明清时期家禽人工孵化技术的进步。

（二）畜禽远缘杂交的发展

远缘杂交在明清时期，又有新的内容，出现了包括犏牛、矍夷鸡、半番鸭、夜游鸽等新内容。

1.牦牛和黄牛杂交产生犏牛

犏牛性格之温顺、产乳量之高、肉味之美、毛之软长、耐役能力之强及对气候变化的适应性，均远胜于牦牛。犏牛可与骡比美，它的出现，是藏族先民对动物远缘杂交优势利用方面的一大创造。据藏文文献记载，约在公元6世纪雅隆部落第三代首领达布聂塞定居清哇达孜官堡时，雅隆居民已养骡子、犏牛等杂交畜种。犏牛的育成，当在这以前。在中原地区，唐人著述中始见犏牛的记载，如颜师古注《汉书·司马相如传》上林赋中，认为牦牛即犏牛。可见汉唐时期虽知犏牛此物，对其为牦牛与黄牛杂交后代尚不甚了解。中原人对犏牛有进一步认识，应为明清时代。明代《水东日记》有"牦牛与黄牛合，则生犏牛"的记载。清代《三农纪》对犏牛的形态已有清楚的说明："犏牛身壮，毛长，头若牻（黄牛），形若犋（水牛），色有黄、白、黑、斑，大者重四五百斤，土人解食以当饭，呼为菜牛。肉可干为末，作餱粮，收乳可造酥。"

2.家禽远缘杂交育种

家禽的远缘杂交育种在清代时亦已见于记载。清嘉庆《札朴》说："矍夷地方有野鸡，小于家鸡，能飞声短。捕其雄，与家鸡交，抱出雏，体大而声清，呼为矍夷鸡，其距长寸许。"嘉庆《滇海虞衡志》也谈到了这种"鸡身而凫脚，鸣声无昼夜"的"矍夷鸡"，实际上是家鸡与野鸡的杂交种。

另外，《闽产录异》卷五记载有一种鸭，名叫"半番"，形体小于番鸭而不能抱卵，即不能繁殖后代。"半番"实际上是雄番鸭与雌菜鸭杂交所产生的后代。番鸭，又名香鹑雁、麝香鸭、红嘴雁，与一般家鸭同属不同种。番鸭原产于中南美洲热带地区。

此外，清代《鸽经》中记有一种名叫"夜游"的家鸽，这种家鸽即是用信鸽和鸠杂交而成的。书中说"凡鸟皆夜栖，惟此种夜间能视，故名……按夜游原无种，信鸽同鸠哺子，即能夜飞。昔人悬哨者，此种。"鸽与鸠显然属于远缘关系。由此可见，明清时代，远缘杂交的技术在畜与禽的繁育中均有应用。

(三)兽医技术进步

在中国古代,马对国家的重要性不言而喻,马病的防治,自然居于重要的地位。马病防治技术发展在明代万历年间达到高峰,杨时乔《马书》和喻本元、喻本亨兄弟的《元亨疗马集》的问世,便是这个高峰的具体反映。清初,由于清政府禁止内地汉人养马,马病学的发展因此受到了严重的影响。但由于发展农耕需要耕牛,以及农区养猪、养禽业的发展,中兽医的治疗对象扩大,从此前的马扩展到牛、猪等家畜和鸡、鸭等家禽方面,有关的兽医著述如《养耕集》《牛医金鉴》《抱犊集》《活兽慈舟》《大武经》《猪经大全》相继问世,具体反映了中兽医技术在明清时期发展的趋势。明清时期中兽医技术的发展,具体主要表现在诊断学、症候学和针灸等方面。

1. 诊断学的重大发展——脉色论的形成

兽医采用的望、闻、问、切四种方法,到了明代形成了"脉色论",通过望形、察色,结合辨证论治来诊断兽病。"脉色论"在明代的《马书》《牛书》《元亨疗马集》等兽医著作中都已有记载,表明"脉色论"到明代已经形成。

2. 症候学的成就——"七十二大症"

"七十二大症"包括七十二种常见的难治病症,故名。它是喻氏兄弟在继承前人经验的基础上发展而成的。它对每一症都指明其病因和病机,对其症候群的特点均有详尽的描述,特别是症状相同时,能指出其区别的要点,这是中兽医辨证论治成败的关键。有关这种类症鉴别的充分发展,使七十二大症治疗有了科学的辨证基础,也使它在中兽医治疗学的发展过程中成为杰作。

3. 兽医针灸

明清时期,兽医针灸有明显发展,马体针灸穴位已扩大到360个。牛体针灸在17世纪以前只有《针牛穴法名图》中有记载,记有32个穴位名,但位置标得并不准确。到18世纪,牛体针灸有了明显发展,《养耕集》中列有牛体穴位78—80个,并对各穴位置和主治病症均有明确记载。

与此同时,还出现了较为先进的火针法。即银针用火烧后,再用针针灸,治疗效果更好。另外,当时还把针刺疗法用于治疗鸡鸭鹅瘟病。《三农纪》认为凡鸭"雏发风,头施以磁锋,刺其胫掌,即愈"。说明针灸技术在明清时期不仅有所发展,而且已应用到禽病的防治中。

(四)水产养殖技术的进步

明清时期,随着城镇对水产品需求的数量日益增长,水产养殖业的发展十分迅速。淡水养鱼技术有很大的进步,体现在水体的综合利用和精养水平的提高等方面。青、草、鲢、鳙的养殖方法更加完善,出现了黄省曾等养鱼专家,并在选种、择地、筑池、养法、饲料、祛病、防害等方面形成了一套科学的养鱼理论。

明清时期海水养殖技术也远远超过宋元时期,尤以闽、粤等省发展迅速,贝类养殖已相当发达。

1. 多鱼种混养技术的普及

明清时期多鱼种混养技术出现了新进步。混养最初出现在宋代,主要是草鱼和鲢鱼混养。随着养殖技术的提高,明清时期逐步发展成多鱼种的混养。各地自然条件、市场要求及经济技术水平不同,混养的方式也不同,但是都注意到上、中、下和底层鱼类的适当搭配。混养的鱼有青、草、鲢、鳙、鲤、鲮、鳊等,但草、鲢混养奠定了中国家鱼混养的基础。

2. 鱼池建造规则

黄省曾在《养鱼经》指出了建池的若干原则,强调池不宜太深,深则水冷,鱼不易生长,要"有洲岛环转,则易长。""树楝木,则落子池中可以饱鱼。树葡萄架子于上,可以免鸟粪。种芙蓉岸周,可以辟水獭。""池之正北浚宜特深,鱼必聚焉,则三面有日而易长。"

3. 海水养殖业技术提高

这一时期海水养殖水产种类增多,面积扩大,且呈现一定的规模。其中尤以浙、闽、粤等地养殖的牡蛎、蛏、蚶、紫菜等贝、藻类发展迅速。海水养殖技术也在不断提高,如牡蛎已由宋代插竹养蛎发展至投石养蠓,鲻鱼收苗已注意与鲈鱼苗区别开来。

第六节　国外作物的引进及中国
动植物品种外传

明清时期,随着新大陆的发现,中外交流比以前更加方便。西方至远东航路开辟的同时,西方殖民主义者向东南亚及远东开始扩张;同时,中国在明嘉靖时期以后海禁松弛,为东西方的贸易、文化交流打开了方便之门,迎来了继汉、唐以后中西物质文化交流的第三个高潮。明清时期的中西农业文化交流,主要是美洲作物的引进与中国本土物种的外传。

一、国外作物的引进

明清时期从国外大约引进了 30 种作物,其中主要是美洲作物,包括粮食作物、油料作物、纤维作物、兴奋作物、果树、蔬菜六大类。美洲是重要的农业起源中心,当地居民驯化了大量的作物,但是由于此前与欧亚大陆长时间相互隔绝,无法了交流与传播,至哥伦布到达美洲以后,美洲作物才开始向欧亚大陆传播,进而传播到中国,对丰富中国人的餐桌、解决粮食不足的问题产生了巨大的促进作用。这一时期由美洲传入中国的作物有玉米、番薯、马铃薯、向日葵、番茄、辣椒、包菜、四季豆、南瓜、花生、烟草、番木瓜、菠萝、番荔枝、番石榴。除此之外,还有源自欧洲荷兰的荷兰豆、西洋菜,源自印度、缅甸、马来群岛的芒果。

明清时期的国外作物传入中国,对中国农业产生了巨大的积极作用,具体有以下几点:

1. 拓展土地利用的时间与空间

国外作物中的美洲作物具有耐贫瘠的特点,使以前不能耕种的土地得到利用,从而增加了粮食产量,对明清时期中国粮食供应紧张状况起了重要的缓解作用,当然也间接促进了人口迅速增长。

2. 对蔬菜夏缺起到缓解作用

在此前中国蔬菜的品种组合中,夏季的蔬菜品种相对不多,故常出现缺菜的现象。此时所引进的作物中,有不少是夏季的主要蔬菜,如番茄、辣椒、甘蓝、菜豆、荷兰豆、花菜等,缓解了此前夏季蔬菜品种单一的矛盾,奠定了中国夏季蔬菜以瓜、茄、菜、豆为主的格局。

3.增加复种轮作时作物的选择空间

中国古代提高土地利用率的方式主要有复种制、轮作复种制、间作套种制及混作制等几种形式。美洲作物传入后,丰富了中国多熟种植和间作套种的内容。例如,在四川地区流行油菜与甘薯、玉米与花生、玉米与辣椒的间作;在华南地区盛行棉花与玉米、棉花与甘薯的间作;玉米与冬小麦的套作是中国北方平原灌溉地区的主要种植方式,其次有玉米与春小麦、大麦、豌豆等的套作,稻—薯套种,玉米与大豆间作,玉米与马铃薯、蚕豆、油菜等间作。

4.扩大了中国植物油生产的原料来源

明代以前,中国生产植物油的原料主要是芝麻、大豆、油菜、亚麻。明清时期,花生和向日葵的传入,为中国的油料食物的生产增添了新的原料来源。

5.改变了饮食风格,嗜辣成为一道新风景

中国人的饮食主要以素食为主,植物性食品占主体,长吃生厌,所以形成了菜与饭相结合的饮食组合。其中,菜是为了方便下饭,便于吃下主食,虽然饥饿是最好的调味品,但是毕竟是下策,人们便寻找调味刺激物。在辣椒传入之前,中国主要用花椒做烹饪调味,味道以麻为主,显然花椒没有辣椒调味的价值大。所以当辣椒传入以后,其独特的品质,既可消除潮湿,又可刺激食欲,迅速成为饮食中的主打调味品。两湖、云南、贵州、四川等地的菜品,无辣不食,四川湖南等地戏称有"辣不怕""不怕辣""怕不辣"的三种嗜辣现象,形成了以辣为特色的饮食风格。

6.吸烟渐渐成为新的提神剂

在明代以前,中国的提神类作物只有茶叶一项,明代末年烟草传入后,使中国又多了一种提神类作物。烟草传入之初,只是作为药物利用,到清初,烟草便渐渐变成了"坐雨闲窗,饭余散步,可以遣寂除烦;挥尘闲吟,篝灯夜读,可以远辟睡魔;醉筵醒客,夜语篷窗,可以佐欢解渴"的提神剂和消遣品。

二、中国的动植物品种向国外传播

在中国引进外来作物的同时，我们本土的动植物物种也不断被其他国家引进利用，主要有大豆、茶叶、猕猴桃、柑橘、猪、鸡等，对外国农业发展作出了重要贡献。

（一）使国外农业增加了许多新的物种和品种

油料作物中的大豆，水果中的猕猴桃、柑橘，饮料中的茶，木本油料中的油桐，花卉中的月季、蔷薇、杜鹃、山茶，树木中的珙桐、榆树，家畜中的广东猪，家禽中的九斤黄、狼山鸡，经济昆虫中的樗蚕和白蜡虫，等等，这些动植物被引到国外，极大地丰富了当地的动植物物种类。

（二）为国外的农业经营者带来了巨大的利益

英国自鸦片战争以后多次从中国引入茶籽、茶苗和茶工，在它的殖民地印度、斯里兰卡等地建立产茶基地。荷兰也在印度尼西亚大量种茶。经过半个世纪的努力，印度和印度尼西亚的茶叶出口很快超过了中国，挤占了此前中国在国际上的茶叶市场份额，为本国获取了巨大的经济利益，为它们工商业的发展提供了大量的资金。一位西方人士说："把中国的茶引到印度后，决定性地改变了世界范围内的工业。"

美国在19世纪末从中国引进大豆后，1973年总产量已达到4300万吨，占世界总产量的74%（中国只占12%），每年为美国带来近90亿美元的产值。又如油桐，1905年美国从中国引种第一批种子并进行栽培后，很快发展到年产1000多万磅，中国在此前一直是美国的桐油输出国，自此以后中国桐油在美国的市场即被排挤出去。

19世纪猕猴桃引入西方以后，在欧美许多国家栽种，发展成为国际性水果，其中新西兰首得其利，现在占世界猕猴桃产量的90%以上，几乎独占了世界猕猴桃市场。

从上述几方面的情况可以看到，在明清时期中外农业文化的交流中，中国劳动人民用数十个世纪驯化培育出来的动植物资源被大量传到世界各地，变成了全人类的共同财富。

第八章 近代时期的农业

　　1840 年鸦片战争爆发,中国开始进入半殖民地半封建社会。这一时期的农业,一方面延续清代的特点,继续艰难前行;另一方面,开始启动兴农运动。《南京条约》的签订,使士大夫猛醒,在知识界掀起了一场轰轰烈烈地向西方学习的洋务运动,希冀师夷之长技以制夷。但是甲午战争的失败,宣告了"富国强兵"的梦想成为幻影。此后,一批士绅开始大力提倡兴农,强调农本,引进西学,以改变中国农业落后之面貌。于是一系列与农业有关的新生事物出现,如创办农业报刊,翻译外国农书,选派农学留学生,聘请农业专家,建立农业试验场,开办农业学校,等等,开启了全方位引进现代农业科技,实现农业现代化的进程。

　　近代西方农业科技引进的过程,充满着艰辛,主要是因为时局动荡,社会基本上处于不安定的状态。1900 年八国联军入侵,中国被迫与之签订《辛丑条约》,巨额赔款和不平等条约,加重了中国经济负担,造成中国农民的负担沉重。民国时期,国运并未有所改变,尽管欧洲列强因处于第一次世界大战,无暇东顾,对华经济侵略有所减轻,但是国内军阀混战不已。自 1928 年开始,社会有一个较长的稳定发展期,但到 1931 年又被日本入侵所打断,十五年抗战,生灵涂炭,之后又发生了三年解放战争。中国农业科技方面的发展举步维艰,靠着许多仁人志士的艰苦努力,缓慢前行,中国农业现代化进程终于在 1949 年掀开了新的一页。

第一节　农业概况

一、近代农业的困境

1840 年以后的中国社会,处于风雨飘摇的时代,各种社会矛盾交织,生产力下降,农村手工业不断破产,经济凋敝,陷入前所未有的困境之中。造成晚清时期农民贫困的原因,既有此前已有的因素,如因为取消了人头税,导致人口日增,也有晚清时期出现的新因素,计其主要者如下:

第一,庞大的军费开支和战争赔款,加重了农民的赋税负担。第一次鸦片战争发生后,清政府为筹措军费,通过加征捐税向民间大肆搜刮,每年仅征收的地丁杂税一项就由 1841 年的白银 2943 万两增加到 1845 年的白银 3281 万两;咸丰、同治年间为镇压太平天国、捻军及回民起义,清政府平均每年的军费开支为白银 3400 万两,由此造成国库空虚,为弥补亏空,各地大量征收田赋附加税,清末四川的田赋附加税已是正税的六倍有余;而仅就《南京条约》《北京条约》《北京专约》《烟台条约》《伊犁条约》《马关条约》《辛丑条约》明文规定的赔款而言,七项赔款本息合计达白银 12.5349 亿两,相当于清政府 1901 年年收入的 10 倍以上。这样的巨额开支,直接造成农民身上的赋税沉重,使农民更加贫困。

第二,自然灾害加剧。据统计自公元前 180 年至 1839 年,巨灾也不过 161 次,其中死亡 10 万人以上的 22 次,50 万人以上的 4 次。而到了晚清时期,巨灾有 49 次,其中死亡 10 万人以上的 10 次,50 万人以上的 4 次。到了民国时期,自然灾害次数更加频繁,波及面大,1912 至 1948 年间,全国各地(不包括今新疆、西藏和内蒙古自治区)总共有 16698 县次发生一种或数种灾害,年均 451 县次,即每年约有 1/4 的国土发生各种自然灾害,1928 年至 1929 年甚至有高达近一半的县出现了灾害。而且这一时期的灾害强度大,共发生死亡万人以上的巨灾 75 次,其中 10 万人以上的 18 次,50 万人以上的 7 次,100 万人以上的 4 次,1000 万人以上的 1 次。民国时期灾荒主要是水灾与旱灾。1931 年的江淮大水,死亡超过 15 万人,灾民达到 2520 万人。1935 年又发生洪水,死亡万人以上,灾民达到 1000 万以上。黄河自 1913

至 1938 年出现了多达 17 次的缺口,而 1938 年的人为决口,河南、江苏、安徽受灾者达到 1250 万,死亡近 90 万。民国时期的旱灾同样频繁。1920 年西北五省大旱,灾民 2000—3000 万人,其中死亡人数 50 万,也有人认为死亡人数达 80 万;1928—1930 年西北大旱,估计死亡人数达到 1000 万人以上。

第三,地主、商人与高利贷资本盘剥。因为农业生产具有季节性及生产周期较长的特点,流动资金不充裕的农民不得不在收获季节低价售粮,青黄不接时高价购粮,从而很难摆脱高利贷及商业资本的盘剥。

第四,洋货冲击乡村的原有产业,其中又以洋布与洋纱最猖獗。据统计,1875 年外国棉布进口总值 1700 万海关两,棉纱 274 万海关两;1905 年棉布进口总值为 11206 万海关两,棉纱进口总值为 6627 万海关两,呈现出逐年增加的趋势①。由于洋布采用机械纺织,成本低,质量好,农村千家万户维持生计的手工纺织业遭受重创。

二、近代的土地制度与土地占有状况

民国时期,尽管辛亥革命推翻了帝制,试图实现其平均地权的理想,但是革命成果落入军阀手中。土地成为军阀掠夺的主要目标,各地军阀动辄占有上万亩大片良田;一些资本家和工商业者也是占有土地的主要力量,如大兴纱厂兼并苏北盐垦区土地数百万亩;帝国主义势力利用在华的特权,猖狂地侵占土地,其中又以日本为最,日本人还通过买办势力,半霸半占土地。

除了上述超经济占有外,农村中的土地多集中在一些地主手中。据当时的统计表明,占农村人口不到 15% 的大中小地主和富农,占有土地量为 81%,而中农与贫农只占有剩余的 19%。1934 年 10 月起,国民党中央执委会的土地委员会进行了一次较详细的全国农村调查,发现中国农村土地分配极为不均。地主和富农只占农户总数的 5%,却占有土地总数的 34%,他们一般每户拥有土地 50 亩以上,生活较优裕;小自耕农和半自耕农占农户总

---

① 李文治:《中国近代农业史资料》第 1 辑,生活·读书·新知三联书店 1957 年版,第 489 页。

数的 68%,但仅能自给;佃农和雇农占农户总数的 25%,生活极为困难。小自耕农、半自耕农、佃农、雇农占农户总数的 94% 以上,却只占有 66% 的土地①。

三、近代的赋税

民国前期农民承担的赋税,主要有田赋、盐税、厘金、兵差等。

（一）田赋

军阀时期的田赋正税不断增加,附加税也层出不穷。1912—1928 年,田赋正税率增加 1.393 倍,附加税增加更多。

（二）盐税

依据 12 省的统计资料表明,盐税在 1909 年为 1 元 1 角 1 分;1920 年则增加至 2 元 8 角 3 分,再加上附加税 4 元 7 角 8 分,合计 7 元 6 角 1 分。20 年间增加了 6 倍,每个人都要吃盐,所以税负无法逃避。

（三）厘金

民国时期,五里一卡,十里一局,货无巨细,均需要纳厘金。厘金的额度原来规定为 3%—25%,实际上收取的税额有时达到了 30% 以上。

（四）兵差

民国时期的兵差是以徭役和实物供应军需而构成的负担。北洋军阀时期,兵差往往超过了地丁税,有些地方的兵差超过地丁税的 4 倍多②。

民国后期,日本占领区的东北地区,每个农民负担的正税和各种附加税,约占农民收入的 50%—70%。仅仅土地税就比以前增长了 2—3 倍。

1941 年,国统区的赋税很重,以四川为例,田赋折征稻谷,每亩收取其十分之六。对于佃农来说,旧中国农村的地租率通常占土地全部产出的 40%—50%,在土地肥沃的水田耕作区域,往往要占到 60%—70%。除正租外,佃户还受到各种额外剥削,如地主向佃户出租田地时虚增面积,收租时用大斗大秤收租,要求佃户提供一定的无偿劳役,等等。许多地方还盛行预收田租和押租。这些额外剥削,大大加重了佃农的实际负担③。

① 刘煜:《土地制度与近代中国农村经济发展》,西南财经大学 2003 年硕士论文。
② 郭文涛、陈仁端:《中国农业经济史论纲》,河海大学出版社 1999 年版,第 85 页。
③ 刘煜:《土地制度与近代中国农村经济发展》,西南财经大学硕士论文,2003 年。

第二节 农业生产艰难前行

一、民国时期农业生产简况

民国时期的耕地大约 14 亿亩,总人口约为 4.5 亿,农村人口人均耕地面积约 3.1 亩,五口之家户均土地为 15.5 亩。这一时期的农业生产占 GDP 比重较高,达到 90%,而农业生产中粮食生产又占主导地位。据《中国农村经济资料》统计,20 世纪 20 年代作物种植中,粮食占比为 82.5%,豆科类为 15%,块茎类为 2.5%。其中稻、麦常年播种面积分别为 3.22 亿亩、4.37 亿亩,各占全国粮食播种总面积的 22.5% 和 30.6%,稻麦常年产量分别为 977.34 亿斤和 487.48 亿斤。

民国时期经济作物棉花种植几乎遍及全国各地,主要产区分布在北纬 30°至 40°之间的长江流域和黄河流域。棉花品种为本地棉和美棉为主。不过由于本地棉品质较差,不适合纺织工业的需要,于是改种美棉,但退化严重,后来经过改良,育成了一些新的品种,如德字棉、脱字棉、斯字棉等。除了棉花种植,烟草也是这一时期重要的经济作物,30 年代前常年种植在 200 多万亩以上。后来烟草获利较多,弃稻种烟盛行,1933 年至 1937 年,全国种烟面积均超过 700 万亩,最高时 1937 年达到近 900 万亩①。

二、乡村建设运动

民国时期,孙中山提出"实业计划",指出"中国存亡之关键"在"实业发展之一事"。张謇提出"实业救国",其思想的核心内容是主张效仿西方国家推进工业革命,试图将当时的中国由传统的农业社会转变成现代的工业社会,提高国家实力,抵制外国资本的侵略,实现国家的独立、富强。

民国初年的农业经济在列强忙于第一次世界大战时,稍有起色;然而,第一次世界大战结束后,列强再次实施经济侵略,中国民族经济迅速由"繁荣"转入萧条,大批民族工业面临倒闭的危机。在农村,由于列强的经济侵

---

① 曹幸穗等:《民国时期的农业》,《江苏文史资料》编辑部,1993 年,第 187 页。

略以及国内天灾人祸,传统的农业社会逐步走向崩溃;又由于国民党政治腐败,土地兼并成风,土地分配日趋悬殊,激化了农村的阶级矛盾,引起了农村社会的进一步动荡,加剧了中国农村的衰败。在国内外双重危机的冲击下,1931 年至 1936 年,全国因饥饿死亡人数不计其数。

以章士钊、董时进、梁漱溟和晏阳初等为代表的"以农立国"论者,主张复兴农村,建设农业,中国国民经济的发展才有希望。章士钊提出以农立国,他指出"吾国当确定国是,以农立国,文化治制,一切使基于农",主张重建正在瓦解的农本社会,不必趋重工业。梁漱溟是"以农立国"派的突出代表,他认为,乡村建设运动是中国经济建设的必然路向。理由是:从政治层面来看,中国不能像日本那样走近代资本主义的道路,原因主要是中国没有一个近代工商业所赖以发展的政治环境,如政府安定秩序促进工商业发达,兼能保护奖励其发达;从经济层面来看,中国具有农业传统,乡村是中国社会主体,复兴乡村经济和社会是适合当时中国历史条件的选择。

乡村建设运动因为大力提倡而成为一时热点。据统计,20 世纪 30 年代全国从事乡村建设工作的团体和机构有 600 多个,先后设立的各种实验区有 1000 多处。有的从扫盲出发,如晏阳初领导的中华平民教育促进会(平教会);有的有感于中国传统文化有形的根——乡村和无形的根——"做人的老道理"在近代以来遭受重创,因此欲以乡村为出发点创造新文化,如梁漱溟领导的山东邹平乡村建设运动;有的从推广工商职业教育起始,如黄炎培领导的中华职业教育社;有的以政府的力量推动乡村自治,以完成国民党训政时期的政治目标,如江宁自治实验县;有的身感土匪祸乱的切肤之痛,因此以农民自卫为出发点,如彭禹廷领导的镇平自治;有的则以社会调查和学术研究为发轫,如金陵大学、燕京大学。

乡村建设运动的内容,包罗宏富,包括社会调查、行政改革、基层自治、发展教育(学校教育和社会教育,后者涉及文字教育,即扫盲、文艺教育、科学教育、卫生教育、公民教育等内容)、推广科技、移风易俗、提倡合作、自卫保安、卫生保健等诸多方面[①]。

---

① 　徐秀丽:《民国时期的乡村建设运动》,《安徽史学》2006 年第 4 期。

（一）扫盲和文化教育

乡村建设首倡提高人的素质。大量文盲的存在，无疑与国家的现代化目标严重背离，也与国民为国家主人的民国理念严重冲突。

（二）动植物良种的引进和推广

各乡建团体试验和推广的动植物种类繁多。山东乡村建设研究院在邹平引入了许多作物新种，其中"最受欢迎的是美棉"。1932 年种植脱利斯美棉（通俗称"脱字棉"）874 亩，次年推广到 23266 亩，第三年达到 41283 亩。

青岛市乡村建设办事处所设农场试验的农作物以小麦、粟、棉、马铃薯、甘薯为主，果树以桃、李、苹果及樱桃为主。

中华职业教育社所设昆山县徐公桥乡村改良区，注重本土动植物优良品种的选育与推广，推广了麦（金大二十六号种）、稻（苏州改良种）、棉（江阴白籽棉种）的优良品种，介绍了焚掘稻根以除螟害、用药粉杀菌使麦子黑穗病渐减的方法等。

（三）建立农村医疗保健体系的尝试

在农村建立医疗保健体系，是中华平民教育促进会一个重要的制度创新。村级保健员是日后人民公社时期"赤脚医生"的先声。

（四）革除陋俗，涵养新风

在乡建倡导者看来，乡间礼俗的兴革，关系到乡村建设的成败。移风易俗，既包括如吸毒、赌博、迷信、早婚、男尊女卑等社会陋习的革除，也包括新习俗，如年节及婚丧礼俗的文明化、文艺体育活动的推广、读书讲演风尚的培养，以及公益活动如修桥铺路、清洁卫生的提倡等。

（五）倡导合作组织

没有合作就没有进步，特别是小农社会。20 世纪 20 至 30 年代，合作运动蔚然成风，是乡村建设运动的重要内容之一，各主要实验区几乎都建立了生产、销售、消费、信用等合作社，有的地方还成立了专门负责合作社的部门。

（六）加强农村自卫

一个安定的环境是所有事业成功的基础。民国时期的中国农村，社会动荡，土匪猖獗，外患日逼，保有安定社会秩序是进行乡村建设的前提，也是乡村建设的一项重要内容。

三、民国时期的垦殖

随着社会环境的变化,人口耕地关系紧张,开垦土地自然成为缓解诸多问题的重要手段。民国时期的垦殖分为北洋政府时期的自由放垦、国民政府时期的国营垦务、抗战时期后方的垦务和抗战结束后垦务停滞这几个阶段。[①]

民国成立以后,孙中山即提出了在东北与西北发展垦殖的倡议。1914年,北洋政府颁布《国有荒地承垦条例》及《施行细则》,规定荒地的认垦手续,并对承垦土地的类别、面积地价、竣垦时限做出规定。1924年,财政部规定垦税,将土地分为五等。

1927至1937年,国民政府制定了一系列的垦务条令。1930年颁布土地法,1931年实业部成立林垦署,统一管理全国的垦殖事业。1931年拟定了一个宏大的垦殖计划,规定垦殖区域、原则。

"七七事变"以后,沦陷区灾民涌向国统区,垦殖成为安抚灾民、发展生产的良策。1940年农林部垦务总局成立,直辖11垦殖单位,几年内开垦土地41万亩,收容难民7万余人。上述垦务下的具体垦殖情况包括两淮盐垦、东北垦殖、西北垦殖。

(一)两淮盐垦

两淮盐垦是指原属于清代的两淮河盐运司下的盐场灶地,垦区南起南通吕四场,北至涟水,总面积达1900万亩。此地垦殖主要用于植棉,故又称为棉垦。

(二)东北垦殖

东北主要指现今的辽宁、吉林与黑龙江三省。清朝后期,清政府已处于债台高筑、财政破产的绝境,通过放垦东北、收取押租,以解决财政问题,基本放开了东北垦殖。民国初年,北洋政府废除了皇室私有皇庄,由各地方政

---

① 曹幸穗、王利华等:《民国时期的农业》,《江苏文史资料》编辑部,1993年,第235—273页。

府陆续放垦。

清末民初,山东、河北与河南的农民去东北谋生,起初多在春节后出发,庄稼收获后回原籍,后来则多举家前往,特别是 1921 后山东贫民受日德战争及水灾的影响。据统计,1928 年居留人数达到 50 多万,关内移民人数达到 250 万以上。除了关内人口移民垦殖以外,朝鲜、日本和俄国人在此时期也通过不同途径移民东北,"九一八"事变前夕在东北的朝鲜人达到 200 万之多;1913 年居留在东北的俄侨约有 7000 人。"九一八"后日本为了扶持满洲国,计划 20 年移民 300 万人,但是后来没有完全实现。

(三)西北垦殖

历史上西北地区一直是相对地旷人稀,与其气候和土壤条件不适宜耕作有关。清代后期,部分内地贫民为了生计,赴河套修渠垦荒。河套垦殖在西北开发史上占有重要位置。河套东西约 500 公里,南北约 200 公里,黄河贯穿其中,具有良好的灌溉条件。河套垦殖始于清代末期,规模化开垦的则首推王同春组织的开垦活动。王同春在光绪年间组织开垦,每年从甘肃、山西、陕西等地招募农民垦殖。"国营"垦殖则有中华垦殖公司于 1924 年在绥远领地开垦 30000 亩,垦民从山东招募而来。

"九一八"事变后,开发西北的呼声高涨,认为必须移民西北以分散内地过剩人口。1932 年,绥远垦务会拟定了民垦办法 12 条,主要内容为:"凡它省 20—40 岁无不良嗜好,均欢迎赴绥远移垦"①。地方势力如阎锡山也参与西北开发,1932 年决定屯垦绥西。自 1933 年起派官兵数千人垦辟荒地 1200 顷,开挖新渠 225 里,可灌溉 33 万亩地。

抗日战争爆发后,国民政府在陕西设黄龙山管理局,实施垦殖。1943 年将河南大批灾民转移至新疆垦殖。

不过需要指出的是,西北垦殖虽然取得了一些成就,但是当地自然环境并不适合大规模开发,加之管理过程上腐败行为迭出、军阀割据下的政令不畅等,成绩有限。

---

① 《中央日报》1932 年 8 月 10 日。

第三节　农业科技体系的产生与发展

　　20 世纪早期,在中国传统农业艰难地支撑着众多人口之际,西方近代农业技术在此期间开始引进,初期主要表现在各地建立的农业科研机构与农事试验场。这一过程大致可分为四个阶段:第一个阶段是从 1890 年到 1910 年,主要是以引进和搬用西方近代农业科学技术为主,同时西方近代农学书刊的翻译和一些近代农业学校的创建是这一时期的主要内容。这是中国近代农业科学技术的萌芽时期。第二个阶段是从 1911 年到 1927 年,中国传统经验农学开始同近代实验科学相结合,从完全照搬外国转向结合中国实际,从单纯传播外国书本知识转向田间试验,开始了作物育种试验并取得了初步成果。这是中国近代农业科学技术的初步发展时期。第三个阶段是从 1928 年到 1936 年,中央农业实验所等全国性的农业科学研究机构大量建立,农业科学研究和农业推广工作普遍开展,以研究稻麦增产为中心的科学研究工作取得了明显的成绩。这是中国近代农业科技有较大发展的时期。第四个阶段是从 1937 年到 1949 年,这个时期战火连年,农业生产遭到严重破坏,人民处在水深火热之中,农业科学技术的发展处于极其困难的局面。这是近代农业科技艰难发展的时期。

　　经过这四个阶段,尽管过程艰辛,但是近代农业科学技术在中国成功植根并有了一定的发展,具体表现是:引进了一批西方近代农业科学技术,建立了一批农业研究机构和农业院校,培养了一批农业中高级人才,编著了一批农业科学著作,育成了一批新的品种,仿制和研制了一批疫苗、血清、化肥、农药、农业机械,建成了一批以泾惠渠为代表的应用近代科技建设和进行科学管理的大型灌溉工程。

一、中国传统农业技术中出现的新因素

　　中国的传统农学发展到明末至清中叶,出现了一些已接近实验科学的新因素。第一,在品种培育上已注意到不同品种杂交的优势现象。如《天工开物》记载:将不同产地的黄茧种蚕蛾与白茧种蚕蛾交配,后代可以产生

变异,以及早雄配晚雌出嘉种的记载。第二,对豆类根瘤形态已有细致的观察描述。当时虽不知其内有菌体,但王筠的《说文释例》已提到它不可吃,根瘤大小、多少与年景丰凶有关。第三,注意到不同肥料与作物间的相互适应性。如《知本提纲》讲施肥要注意时宜、土宜、物宜,强调"皆贵在因物试验,各适其性"。第四,提出和进行初步的农业试验。如徐光启进行的水稻施肥、稻棉轮作、种稻改碱等试验研究,已带有近代科学的倾向。这些精辟的见解能在明清之际提出是难能可贵的,但始终没有实现从经验科学向实验科学的突破,近代农学最终未能从中国传统农学理论中自发诞生出来。

二、晚清兴农运动

为了改变这一现状,政府开始了不断的探索,如开展洋务运动、发展工商业,以图富国强兵。甲午战争失败后,一批士绅又开始发起兴农运动。1896年,罗振玉、徐树兰、朱祖荣等人在上海成立务农会,新派人物梁启超、谭嗣同等也率先入会。于是一系列与农业有关的新生事物出现了,如创办农业报刊,翻译外国农书,选派农学留学生,聘请农业专家,建立农业试验场,开办农业学校。刑部侍郎李瑞棻于1896年奏请设立京师大学堂,在课程中设农学课。在落后就要亡国的警示下,中国人开启了向西欧学习的进程。

三、西方近代农学基础知识的引进与近代农学体系的初步建立

(一)农学基础知识的引进

中国接触西方的近代科学文化始于明末。这和耶稣会教士的来华传教有关。这些传教士受过良好的教育,掌握一定的自然科学知识。来到中国后,他们利用中国人对西方近代科学技术的新鲜感和好奇心,以传播近代科技为手段,大力开展传教活动。这样,西方近代自然科学开始传入中国。但直至1840年鸦片战争前,传入的科技知识多限于天文、历算、几何、地学、军工学、机械学等,几乎没有农学知识。

1840年以后,近代的农学知识开始随同生物学一起传入中国。1858年,中国学者李善兰根据英国植物学家林德利(J.Lindley)所著《植物学基

础》，与英国传教士韦廉臣（A.Williamson）合作编译出版《植物学》一书。这是中国介绍西方近代植物学基础知识的第一部译著。1877 年收录于《格致汇编》中的《农事略论》是最早传入中国的介绍西方近代农学的著作。文中介绍了德国化学家李比希及其学说、农业化学知识、西方农具，特别是以蒸汽为动力的农业机械以及英国的农政公会等内容。

近代农学知识在中国的广泛传播，则出现在 19 世纪 90 年代中期至 20 世纪初。当时有见识的中国知识分子热切希望以西方近代农学来改进中国农业，解决人多地少、粮食不足、财政匮乏的困难。因此，他们纷纷提出学习西洋的建议。1897 年，罗振玉在上海创办了中国第一份农学杂志《农学报》，在 10 年间共出版 315 期，发表了大量的近代农学文章，主要篇目有 430 篇，内容涉及农学通论、作物栽培、园艺、植物保护、土壤肥料、畜牧兽医、蚕桑蜂茶、农具、林业、水产等诸方面。《农学报》上翻译的文章，大多来自日本、英国、美国、墨西哥、法国、荷兰等国的农书和报刊，大致反映了 19 世纪后期世界农业科技水平。1900—1903 年，罗振玉又主持编辑《农学丛书》，共收农书 235 篇，其中西方近代农学著作占 60% 以上。该丛书全面介绍了有关农业原理、作物各论、土壤、肥料、气象、农具、水利、蚕桑、林业、水产、园艺、植保、农经等方面的科学知识。1903 年，范迪吉等翻译日本《普通百科全书》，共 100 册，其中不少是日本农业学校的教科书，如《植物新论》《霉菌学》《植物营养论》《肥料学》《畜产各论》等，是中国人过去从未接触过的。

西方近代农学的引进，扩大了人们的视野，并为人们提供了一种观察和处理农业问题的新工具。

（二）清末民国近代农学体系的初步建立

清末民国时期，近代意义上的农学体系初步建立，主要表现在以下方面：

1.创办农事试验场

近代农业科学技术离不开科学试验。农事试验场的建立，是中国近代农学开始出现的重要标志。中国最早的农业科学试验机构是 1898 年上海成立的育蚕试验场和 1899 年淮安成立的饲蚕试验场，它们以新法从事养蚕、育种、防病试验,都是专业性的试验场。1902—1906 年,长沙、保定、济南、太原、福州、奉天(沈阳)等处先后建立起综合性的试验场。1906 年,京师成立了全国性农事试验场——农工商部农事试验场,对从中外各地选购的不同作物的种子进行栽培、对比试验。

2. 兴办农业教育

中国最早的农业中等专科学校是 1897 年 5 月林迪臣创办的浙江蚕学馆。1898 年张之洞在武昌创办湖北农务学堂,这是最早的农务学堂,内设农、蚕两科,兼办畜牧。1905 年,清政府取消科举,批准建立京师大学堂农科大学,这是中央设立农科大学的开端。据 1910 年 5 月清政府学部奏报,1907—1909 年,全国已有农业学堂 95 所,学生 6068 人。这些学校包括高、中、初等级别,含农、林、蚕、渔、兽医各科农学知识,为培养近代农业技术人才,开展农业教育奠定了基础。

3. 创办农业学术团体——农学会

农学会是"戊戌变法"期间学习西方农业而创建的学术团体。1897 年罗振玉等在上海发起的"务农会"是中国最早的农学会。此后,江苏、福建、江西、山东、河北、陕西等省纷纷成立农学会。它们采用新法,购进外国种子、农具进行试验,具有农技改良、推广的性质。

4. 创立农业公司

1897 年后,合股经营、资本雄厚、以从事商品生产为目的的农业公司开始出现。各公司的经营业务包括垦殖、树艺、植树、蚕种、种桑、畜牧、渔业、灌田、制茶等多种。据不完全统计,到 1912 年,各地共成立农业公司171 个。

四、近代农业科技的引进与发展

清末到民国时期,近代农学体系逐渐建立,与此同时,近代农业科技的引进和本土化也在持续发展。近代农业科技引进内容非常广泛,涉及农业生产与科研的方方面面,当然主要是中国传统农业所欠缺的方面,如新式育种技术、作物病虫害防治技术、国外产品性能优秀的畜禽品种与疾病治疗技术等。

（一）近代作物良种

中国近代的作物育种事业发端于 19 世纪末，首先是从陆地棉的引种开始的。其发展过程大致可分为三个阶段。

一是创始阶段：近代的机器纺织业在中国兴起。但由于原先栽种的亚洲棉纤维短、品质差，不能适应机纺要求，每年需进口大量美棉，花费巨大。光绪十八年（1892），张之洞开始大量引种美棉。此后，中国的作物育种开始向近代化方向迈进。但直至 20 世纪 20 年代初，作物育种仍以传统方法为主，育种手段粗放，没有出现采用近代科学方法育成的新品种。

二是奠基阶段：20 世纪 20 年代前后，一些在国外攻读农学的留学人员归国效力，外国育种专家来华讲学或担任顾问，国内一些著名大学开始与美国大学进行校际合作，近代作物育种理论和技术开始系统应用到育种工作中，作物育种工作初步走向科学轨道。

三是发展阶段：从 20 世纪 30 年代开始，育种工作呈现出进一步发展的趋势，表现在育种技术日趋进步，育种机关纷纷建立，育种人才逐渐增多等方面。特别是中央农业实验所和全国稻麦改进所的成立，改变了作物育种界分散凌乱的状况，全国的育种事业统一协调开展工作。从 20 世纪 30 年代开始，开始运用遗传学理论和生物统计方法指导育种试验，使作物育种事业得到了显著发展，育成大量良种，在生产上得到大面积推广。

中国近代育种的主要力量集中在稻、麦、棉三种作物上，所取得的成就也远较其他作物显著。因此，这三种作物的育种历史，反映了中国近代育种事业的发展概况。

1. 水稻的选种育种

1919 年，南京高等师范农科所举行品种比较试验，率先采用近代作物育种技术开展稻作育种，培育出了"改良江宁洋籼"和"改良东莞白"两个优良品种。这是中国近代有计划、有目的地进行水稻良种选育的开端。1925—1926 年，东南大学、中山大学先后将穗行纯系育种和杂交育种方法应用于稻作育种。此后，各地稻作育种机关纷纷建立，至 1930 年已发展到 110 个，稻作育种呈现出大发展的局面。1931 年，中央农业实验所成立。

1935 年又成立了全国稻麦改进所,成为统筹各地力量开展大规模育种的指挥机关。1931—1937 年是近代水稻育种的鼎盛时期,选育出不少产量提升方面颇见成效的水稻良种。1937 年抗日战争全面爆发,中央农业实验所和一些农业技术推广机关及农业院校迁往西南,继续水稻品种的改良及示范推广工作。

"引种"与"品种检定法",是早期稻作育种主要采用的两种简单易行、迅速见效的方法。

"引种"主要是从日本引进新品种。1897 年上海农务会成立以后,即开始从日本引进水稻到浙江种植。

"品种比较试验"是中国近代水稻育种采用的重要方法之一,于 1919 年首次由南京高等师范农科施行。当时水稻育种主要采用纯系育种方法与杂交育种方法。

一是纯系育种法的应用。穗行纯系育种法是由美国康奈尔大学作物育种学家洛夫(H.H.Love)所倡,方法是:单株(穗)选择(第一年)—单行试验(第二年)—二行试验(第三年)—五行试验(第四年)—十行试验(第五年)—高级试验(第六年)—繁殖推广(第七年)。

1925 年春,东南大学农科所将采集到的水稻单穗按照纯系育种法作穗行试验,并将准备推广的"江宁洋籼""东莞白"等做高级试验。这是洛夫纯系育种法在中国稻作育种中的第一次应用。在此后很长一段时间里,中国的水稻育种一直以纯系育种法为基本方法。

二是杂交育种。这种方法比纯系育种法更先进、更有效,中国于 20 世纪 20 年代末开始尝试。1926 年,中山大学教授丁颖将野生稻移植后,与当地栽培水稻自然杂交,之后将杂交种单粒播种,分系种植,进行产量比较试验,于 1931 年育成第一个杂交种"中山一号",开创了中国水稻育种的新纪元。中国近代稻作杂交育种尚处在幼年时期,其成就远不及纯系育种法。但前辈育种工作者的开拓性工作,为以后杂交育种的发展打下了坚实的基础。

中国近代稻作育种从 20 世纪 20 年代初开始,至 1946 年,全国选育的水稻良种已 300 个以上,大量推广收到实效的有 100 个以上。其中,30 年代育成的南特号、胜利籼、万利籼等品种在 50 年代仍作为大面积推广的优良品种。随着新品种的育成，良种的示范推广工作也随之展开，并取得了一定的效益。

2. 小麦的选种育种

小麦是中国最早运用近代科学选育良种的作物之一。早期的工作主要在金陵大学、中央大学等院校开展。进入 20 世纪 30 年代，中央农业实验所成立后，小麦良种选育和推广工作得到发展，这一时期选育出不少小麦良种。抗战全面爆发后，育种工作的重心转向西南各省。在育种方法上，洛夫倡导的纯系育种法的运用成为小麦育种工作的转折点。

最先开展近代小麦育种研究的是金陵大学。1914 年夏，该校美籍教授芮斯娄（John H.Reisner）在南京附近农田中采集小麦单穗，经七八年试验，育成"金大 26 号"。这是近代科学育种方法在中国的最早运用，并取得了成功。

"中央"大学 1921 年在南京大胜关设立农事试验场，进行麦作试验，使用农家品种培育早熟的小麦新品种。此外，"国立"西北农学院、河南大学农学院、浙江大学农学院、齐鲁大学农学院、燕京大学农学院、山西太谷铭贤学校也都开展了小麦育种研究，取得了相当不错的成绩。

1931 年，中农所征集美国小麦品种 207 个、苏联品种 205 个，还在黄河及长江流域采集小麦单穗 3959 个。次年，在洛夫指导下进行小麦区域试验，涉及 8 省 39 处。此外，浙江省种麦改良场、山东农事试验场等农事试验机关机构也先后选育出小麦良种。

3. 棉花的引种改良

美棉（陆地棉）是中国近代作物育种中最早从国外引进的新种之一。近代棉花品种改良的成绩主要归功于美棉的引种，而中棉（亚洲棉）的育种工作收效甚微。

鸦片战争后，由于纱厂对原棉的需求量激增，而亚洲棉退化严重，产量低，纤维粗短，不能适应机纺的要求，因此，每年要进口大量美棉原料。为此，一些有识之士倡导引种美棉。

美棉最早于清同治四年（1865）引入上海种植，但大量引种始于光绪十八年(1892)。为解决武昌机器织布厂的原料来源,湖广总督张之洞请出使美国的钦差大臣崔国因在美选购美棉佳种 34 担寄运湖北。翌年,张之洞再次从美国购运棉籽百余担分发给湖北棉农种植。

1896 年,张謇创办大生纱厂,开始引种美棉。1904 年,清政府农工商部也从美引入大量美棉种籽,分发给江苏、浙江、湖北、湖南、四川、山东、河北、河南及陕西等省棉农种植。1919 年,美国农业部专家对从美国引进的 8 个棉花品种进行比较试验,发现这些品种退化严重,脱字棉和爱字棉最适于中国栽培。其中,脱字棉在黄河流域较优,而爱字棉适合于长江流域,这两个棉种成为 20 年代中国的主要棉种。

1931 年后,美国专家洛夫任"中央"农业实验所总技师,重新比较美棉栽培效果,发现斯字棉 4 号在黄河流域表现最好,德字棉 531 号在长江流域表现最佳,二者产量和品质均优于脱字棉和爱字棉。因此,这两个品种成为 20 世纪 30 年代中期至 50 年代初最主要的推广棉种。

1939 年,中国又从美国引进珂字棉;40 年代引进岱字棉。经试种,其产量、品质均优于德字棉 531 号。尤其是岱字棉 15 号,纤维品质好。新中国成立后,岱字棉取代了斯字棉和德字棉,成为种植面积最大的棉种。

此外,烟草、大豆、高粱、玉米、粟等也进行了品种改良育种,取得了一些成绩。

(二)土壤肥料

1840 年以后,中国的土壤肥料在继承和发展传统技术的同时,逐渐引进西方科技。在土壤方面,已由过去的辨土、治土、改土的传统方法,发展到用近代科学方法研究和改良土壤。在肥料方面,化学肥料引进中国,并开始小规模地自制,由过去单纯施用有机肥发展到有机肥同无机肥相结合。

1. 土壤科学

中国近代土壤科学滥觞于 1897 年成立的务农会及其创办的《农学报》对西方近代土壤知识的译介、传播。此后,直隶农事试验场、北京农工商部农事试验场、奉天农事试验场等农事试验机关先后进行了一些土壤调查、试验工作。京师大学堂农业化学系开设了土壤学、土壤改良论等课程。晚清时期这些单位机构在传播近代土壤科学知识方面做了一些有益的工作,使当时的人们对土壤的形成、土壤中物质与能量的交换、土壤的性质、土壤分类等知识有了初步的认识。晚清时期,近代土壤知识的传播虽仅局限于一小部分知识分子、开明士绅与官吏之中,并未对生产实践产生多大影响,但这些不同于传统土壤技术的新知识使中国的土壤科学发生了新的变化,对近代土壤科学的发展起了启蒙作用。民国时期,土壤科学事业得到较大的发展,其主要标志是成立了专门的机构,开展广泛的土壤调查,运用近代科学方法进行大范围的土壤肥力试验,并开展了一系列土壤方面的研究。

2. 土壤调查

中国首次大范围的正规土壤调查是 1930 年由金陵大学农业经济系教授卜凯(J.L.Buck)发起的。他从美国邀请土壤调查的发明人来金陵大学讲授高等土壤学,并调查江淮及长江流域的土壤,涉时一年,足迹遍及 9 个省区,成果颇丰。1936 年 12 月,梭颇汇集数年来的调查成果著成《中国之土壤》一书。该书把美国的土壤分类体系及命名应用到中国土壤研究中,是第一部全面系统地介绍中国土壤的学术专著。1942 年,"中央"地质调查所土壤研究室李庆奎、朱莲青、马溶之、侯光炯等在连续多年对各地土壤调查工作的基础上,对梭颇的《中国之土壤》加以修订补充,著成《中国之土壤概述》。

始于 1935 年的中国大规模的土壤调查于 1942 年基本告一段落。通过多年实地调查,基本查清了中国土壤资源的种类、性质,对生产上存在的一些问题提出了改进措施。

此外,民国时期还进行了各种土壤的地力、肥力测验,以帮助确定各农区土壤肥料的需求状况,并开展对水稻土、冬水田、砂田等的研究。1945年,已筹备 10 年的中国土壤学会正式成立,基本会员 50 多人,1949 年年底发展到百人左右。

3. 化学肥料的引进

晚清时期,传统的积肥技术在农业生产中仍占据着统治地位。同时,西方的近代肥料学著作通过罗振玉主编的《农学丛书》和《农学报》传入中国,不仅让国人认识了化学肥料这一新生事物,而且传授了定量分析等新的研究方法。1904 年,化学肥料开始传入中国,品种为硫酸铵①。不过,在此后的相当长时间内,化学肥料并没有产生太大的实际影响力。从全国范围看,化学肥料在农业生产上的应用微乎其微,农民大多对它闻所未闻,只有少数研究机构开始研究化肥。直到 1925 年以后,化学肥料在广东、福建等沿海、沿江省市得以逐步推广、使用。至 1937 年,中国才结束了化肥完全依靠进口的局面。1937 年 2 月 5 日,中国第一家化学肥料厂——永利公司卸甲甸硫酸铵厂在邹秉文等的帮助下在南京建成。

民国时期中央农业实验所等机构对土壤肥料的研究逐渐深入,加上多年施用化肥的实践,中国学者于 20 世纪 40 年代初期,进行了化学肥料问题的论战。人们普遍认识到化学肥料与有机肥料各有优缺点。当时提出了"有机肥与化肥相结合,以有机肥为主,以化肥为辅"的新的施肥原则。为了更好地利用有机肥,一些农学家发明了积制有机肥的新方法,如 20 世纪 30 年代国立浙江大学农学院土壤肥料学教授刘和发明有机肥料活化新方法,通过加温加压,对豆饼、棉籽粉、菜籽饼等进行活化后,肥效提高 40%以上。

(三)病虫害防治

中国植物病虫害的防治,虽起步较早,但发展缓慢,直至民国前期仍以传统防治方法为主。民国中后期,近代的病虫害防治开始进入传统防治与科学防治相结合的新时期。这一时期植物病虫害的防治是应用近代科技较多的领域之一。

1. 虫害防治

清末虫害防治的重点是治蝗,兼及一般虫害的防治。技术上主要采用传统的防治方法,如种植抗虫作物、合理轮作、深耕冬灌等农业措施,放鸭治虫、益鸟治虫等生物防治措施,以及应用烟草、苦参、巴豆、百部、雷公藤和各种油类等传统药物防治措施。在药物防治方面,清末出现了新进展。如何刚德《抚郡农产考略》(1903 年)最早记载用胆矾(硫酸铜)和石灰配制成硫酸铜石灰合剂,能防治李树病虫害,用硫黄熏烟防治果树虫害,用草木灰、石

---

① 原颂周:《中国化学肥料问题》,《农报》1937 年第 4 卷第 2 期。

灰防治作物病害等治虫措施。进入民国后,开始运用近代技术防治虫害。20世纪20年代以后,各地成立专门治虫机构,并对重要虫害开展基础性调查,进行了多种害虫的防治试验及杀虫药剂、器械的研制工作,对推动农业生产产生了良好效果。自民国初年起,中国近代意义上的害虫防治事业开始起步,成立了诸多研究防治机构。其中,江苏昆虫局、浙江昆虫局和中农所植物病虫害系建树较多,贡献较大。杀虫药剂、杀虫器械、农业措施与生物防治是近代主要的三种防治措施。水稻螟虫的防治、棉花害虫的防治、蝗虫的防治是近代三项重要害虫防治工作。

2. 病害防治

清末,西方近代病害防治理论开始传入中国。光绪二十四年(1898),京师大学堂开设农科,聘请日本专家三宅市郎讲授植物病理学,成为中国农业院校开设植物病理学的开端。民国以后,邹秉文等学者也开始在高等院校开设植物病理学课程。之后,关于真菌分类、麦类黑穗病、棉花切叶病、棉花缩叶病和卷叶病等研究工作都取得了相当成绩。

(四)农机具引进

农机具是提高农业生产力的重要因素。中国在晚清时期虽仍然以使用传统农具为主,但已引进了少量的近代农业机具,同时进行了有限的农具改良。民国前期,随着民族机器制造业的发展,部分近代农机具得到推广使用。民国后期,农具改良得到高度重视,取得了显著进展。

1. 晚清时期的农机具

中国近代最早提倡用农业机器的文字记载见于冯桂芬于1860—1861年间撰成的《校邠庐抗议》,其中的"筹国用议"主张在北方"宜以西人耕具济之,或用马,或用火轮机,一人可耕百亩"。此后,容闳、孙中山等人士也建议用机器从事农业生产。

采用机器耕田始于19世纪末年,1898年《农学报》第45期《学堂创议》一文述及苏州范祚等联名禀请中,有"设农务学堂一所,专门考究农学植物学,招股购买外国机器,开垦九邑荒田"的内容,可以看出引进的农机具是耕地机器。①

①　白鹤文等:《中国近代农业科技史稿》,中国农业科技出版社1996年版,第88页。

此外,浙江、福建、湖南等地均有绅民"拟以西人取水机器引水灌田"。近代进口机械中,农产品加工工具如轧花机械、榨油机械、制茶机械、碾米机械比重较大。耕作机械的较多引进是在 1900 年前后新式农垦企业诞生后陆续开始的。光绪三十二年(1906 年)山东农事试验场"由美国购回农具二十余种,日本购来数十种,多能试验合用"①。1907 年,黑龙江兴东公司、瑞相农务公司,购办外国火犁进行开垦(当时东北地区称蒸汽拖拉机为火犁)。这是应用蒸汽拖拉机的最早记载②。较多较早地采用近代农机具进行大规模垦殖的企业多在东北地区,这与光绪二十九年(1903 年)东清铁路通车后,清政府全面开放黑龙江流域和东北地区有大片未垦土地有关。此外,海宁、福州、常熟、溧阳、扬州、禹州、安化等地均有仿制、改良的多种农机具使用。

2. 民国前期(1911—1937 年)的农机具

(1)耕作机械。辛亥革命后,各地新式农垦企业纷纷建立。1911 年,浙江萧山县湘湖实验农场从美国引进铁轮拖拉机两台。1915 年,浙江财阀在黑龙江呼玛县创办三大公司机械化农场,购买 15—30 马力拖拉机五部。1929 年,绥远萨县新农场成立,从上海购进 10—30 马力拖拉机两部及其他一批耕作机械。此外,这个时期江苏、山东农垦公司大都采用近代农业技术,使用新式农机具。

(2)灌溉机械。抽水机是近代农业机械在中国应用推广比较成功的一种。19 世纪末抽水机被引入中国,20 世纪 20 年代开始在部分地区广泛使用。上海求新制造机器轮船厂是中国最早自行生产灌溉机械的厂家,该厂于 1911 年投产激(抽)水机。1912 年常州试验以内燃机作动力的抽水机灌溉农田,获得成功。翌年,常州厚生机器厂成立并开始抽水机的制造。1920 年前后,上海、无锡一些工厂相继仿造抽水机。1925 年前后,适逢江浙连年干旱,龙骨水车无法应付较大的旱灾,抽水机在无锡等太湖沿岸地区逐渐得以推广。但这些抽水机多由商人、地主购置,租给农民使用。

中国电力灌溉发轫于 1924 年,由沈嗣芳首创。沈氏时任常州戚墅堰震

---

① 《山东农事试验场试办章程》,《东方杂志》1906 年第 3 卷第 12 期。

② 白鹤文等:《中国近代农业科技史稿》,中国农业科技出版社 1996 年版,第 88 页。

华电厂工程师。由于电厂电力有余,适逢该地久旱不雨,遂与武进定西乡协议,试验电力灌溉,成效显著。此外,苏州、吴兴、福州、江宁等地也进行了不同规模的电力灌溉。

(3)其他机械。农产品加工机械自清末传入中国后,民国时期得以继续推广应用。此外,1914年前后,内蒙古等地引入割草机、搂草机、牛奶分离器等畜产机械;各地奶牛场建立后,牛乳消毒、加工等近代机械也开始从国外引进。

(4)农机具的改良研制。这一时期全国各地在农机改良方面有不少发明创造。其中以张鸿钧20世纪20年代研制的车式一次两垄上垄播种机、一次两垄下垄播种机、禽式锄地机最具代表性。一批专门制造农机具的专业生产厂也先后出现,所生产的新式农具种类繁多。

抗战全面爆发后,部分农机研究、生产机构迁往内地,四川、广西等后方各省也相继建立起专门的农具制造厂,如1939年成立的四川农具制造厂等。农具研究、制造的重心转向西南各省。

(五)农田水利建设

明末清初,西方近代水利科学技术开始随外国传教士的来华传入中国,徐光启依据意大传教士熊三拔所讲授的内容整理《泰西水法》,但这本介绍西方水利技术的书籍并未引起国人的重视。而且十七八世纪西方近代水利科学尚处于奠基期,这时传入的《泰西水法》等书籍仅限于介绍西方某些水利知识和技术,对中国的传统水利没有产生什么有实际意义的影响。西方近代水利技术的大量引进是在清末民初伴随着外国资本主义的入侵而实现的。从光绪初年开始,到民国时期,测量学、水文学、水力学、土力学、泥沙科学、灌溉排水科学等水利科学以及水利测量、水文观测、水利规划、工程建筑、水力发电等近代技术相继被引进;陆续设置了一些气象水文站点,进行江河、港口测量,运用近代科技分析江河演变规律和传统水工技术;开展了江河治理方略的探讨,对主要江河提出了轮廓规划;按照近代科学技术要求培养了一批水利建设人才;设计修建了一批水利工程,取得了一定的成效。1931年中国水利工程学会的成立,标志着中国近代水利队伍的壮大和水利科学技术的逐步繁荣。

1. 建立近代农田水利基础科学

（1）水利测量的发展。水利建设基本工作始于民国时期。1911 年，江淮水利测量局在江苏清江浦设立，后改名为导淮测量处。自 1911 年开始测量江苏境内淮、泗、沂、沭诸河有关各河湖水道及皖、豫两省淮河干支流，以及山东南部各水系支流，并测量各处水位、流量、含沙量、雨量、气象等。1929 年导淮委员会成立后，在淮河中下游的安徽、江苏两省境内，进行了淮河部分干支流、入海水道和运河的测绘工作，作为当时导淮工程规划、设计的依据。民国时期，长江流域、黄河流域、珠江流域都开展了大量河道测量、地形测绘等工作，近代水利测量积累了大量宝贵数据，成为此后农田水利建设的重要依据。

水位测验主要包括水位、雨量、流量、含沙量、蒸发量等项目。近代最早开展的是水位及雨量观测。长江水系内最早设置的近代水尺是 1860 年上海海关在吴淞口潮位站竖立的水尺，以测量水位。而清末的水文观测多是海关为满足航行需要而设，其精确度不高，但是它记录早，年限长，可以弥补近代水文的一段空白。水利机构的水文观测始于民国初年。1918 年江南水利局设测量所，观测太湖重要支流水位，不久将测量所改为十二个专门测站。长江中下游干流、鄱阳湖、洞庭湖诸水系的水文测验开始于 1922 年，包括水位、流量、含沙量等观测项目。汉江水系的水文测验开始于 1929 年。金沙江水系的水文测验开始于 1937 年。从 1865 年至 1949 年，长江流域累计设水文站约 280 处，水位站 286 处。[1] 据 1949 年统计，黄河流域共有水文站 33 个，水位站 28 个，开展了流量、泥沙、汛期水位等多项测验。[2]

（2）农田灌溉试验。清代最早的农田灌溉试验是在一些农事试验场中进行的。1906 年开办的农工商部农事试验场率先开展了这项工作，标志着中国农田水利事业开始进入科学试验阶段。此后，各类农事试验场大都开始进行农田灌溉试验。1926 年广州中山大学农学院丁颖教授创办了广东

[1] 长江流域规划办公室《长江水利史略》编写组：《长江水利史略》，水利电力出版社 1979 年版，第 195 页。
[2] 《中国水利史稿》编写组：《中国水利史稿》（下），水利电力出版社 1989 年版，369—370 页。

稻作试验场,对东莞县的白粘、竹粘两个水稻品种进行灌溉试验,试验项目
包括:全灌溉水量,水稻各生长期的灌水量,各类蒸发、渗漏与灌溉水量的关
系,产量与灌溉水量关系,自然降雨与作物生长期、人工灌溉的关系,等等。
之后,福建、河北等地也进行了近代农田灌溉试验,这些试验为各地改良农
业,推动传统灌溉向现代科学灌溉发展,提供了弥足珍贵的参考数据和理论
依据。

2. 兴建灌溉排水工程

(1)长江中下游的农田水利工程。近代长江中下游的农田水利工程以
排水工程居多,主要有白茆闸、华阳闸和金水闸等。

白茆闸位于苏州、常州地区一些支流出口的要道。明清时期为了防治
旱涝灾害,曾经在此修建过堰闸。1936年1月,扬子江水利委员会在常熟
以东距白茆河口四公里处,修建钢筋混凝土闸门一座。当年9月完工,对沿
河地区圩田排水条件有较大改善。

华阳河泄水闸及拦河坝工程在安徽望江县境内,1936年冬开始规划,
拟于河口修闸建坝,泄水孔4孔,坝长430米,既可防江水倒灌,又能排泄内
涝。此外还拟在马华堤上修建长1450米的滚水坝,允许长江超高洪水由此
泄往华阳河内以减轻长江下游沿江堤防的压力。但受日寇入侵影响,工程
仓促,成效不大。

金水河流经嘉鱼、蒲圻、咸宁、武昌四县,至金口入长江,流域内常受长
江洪水内灌之困。1929年扬子江水道整理委员会拟订除涝计划,主要设施
是在武昌金口镇建闸,名为金水闸,以拒洪排涝。

(2)黄河流域的灌溉排水工程

一是宁夏灌区。著名的宁夏灌区是黄河上游水利开发较早的一个地
区。清前期发展到最盛时,主要渠道近30条,灌溉面积达150万亩以上。
道光、咸丰以后,不少渠道或被水冲毁,或自行湮废,其间虽然有部分修建复
建工作,但据记载,1936年前后,宁夏灌区的总灌溉面积只有近80万亩。

二是内蒙古河套灌区。1900年以前,常有私人开渠引水,光绪二十九
年(1903)全部渠道收归官管时,已有大干渠9道,小干渠20余道。各渠收
归官管之后,灌溉面积有所发展。民国初年又陆续修了许多小型渠道,1929

年时,灌区又有进一步扩大,可灌面积达 200 万亩左右。1939 年冬,因日本侵犯,沙河渠等灌溉渠道遭到严重破坏。1943 年,傅作义派军工万余人,开挖了一条复兴渠,增加灌溉农田面积 30 万亩。①

三是关中八惠渠。关中平原的农田水利在历史上颇负盛名,但到清代末年已逐渐衰落。民国初期虽有作修复,但规模不大。据陕西省水利部门对 1912—1929 年关中灌溉工程的统计,18 年间兴建的多是数百亩的小型灌区,全部七个灌区的灌溉面积总和也才不过 2000 余亩。1922 年,李仪祉任陕西省水利分局局长,在他的倡导下,首先疏浚了泾阳的龙洞渠。1928—1929 年,陕西连续发生大旱,数百万人受灾。1930 年在华洋义赈会的捐助下,李仪祉再次着手恢复引泾灌溉工程。1930 年动工兴建泾惠渠,1934 年和 1935 年,洛惠渠、渭惠渠也相继动工,1936 年又开始修建梅惠渠。泾惠渠于 1932 年建成后,灌溉惠及泾阳、三原、高陵、临潼等地。据 1934 年统计,灌溉面积已有 50 万亩。1939 年时,增加至 65 万亩。这是中国第一座应用近代技术建设的大型灌溉工程,渠首建有固定的混凝土滚水坝拦河,三孔进水闸自流引水,并建立了科学的灌溉管理体制。洛惠渠大约在 1937 年竣工,前身是旧时的龙首渠。在澄城县老状头村西修建拦河坝,开渠引北洛水灌溉澄清城、大荔等县农田,当时预计可灌面积为 50 万亩。渭惠渠从郿县(今眉县)引渭水输送到咸阳,于 1937 年冬大致完工,可灌溉郿县、扶风、武功、兴平、咸阳五县农田 60 万亩。1938 年秋末,实灌面积已有 20 万亩左右。梅惠渠于 1938 年大致完工,灌溉岐山等地,设计灌溉面积为 14 万亩。此后,周至县的黑惠渠、户县的涝惠渠、长安县的沣惠渠、礼泉县的泔惠渠相继开工。这些工程均采用近代技术建设,设计先进,规模大,效益好。但由于经费和技术的限制,各渠并未达到设计上的预期效益。

四是汾、洛、沁三河的农田灌溉。汾河两岸的农田水利开发也较早。清末至民国期间没有新的发展,仍是原有的五百余条渠道,分布在汾河上、中、下游,灌溉面积 149 万多亩。洛河(包括伊河中下游)两岸的卢氏、洛宁、洛阳、偃师、嵩县、伊川等县,这个时期有灌溉渠道 40 多条,每渠设有渠长,主

---

① 陈耳东:《河套灌区水利简史》,水利电力出版社 1988 年版,第 199 页。

持正常的维修和灌溉用水的调配。沁河流域的水利事业在历史上曾几度兴衰。其下游沁阳、武陟两县境内,自清同治至民国17年间,沿旧渠两岸又新设许多分水闸门,进一步方便了引水。据1935年前后的统计,灌溉面积尚有21万亩。1937年以后,由于战争的影响,五龙口以下的广利等渠遭到了严重破坏。

此外,民国时期珠江流域各地应用近代技术先后兴建了一批新型灌溉工程,其中一些工程的灌溉面积已达到几万亩,这些工程几乎全是引水工程。

(六)畜牧科技

中国近代畜牧科学技术的特点是在传统经验科学的基础上,逐渐引进西方实验科学,在家畜育种学、饲养管理学、繁殖学、牧草学等方面构建近代畜牧科技的框架,并进行国外畜禽良种的引种改良试验。

1. 优良畜禽品种的引进与改良

(1)近代马种的引进与改良。近代畜种引进过程中,马由于其在军事上的重要用途而受到特别关注,马匹引进和改良工作也就成为畜种改良活动中的主要内容。

近代最早的马匹改良工作是由法国人进行的,1900年,法国人向东北地区输入百匹北非阿拉伯血统公马。清政府自1906开始也进行多次改良引种工作,分别从德国、俄国等地购入种公马,用于改良马匹,但效果不大。日伪时期,马匹改良工作分别以挽驮用马、小型骑兵用马为主要目标,持续十数年之久,参加配种的种公马达2万匹次,改良马大约19.5万匹。伪满的马匹改良收到了一定的效果。一般农区,用中间种和重种改良,其杂种马改良效果较好。清朝灭亡后,各地军阀为扩充军备,在其辖区内进行了不同程度的马匹改良工作。

20世纪30年代,国民政府也进行了马匹改良工作,选定江苏句容县小九华山南麓为场地,1935年句容种马场成立,设有马厩10幢,此外还有兽医诊疗室、蹄铁工场、研究室、调教场、牧草实验区、饲料库、农具库等。句容种马场改良工作尽管持续时间较短,但有几点值得称赞。首先运用级进杂交方式,能使外血统品种的优良性最大限度地在杂交品种上得到表现;其次,注重对优良品种进行纯种繁育,使其优良性不致退化;再次,采用人工授精技术,这无疑是提高优良种公马利用率的有效途径。句容种马场是继新疆伊犁种羊场后较早使用人工授精技术的种马场,并且还是国内首次在马匹改良繁殖中使用人工授精技术的种马场。

(2)近代猪种的引进与改良。近代以来,大量的外国猪种通过不同途径引入中国并进行杂交育种,对中国猪种改良起了相当大的作用。杂种猪因其生长快,又保留了本地猪耐粗饲的优点,在许多地区逐渐为民众喜爱。一部分杂种猪被留种繁殖,形成了一批血统混杂的杂种群。借助于这些杂种群,20世纪五六十年代,畜牧工作者经过周密的计划,育成了一些较具特色的新品种。

道光二十年(1840)后,俄侨带入东北的白色猪在东北一带繁殖,德国侨民带入的巴克夏猪在山东一带繁殖,日侨将巴克夏和约克夏猪带入东北。光绪年间,德国人带来大白猪,饲养在张家口和青岛一带。

1907年,留美归国学者陈振先在任奉天农事试验场场长时,曾引进过少量的巴克夏猪,对东北土种猪进行改良。自此以后,各大学农科、农专、农场相继引入外国猪种以改良中国猪种,如:1919年,广东岭南大学引进巴克夏猪;1923年,北平燕京大学农科引进泰姆华斯、波中猪、约克夏猪饲养;1924年,陈宰均在青岛李村建立新型猪场,引入巴克夏猪进行猪种改良工作;1927年,南京中央大学从日本引进巴克夏猪;1929年,河北定县"平民教育研究会"从燕京大学农场购入波中猪与本地母猪杂交;1932年,北平大学农学院引入波中猪、泰姆华斯猪,从事杂交改良工作;1933年,南京国民革命军遗族学校引入波中猪、泰姆华斯猪、汉普夏猪、巴克夏猪,江苏无锡江苏省立教育学院引入波中猪、杜洛克猪、切斯特白猪、中约克夏猪,江西农业院引入中约克夏猪、大约克夏猪、泰姆华斯猪;1935年,四川家畜保育所引入大约克夏猪、巴克夏猪;1936年,南京中央大学引入巴克夏猪、波中猪、杜洛克猪、大约克夏猪、切斯特白猪;等等。

(3)近代牛种的引进与改良

一是良种奶牛的引进与改良。近代,最早将外国乳用牛品种引入中国的是外国侨民,其中上海是近代奶牛业的起源地,侨民率先引进奶牛品种养殖。据载,1870 年就有外国侨民将爱尔夏奶牛引入上海,以满足他们对牛奶的需求。其他地区,如山东、四川、北京、南京以及东北地区也先后引进奶牛,据统计,1926 年全国拥有各种奶牛约 1 万头。据 1936 年英文版的《中国年鉴》记载,纯种乳牛有 3018 头,其中黑白花 2607 头,其他均为乳牛与黄牛的杂交种。1949 年,据中央农业部统计:乳牛总数约 4 万头,主要分布在京、沪、汉、宁、杭、蓉、渝等大城市。

二是役用牛的改良。中国的农用动力,绝大部分由役用牛来承担。抗日战争时期国民政府迁都到重庆后,开始着手耕牛改良工作。在农林部畜牧司的主持下,于 1941—1943 年分别在江西临川、湖南零陵、广西桂林、四川南川、贵州湄潭、河南洛川等地设立 6 个耕牛繁殖场和 1 个西北役畜改良场,选择当地优良黄牛和水牛品种,进行品种选育提高,后来 6 个耕牛繁殖场合并成南川、湄潭、零陵、成都 4 个场。抗战胜利后,农林部所属耕牛繁殖场交由地方办理,西北役畜改良场仍由国民政府农林部办理改良业务,继续从事秦川牛的选育繁殖工作,在改良场工作人员的精心培育下,秦川牛的品质得到保证。

(4)近代羊种的引进与改良。光绪十八年(1892),清政府商情报告称有 6 只美利奴羊运往察哈尔供杂交改良之用,这是中国最早引进国外绵羊以改良中国本地绵羊的尝试。此后,绵羊引进工作逐渐展开。1904 年,陕西高宪祖、郑尚真等人获知欧美各国羊毛用途广泛,便从国外购入种羊,在安塞县北路周家洞附近设立牧场,饲养美利奴羊数百只,改良陕西绵羊。其附近农村绵羊品种的改进皆依赖该场指导。1906 年,清政府在奉天省(今辽宁)设农事试验场,从日本引入美利奴羊 32 只,以改良奉天的绵羊品种。1909 年后,奉天农事试验场由留美学者陈振先任场长,职员由美国人担任,并从美国引入美利奴羊数百只,进行品种改良工作。此后,山西铭贤学校、南京中央种畜场、西北种畜场、四川家畜保育所、农林部西北羊毛改进处、乌鲁木齐迪化种畜场、伊犁种羊场等先后从国外引入优良羊种,品种有美利奴、兰布里、考力代、雪洛夏普、普瑞考斯等。这些优良羊种引入后,与各地土种绵羊杂交繁殖,改良了土种绵羊品质,提高了产毛量和羊毛品质。

(5)近代的家禽引进与改良。近代,引进与改良的家禽种类主要是鸡。

20世纪初期,一些留学欧美和日本等地的有志之士在国外学习了近代农业科学,有了一些养鸡方面的实践经验,回国后即开始办学办场,传播养鸡方面的科学知识。朱楞和陈俊超于1908年在上海讲授养鸡学,发行关于养鸡知识的讲义,内容包括鸡的生理解剖、孵化、育雏、鸡舍建筑、饲养管理、繁殖、品种、鸡场经营和鸡病诊治等方面的科学知识。引进外国鸡种改良本国鸡种成为当时发展畜牧业的重要内容之一。上海于20世纪二三十年代陆续办起了专业小型鸡场,创办家禽函授学校,出版养鸡刊物。除了上海,东北等地区也开始引入外国鸡种。

近代最早的鸡种改良试验始于1922年,附设于通州潞河中学的潞河乡村服务部鸡场,使用白来航鸡与本地鸡种杂交改良。

2. 繁殖技术的发展

家畜繁殖技术在畜牧业发展过程中占有重要地位。近代中国在引进国外先进畜牧技术的过程中,家畜人工授精技术被率先介绍到国内,主要运用于牛、羊的繁殖。而随着家畜人工授精技术的引进,近代家畜繁殖生理理论也逐步被介绍到中国,并成为许多畜牧工作者研究的对象。

1919年鲁农在《中华农学会丛刊》第一期上发表了《马匹人工授精术》一文,对人工授精技术作了较完整、系统的介绍。此后李秉权、朱先煌等人先后著文,分别介绍这一技术的各项要领。1933年,新疆伊犁种羊场开展绵羊改良工作,聘请苏联专家作为技术指导,曾大规模开展人工授精试验,这是人工授精技术在国内家畜繁殖领域的首次运用。1935年,句容种马场也开始运用人工授精技术。1936年,谢成侠从王善政那里学习人工授精术,后在1938年,使用美制马用橡胶采精袋和马牛两用德式苏特兰(Suther-land)授精器在广西惠阳种马场从事人工授精工作。

人工授精技术优点很多,其最有价值的是能充分地利用优良品种的遗传潜能,不必饲养数量太多种公畜禽,能大大减少饲养成本。

3. 饲养技术

晚清时期,在引进国外优良畜禽品种改良中国畜禽品种的过程中,国外先进的饲养管理技术也逐渐被介绍到国内,近代家畜饲养管理方面的研究及试验开始在近代中国发展起来。一些新型研究机构相继成立,开始从事饲养及营养方面的科研活动。促使这些研究开展的原因主要有三方面：第一，新引入的畜禽品种需要进行适应性饲养试验；第二，某些优良品种或杂交品种的产品性能要通过饲养试验才能显示其优劣；第三，各种饲料的营养价值，只有通过饲养试验的方式，才能判别其优劣。

最早译载国外家畜饲养技术的是由罗振玉等人创办的《农学报》。据统计，《农学报》共刊载 40 多篇有关国外畜牧业方面的文章，其中多为关于饲养方面的内容。1921 年，东南大学农科畜牧系成立，且开始引入乳牛、猪、鸡进行饲养试验，从而开创了中国近代家畜家禽饲养试验的先河。此后，一些专家学者在不同的机构针对饲养、饲料、营养等方面做了许多研究工作，为近代中国畜牧业生产中的科学饲养提供了科学依据，也为后来中国的动物营养学的建立打下了基础。中国近代饲养试验可分为四个方面：动物营养及营养生理研究、传统饲养与科学饲养效果比较试验研究、中外畜禽品种对饲料利用能力的比较试验研究、畜禽对不同饲料利用能力的比较研究。

（七）兽医技术

近代兽医科技的发展主要表现在兽医教育机构建立、生物药品的研制、传染病防治技术的推广、动物检疫机构建立等方面。

1. 兽医教育机构建立及民间西兽医技术的引进

1904 年北洋马医学堂成立，并聘请日本人野口次郎、伊藤三郎、田中醇为教师，从此以实验为基础的西方兽医技术，通过日本教师而传入中国。而在此前后，一些外国侨民纷纷引进一些奶牛以供自用，同时也带来一些西兽医人员并传授有关的西兽医科技知识。

2. 近代兽用生物制品制造

西方以实验为基础的兽医学的特长之一，是能有效地抑制传染病的危害，当西兽医技术被引进之后，中国的兽医工作者便开始研制兽医生物制品，用以预防治疗家畜传染病。

1900 年，上海开始应用家畜结核菌素试验反应新技术。1924 年，北京中央防疫处首创马鼻疽诊断液及犬用狂犬疫苗。此后一些通商口岸，如上海、青岛、天津等地设立商品检验局，技术工作由一些留学归国的专门人才承担,他们利用所学知识和口岸有利条件研制一些防治传染病的疫苗和血清。此后,一些兽疫防治机构纷纷成立,大批血清及疫苗被制造出来,使各地猖狂肆虐的传染病得到一定程度的控制。20世纪20—30年代,马鼻疽诊断液,犬用狂犬病疫苗,抗牛瘟、猪瘟血清及疫苗等生物制品相继制造成功,对近代疯狂肆虐的兽疫的防治起了重要的作用。

3. 兽疫防治

从20世纪30年代开始,许多兽疫防治机构纷纷建立。所属血清制造厂生产出大量的抗传染病血清及疫苗,由此展开了一场规模较大的兽疫防治的会战。兽医工作者利用血清控制家畜传染病的恶化,利用疫苗进行预防注射,辅以封锁隔离,使猖狂肆虐的传染病在各地得到不同程度的控制,局部地区还根除了某些传染病的危害,如上海地区在1935年消灭牛瘟,从此,上海养牛业尤其奶牛业不再遭受牛瘟危害。

4. 创建动物检疫机构

1935年8月1日,上海商品检验局正式对进口牛羊进行检疫,从此,中国家畜家禽业的健康发展又多了一道新的保护屏障。

5. 兽医科研工作

为了更好地防治传染病,一些兽医工作者在兽医科研方面作了许多工作,取得了令人瞩目的研究成果。其内容涉及兔化牛瘟疫苗研究,鸡新城疫弱毒疫苗的应用研究,牛肺疫的调查研究及防治,水牛病毒性脑脊髓炎确认研究,感染牛瘟病畜血球研究,牛瘟病畜、牛瘟免疫牛及制造抗牛瘟血清用牛之尿中成分变异研究,牛瘟之磺胺类化学治疗试验研究,猪丹毒研究,出血性败血病免疫研究,家畜寄生虫研究等等。

第九章 综 论

　　通过绪论及前八章的叙述,对历史时期每一个阶段的农业发展有一个大致的介绍。但是分段式的叙述,难免存在碎片化现象,不能从全局的角度展示农业发展的整体过程。本章内容将以专题的形式,阐述几个对农业影响深远,同时贯穿整个农业发展历史阶段的重大问题。

　　第一个专题是二十四节气何以在中国产生的原因及现实意义。二十四节气被联合国教科文组织列入"人类非物质文化遗产名录",它是中国文化所独有的,是古代顺天时,量地力,与自然和谐相处的产物,它在今天仍然具有重要的现实意义。

　　第二个专题是"水稻对中国传统社会的贡献"。早期中国古代经济与文化中心在北方,但到了隋唐时期,由于战乱频发,经济中心向江南转移,更准确地说是依赖当地的水稻生产。依靠水稻独特的生态性能,南方成为高密度的人口区,同时构筑了一个良好的社会生态系统。历史上农民起义多发生在旱作地区,很少发生在水稻产区。水稻所具有的生态特点依然会对今天的农业可持续发展产生积极的作用。

　　第三个专题是"中国古代的农书"。古代农书记载了古代农业生产技术与农业政策,是古人农业生产智慧的文字体现,对农业技术总结与推广起到了重要的作用。

　　第四个专题是"传统农耕文明的现实意义"。工业革命后,以机械、化肥与农药为特征的农业效率提高,对于解决温饱问题具有特殊的作用。但是农业污染等问题也随之而来,农业可持续发展面临困境。传统的农耕智慧中蕴藏着循环利用,没有废物的理念与措施,能成为解决现实环境问题的"钥匙"。

第一节 "二十四节气"在中国产生的
原因及现实意义

"二十四节气"是古代中国人通过观察太阳周年运动,发现其一年中时令、气候、物候等方面变化规律并结合农业产生特点,进而指导生产与生活所形成的知识体系和社会实践。这是一个天文与农学两方面知识密切配合的知识体系。二十四节气也不仅仅局限于狭义的四十八个汉字,而是包含了其背后的众多农谚,以及各地依据实际所总结的气候与物候知识。

在国际气象界,"二十四节气"这一认知体系被誉为"中国的第五大发明"。2016 年 11 月,联合国教科文组织保护非物质文化遗产政府间委员会(以下简称"委员会")第十一届常会,将中国申报的"二十四节气——中国人通过观察太阳周年运动而形成的时间知识体系及其实践",列入联合国教科文组织人类"非物质文化遗产代表作名录"。二十四节气在中国古代对人们的生产与生活等方面产生了重要的影响,它是中国所独有的一种文化现象。

一、二十四节气在中国产生的简要过程

二十四节气的产生是一个漫长的过程。在自然与人类的共同进化过程中,太阳起了决定的作用,万物生长靠太阳,这是毋庸置疑的,几乎所有的文明体,其对自然的认识都不会忽视太阳的作用,以农耕为生活的民族更是必须了解太阳的运行,来确定其生产行为。但是并非所有的文化同步进步,其对自然知识的积累与对某些知识的特别需求,决定了其认识的高度。有学者研究认为,商代甲骨文中即可见"日至"的概念,也就是说,当时可能出现有关夏至和冬至的记载。[1] 沈志忠依据陈久金和夏纬英的研究认为,商人存在测定日至的可能,但是还不能肯定。[2] 如果说商人可能存在较高的畜

---

[1]　温少峰、袁庭栋:《殷墟卜辞研究——科学技术篇》,四川省社会科学院出版社 1983 年版。
[2]　沈志忠:《二十四节气形成年代考》,《东南文化》2001 年第 1 期。

牧业比重的话,那么周人则是以农耕起家,且承续商人对日观察的成果,所以西周时期肯定知道"两至",并且也有"两分"的概念。春秋中期,加上了四立的概念。到了战国时期,二十四节气理念基本形成。完整记载二十四节气顺序的则在西汉时期《淮南子》一书中,至此,沿用至今的二十四节气产生。① 二十四节气名称中,包含四季变化、气温特点和雨水状况,但中心思想是围绕农业生产与日常生活。当然,我们必须看到,二十四节气在西汉成型以后,其内容在不断地丰富,在 48 个汉字所包含的内容之外,还应该包含数量巨大的农谚与节令,并且随着地域的不同,其所包含的内容也有所不同。

二、二十四节气在中国产生的原因分析

二十四节气的出现首先要具备客观基础,其次是主观愿望,第三是相应的天文学知识能力,第四是必须要有政策方面强力推动,只有四者共同作用,才能促成二十四节气这种既指导生产,又指导生活的文化现象产生。下面分别从四个方面论述其何以在中国产生。

（一）客观基础——四季分明的中纬度地区具备产生二十四节气的客观条件

二十四节气是一个对春夏秋冬气候变化明显的地区才会有意义的知识体系,只有四季分明的地区,才会有明显季节与物候变化,人们才可以观察到不同时期的气候变化与物候特征,而且具有重复的特点,如果它没有持续性与重复的特征,气候与物候存在无规律的变化,也就没有指导意义。地球上只有中纬度地区才会四季分明,且周而复始,而中国的黄河中下流及至长江流域部分地区符合这个条件。

黄河中下流地区四季分明,符合产生二十四节气的条件。同时这个地区还是原始农业起源地,因为更新世以来源于寒冷刺激,人们萌发了观念农业,到了全新世以后,在客观与主观条件都具备的情况下,原始农业发源于

---

① 沈志忠:《二十四节气形成年代考》,《东南文化》2001 年第 1 期。

此地域。①

二十四节气理念既产生于中纬度地区,自然同时与北纬30°重合。一些处于中纬度以外的地区如赤道和北极附近地区,气温基本非常稳定,变化幅度较小,难以产生复杂的二十四节气概念。

（二）主观要求——具备和谐理念的农耕社会需要确定农时来指导生产

二十四节气具有强烈的指导农业生产的目的,一定是与农耕社会有关,游牧社会不需要这种历法。当然并非所有的农耕社会都会产生二十四节气这种文化现象,只有那些发达的农耕社会,同时具有先进的农学思想,重农传统,以及与自然和谐相处的文化理念。

1. 二十四节气是农耕文明的产物

二十四节气产生于农耕社会,因为它对游牧民族的意义不大。中国古代文明属于农耕文化类型,它是世界上少数几个早期农耕文明的起源地之一。早在距今一万年左右的新石器时代,就发明了农业,小米、大豆和水稻等作物原产于中国,栽桑养蚕也是我们最早,而与种植关系密切的家养动物如猪与狗,也很早在此地率先被养殖。农耕方式发明以后,依靠种植作物的生产与生活方式,一直延续,大约自春秋战国开始,至秦汉时期,种植业为主的生产与生活方式已经确立。中国是几千年来以农耕为主要生产与生活方式的国家,中国也是唯一的一个具备连续的语言与文字不间断的文明体。这种不间断的文明体,具备较多人口规模与社会组织,形成了城市与国家,其文化容易因为象形文字(象形文字在变化中容易继承,而拼音文字则容易中断)而承继。而游牧民族则不容易将文明传续。游牧民族大致可以分为两大类型,早期的狩猎民族和中古游牧民族,早期欧洲的寒冷地区的狩猎民族和北极地区因纽特人,因为群体数量较少的原因,难以在较早时期发明二十四节气概念;中古的游牧民族如蒙古族,则是因为农耕发育至一定程度的基础之上,游牧方式才产生的,游牧社会仅仅需要了解春夏秋冬这种较粗的时序概念,过度细分对他们没有太大的实际意义。

---

① 徐旺生:《中国农业本土起源新论》,《中国农史》1994 年第 1 期。

2.二十四节气只能产生于高度发达的农业文明社会

中国古代的农业自新石器时代,进入阶级社会以后,依靠黄土的深厚与肥沃,产生了早期发达的农业文明。黄土因为其漫长的形成过程,堆积的特点,深厚并肥沃,便于早期简陋工具耕作,也容易获得好的收成,所以能够支撑较多的人口规模,迅速在这一带形成了一种强势文明社区与群落。因为种植业在单位面积上能养活比游牧更多的人口,便于形成国家与城市及文明。黄土与农业配合,快速成为互促因素,促进了农业生产的发展与文明的进步。黄土农业促进了秦汉文明的发达,同时也成为进一步发展的依靠。

高度发达的农耕社会具备文化积累的基础,进一步促成了各种知识的继承与发展。二十四节气的全部内容形成持续了很长时间,西周时有"两分"与"两至",战国时增加了"四立",到西汉《淮南子》上才内容完备,这些如果没有汉字的延续性,就难以不断承继。

3.二十四节气只会产生有着强烈和谐关怀与包容理念的文明体中

仅仅农耕社会的生产发达还不足以产生二十四节气概念,还需要相应的农学思想与理念来配合。而处于轴心时代(公元前 500 年左右,在中国为春秋战国之际)的中国文明相当发达,诸子百家争鸣,它们相互影响,农家成为其中重要的流派之一。在诸子争鸣的过程中,形成了独特的天人合一的思想,这种敬畏自然,充分利用自然的思想体系,促成了二十四节气理念的形成。具体来说,当时的老庄哲学影响深远,老子强调"道法自然",庄子崇尚自然,提倡无为,提倡"天地与我并生,万物与我为一"的精神境界,自然会影响到当时的农家学派,而代表农家的《吕氏春秋》中"《上农》《任地》《辨土》《审时》"等四篇所体现的农家思想,强调与自然和谐相处,则是老庄思想的直接体现。其中《审时》篇用"天、地、人"三者之间存在密切的关系来解释农业生产过程与确定原则,其曰:"夫稼,为之者人也,生之者地也,养之者天也",这些都会促成了内涵丰富,以掌握农时为目的,包含二十四节气的精耕细作技术体系的产生。当时所形成的天才、地才和人才的三才思想,透露出强调农时的重要性,而二十四节气就是合理利用农时的具体措施,是当时发达的农学思想具体的体现。

在天、地、人三者协调,和谐的模式下,古人认为土地是命根子,更是有生命的有机体。著名的"土脉论"把土壤视为有血脉的、能变动的、与气候变化相呼应的活的机体。

中国古代生产方式与生活方式都是一种和谐模式。首先生活方式是和谐模式,因为奉行的多子继承,不像欧洲单子继承排他式,不会选择开拓殖民式生活方式,局部地区人口相对众多,只能多熟种植,所以生产方式也只能是和谐模式,寻求与自然的和谐相处,技术类型是以节约土地的类型,把所有剩余的时间用于土地上,深耕、中耕、施肥等,把力气释放在土地上,从而形成了精耕细作的技术体系,其中北方形成了耕、耙、耱与中耕保墒配套的体系,在南方则是耕耙耖配套的体系,养活了众多人口。

中国人的移民方式,如向东南亚移民也是包容式,和谐共处,主要从事商业与农业。古代中国人认为最为体面的职业是耕与读,向往耕读传家。

古代中国人追求与自然和谐相处,尊重自然,依赖自然,在充分认识自然的基础上利用自然,按照自然规律来做事,所以才会对按照天道,安排生产与生活的二十四节气有产生的迫切需求。

(三)技术积累——二十四节气产生必须具备高度发达的天文学知识

二十四节气的产生必须依赖发达的天文学知识,否则无法确定太阳运行的规律。古代中国的天文学相当发达,与农学、医学与数学并称为四大自然科学。中国是欧洲文艺复兴以前天文现象最精确的观测者和记录的最好保存者。中国最古老、最简单的天文仪器是土圭,也叫圭表。它是用来度量日影长短的,有了它,可以确立冬至与夏至时间。然后通过数学推算,将太阳运行一年分成二十四等份,确立每一个节气的时间。没有发达的天文学,无法产生二十四节气。但是,拥有发达的天文学知识并不能够产生二十四节气,古希腊的天文学也很发达,但是没有产生二十四节气概念。

希腊文明被视为欧洲文明的源头,但是他们的天文学理念与中国存在明显的不同。而希腊天文学更多的是了解星际运行机制与规律,并不以协调人的行为为目的。有人称他们属于科学范畴,即以了解天体运行的规律为目标。现代天文学能够在西欧产生,与其科学的体系——发展变化观有着密切的联系。中国的天文学更多是一种礼学,它认为天是一个有意志、有情感的至高无上的存在者,以某种神秘的方式与地上人事发生关联,于是了解天象、破解天意是中国最高统治者的政治需要,也是所有中国人的礼仪需要。虽然中国天文历法也推算日月行星方位,建立了自己独特的推算方法,但从根本上并不以发现天界运行规律为目标,也不相信存在这样的规律①。希腊的天文学产生了现代天文学,而中国则没有朝这条路上走,更感兴趣的是天上与人间存在什么关联,迫切需要了解天与人之间存在什么关系?政治色彩非常浓厚,其政治追求演变成为天人感应,然后来判定人间俗事是否合规。在生产与生活方面则是要找到太阳与地球之间相互运动的规律,将地球上因为太阳运行所主导的天气演变周年(365 天)重复的现象,分成二十四份,称为二十四节气,用来指导生产与生活。

(四)政策推动——二十四节气只会产生于中央集权体制的社会

除了上述的几大因素的影响,我们还应该看到制度是最重要也最直接决定二十四节气产生的因素。秦汉时期中央集权体制——郡县制度,为二十四节气产生与推广产生了最重要的推动作用,否则,至少各地不会形成与之相配套的农谚和各地因地制宜的节气内容的调整。

秦汉时期郡县制度一方面催生了影响深远的重农抑商思想,为二十四节气产生提供政策方面的支持。农业在秦汉时期成为整个国家经济的主体,重农思想得以出台,并殃及商业。种植成为重中之重,养殖成为附庸。所以说,没有重农思想传统,二十四节气也不可能不断地深入到这个中华民族的生产与生活的各个方面。

郡县制度另外一方面就是要推行同一种生产与生活方式。这在二十四节气还没有完全成为历法的西汉初年表现得相当突出。汉初相当重视农业生产,地方官的主要工作是劝课农桑,告诉人们如何安排生产与生活,因此在汉代产生二十四节气概念丝毫不应该觉得奇怪。与车同轨、书同文并行的是日同历。但是时间到了汉武帝时期才真正地推行二十四节气。

尽管多数地区的春夏秋冬分明,但还是有很多地区并不适合春耕、夏耘、秋获、冬藏,南方很早就突破北方只有春天才能播种的限制,这些地区就

---

① 吴国盛:《科学与礼学:希腊与中国的天文学》,《北京大学学报(哲学社会科学版)》2015年第 4 期。

会存在用与不用的问题。能够在不太适合的地区推行二十四节气,必然有政府的因素在起作用,事实也能够证明这一点。秦朝推行一统制度后,很快就被汉朝取代,汉承秦制,依然推行这一制度,延续秦朝书同文、车同轨。其中历法也是如此,日同历,统一为颛顼历。先秦时期,各诸侯国采用不同的历法,有"古六历"(黄帝历、颛顼历、夏历、殷历、周历、鲁历)之称,秦始皇统一中国后,采用颛顼历。汉承秦制,用颛顼历,一直用到汉武帝太初元年。武帝根据大中大夫公孙卿、壶遂、太史令司马迁的建议,招募了唐都、落下闳、邓平等著名天文学家商定新历。落下闳制造了浑仪,对天象进行实测,在此基础上和唐都、邓平等人一起制定了太初历。汉武帝在太初元年颁行此历,并宣布改这一年为太初元年①。太初历将一回归年平分为二十四节气。也就是说,通过官方推行,才使得二十四节气成为古代中国地区的用来指导生产与生活的普遍历法,客观上它是秦汉以来中央集权体制——郡县制度的产物。

因此,如果从这个角度来看,二十四节气也许更多的是生活的日历,而不首先是生产的日历。当然,其生产的指导价值也很重要。

我们可以得出如下结论:处于四季分明的地域,有着深厚农耕文化底蕴,具备发达的农学思想,同时拥有追求与自然和谐相处的发达农耕文化体系,高度发达的天文学知识,最后在制度层面上强力推动,才会有"二十四节气"的发明与实践,在汉代产生"二十四节气"理念。

三、二十四节气的文化意义与现实价值

(一)二十四节气是古代精耕细作技术体系的实现手段与具体措施

中国古代文明发展至少在春秋战国,就已经确立了以农耕为主要的生产与生活方式,并逐步形成了精耕细作技术体系。

这个体系的形成主要因素一方面可以归结于人多。西欧基本上是人少地多,所以耕作方式是三圃制度,也就是将土地分成三份:一份放牧,一份休闲,一份种作物;中国则基本上都是连作制度,没有土地可以让它闲着。但

---

① 斯琴毕力格:《太初改历考》,《内蒙古师范大学学报(哲学社会科学版)》2004年第6期。

是地力终会衰退,于是发明了代田法,即通过沟垄互换的方式,在连年种植的基础上隔行休闲。另一方面可以归结为黄河流域需要抗旱保墒。因为黄河流域春天播种时风沙大,种子发芽时水分不足,需要采取抗旱保墒的办法,所以发明了耕、耙和耱的方式来抗旱保墒,此外采用中耕的方式除草并保墒,这个体系在魏晋南北朝时期基本成型。这个技术体系虽然最后定型于魏晋时期,但是实际上开始的时间很早,可以说自春秋战国就开始逐步产生。

这个体系的起点是如何把握农时。种植行为是一个需要确定合适的时间才会有好的收获的,这是一个较漫长的过程,需要各种自然因素配合,古人认识到这一点,所以才有"天人合一"与"三才"思想的形成。任何抽象的哲学理念都要有具体的操作措施才能实现其价值。农业生产开始于种,结束于收获,把握农时是第一步,是关键,所以中国的古代农学哲学中非常强调把握农时,也就是说,如何在农业生产过程中来实现天人合一,并获得好的收成呢? 人们便开始通过实践,找到作物生长的规律,何时耕耘、播种、收获与贮藏,然后总结,于是发明了用于指导生产的"二十四节气"概念,在不同的时间干不同的农活。可以说"二十四节气"是天人合一抽象哲学理念下析出的一个极其具体的以掌握农时为特征的操作办法,它以时间序列的方式,将作物的自然生长过程与农民的社会生产过程高度结合,以此获得尽可能多的收成。

实现天人合一的目标,需要利用二十四节气掌握农时,加上耕、耙、耱三者配套抗旱保墒体系辅以中耕除草,成为以少量土地养活众多人口的技术依靠,构筑了一条通往天人合一,与自然和谐相处的路径,成为中华民族的人口众多、土地狭窄环境下的生存法宝。

我们也可以总结为,是农耕基因决定了中国古代的文明类型,它促成了天人合一哲学的产生,进而孕育了二十四节气概念和耕、耙、耱三者配套抗旱保墒体系(在南方则为耕、耙、耖三者配套),构成了古代的精耕细作技术体系。

(二)二十四节气对今天的中国农业具有重要的现实指导意义

二十四节气是一种与自然高度和谐的生产与生活历法。现代农业发源于欧洲,欧洲人对中国古代的农业模式给予了高度赞扬。19 世纪的德国化学家,现代"肥料工业之父"李必希认为中国的农学是世界农学的典范。20 世纪初期美国国家土壤局局长金博士在考察中日韩三国农业后所著的《四千年农夫》一书中,对中国的农业与农学思想大加赞赏,认为西欧的农业应该向以中国为首的东亚学习。西欧国家近现代农业相当发达,但是为什么他们对中国农业大加赞赏呢? 源于中国古代独特的和谐生产与生活模式。

民以食为天,农业依然是国民经济的基础。但是今天农业已经发生了巨大的变化,中国农业是在传统的基础上引进西欧农业模式,加入了许多工业化要素,诸如化肥、农药与机械,但是存在诸多难以回避的问题,诸如:耕地质量下降,黑土层变薄、土壤酸化、耕作层变浅等问题凸显。环境污染问题突出,确保农产品质量安全的任务极其艰巨。生态系统退化明显,建设生态保育型农业的任务非常困难。而这些问题的解决,需要我们遵循天人合一的思想,传承二十四节气背后所包含的理念,如因时制宜,因地制宜,种养结合,循环利用,找到与自然和谐的生产方式,所以说"二十四节气"理念将以新的形式服务于中国当代农业。

二十四节气理念主要告诉人们要特别关注农时,即尊重自然规律。告诉人们什么时候耕地、播种、中耕除草、收获与贮藏等,都要遵循一定之规。二十四节气这一知识体系在今天依然没有过时,这是因为不管今天农业生产如何发达,基础的原理不会变化,即依赖自然而生产,依然要遵循自古以来形成的尊重自然的知识体系,指导生产的各个过程。

二十四节气同时还可以为我们美丽乡村建设产生积极的影响。我们知道,不管工业化的程度有多高,乡村依然会是中国社会的最大板块,乡村的和谐依然要与工业化进程并行不悖,城乡之间的互动应该是双向的,良性的,不能因为工业化而让乡村失去了它应有的韵味。通过二十四节气,生活在都市的人们能够了解乡村,时时刻刻提醒人们,城市不能离开乡村,让都市的人们能够望得见青山,看得见绿水,记得住乡愁,亲近自然。

第二节 水稻对中国传统社会的贡献

新石器时代早期在中国长江流域,野生的水稻被人们驯化以后,就成为该地区居民的主要食物。水稻和大豆、茶叶、蚕桑一起,被视为中国农业对世界文明作出的重要贡献。大米在古代,特别是在隋唐以后,推动了中国社会的发展,协助经济中心从自然生态环境开始恶化的北方黄土高原、华北平原向长江中下游平原转移。

在中国古代,水稻的种植地位没有因为汉唐以来海外作物的传入而受到影响,越到后来,这种地位反而越是稳固。即使美洲作物对"旧大陆"的粮食生产产生了重要的影响,但是在中国也只是取代了部分旱作作物,没有撼动水稻的地位。只要是能够种植水稻的地方,人们就会放弃其他作物的种植,而改种水稻,如南方高山地区还开发出梯田以种植水稻。这一情形持续到 20 世纪六七十年代。这主要是因为水稻本身的高产性能以及其良好的生态价值。水稻与牛、猪可构成大的循环利用的生态系统,又可与鱼、蟹、鸭等共生构成小的循环利用系统。此外,它又是稻麦二熟水旱轮作的主体作物,并促成了丘陵冲田、高山梯田的开发,使得南方在隋唐以后一直承担经济中心的角色。水稻构成了一个稳定的生态系统,它在这个系统中处于核心地位。

一、水稻的出现使得南方的沼泽地变成良田,并且水稻没有替代品

中国政治经济的重心开始是在北方,北方农业是以种植小米为主的旱作农业,主要作物有粟、稷、麻、高粱、大豆等,后来麦子从西域引进,这些旱作作物可以相互替代。小米(粟)在唐代以前一直是主要的粮食作物,唐代开始,小米让位于麦子,传统的"南稻北粟"的格局变更为"南稻北麦"。但在南方,水稻的地位没有改变,因为没有作物在南方能够替代水稻。试想如果没有水稻,中国南方低湿地只是湿地,可以养鱼,种莲藕、菱角等,但是产量都很低,养活不了多少人。

汉代有一种叫菰的植物,其种子雕胡作为粮食,很好吃,杜甫曾经有诗

赞美"滑忆雕胡饭,香闻锦带羹",但是由于产量低,被淘汰。后来人们主要利用菰的肉质茎,也叫茭白。水稻的存在使得南方广大的土地成为耕地,养活的人口难以统计。没有水稻,就没有稻田的概念,中国的有效耕地面积至少减半。换句话说,水稻使得南方的低湿沼泽地,变成了中国最优质的良田。

二、水稻成为隋唐以后的经济依赖

水稻是一种喜湿热气候,并需要大量水分的作物,最适合雨热同季的长江中下游和珠三角地区低湿地种植。冲积平原上游的天然营养物质被冲刷到低地,土壤肥力得天独厚,如太湖地区水田的土壤含氮量是黄土高原和黄淮海平原旱田的土壤含氮量两倍,为作物的生长提供了天然的养料,水田稻作可以提供比北方旱田高出两倍的产量。

南方水田稻作生态系统的稳定性和开发潜力,要远优于北方旱作农业生态系统。比起北方旱作区大多只种一季,或者种一季就得休耕一两年的麦、粟来说,稻作大大缓解了人地矛盾。麦田还会因反复灌溉和水分大量蒸发而造成土壤盐碱化问题。种植水稻的土地不需要休耕,也不会盐碱化。水稻可以普遍实行复种,只需要合理耕作、适当施肥就可以持续不断地加以利用,而且可以保持地力常新。这意味着同样面积的土地,可以生产更多的粮食,养活更多的人口。

隋唐以来,北方因为战乱,同时水土流失严重,社会矛盾尖锐,经济重心开始向南方转移。韩愈的《送陆歙州诗序》说"当今赋出于天下,江南居十九"。到了宋代,中国南方的人口超过北方,这在很大程度上是源于南方水稻生产的成就。

《宋史·食货志》说:"南渡后,水田之利,富于中原,故水利大兴。"北宋陆游的文章中已出现"苏常熟,天下足"这样的说法。说明最迟到北宋末年,当时的苏州、常州地区(大致相当于今江苏苏州市、常州市、无锡市和上海市西北一带)生产的粮食,不仅能满足本地日益增长的人口的需要,还有大量富余,可以保证中央政府的调拨,供应其他地区。"苏常熟"主要是因为水稻的种植的缘故。水稻何时养活超过一半的人口?有人认为在唐代,也有人认为在宋代。水稻一种作物所能供养的人口数量能够等同所有的旱作作物,其价值可见一斑。

三、水稻与牛、猪构成了大的生态循环利用系统

在南方,水稻的价值不仅仅体现在其产量高,还体现在水稻能与其他物种构成一个合理的生态系统。首先,它与牛、猪构成了一个大的种养结合的循环利用系统。

这个系统中,人是主导者,牛在种植水稻的过程中提供耕田的动力。人吃稻米,其副产品稻草用来喂牛。稻草富有营养物质,可作为牛的饲料,特别是冬天的主要饲料。稻草可用做燃料,烧火做饭;稻草是建筑材料,成为屋顶上遮风雨的草棚;稻草可以作草鞋的材料;稻草还可作为猪圈和牛栏的垫料,经过猪、牛的践踏和嚼食之后,加上遗撒的便溺,堆积之后便成为稻田基肥的主要来源。人不愿意利用的米糠,用于养猪。猪是一个杂物收集器,吃人剩下的残羹剩饭,利用人所不吃的东西。

在这个系统中,水稻全身是宝。牛和猪吃水稻的副产品,并且各自分工,牛吃稻草,猪吃米糠,不竞争冲突。牛、猪及至人,各自分工消化完水稻的部分物质,产生的粪便又回到田间,维护着一个平衡态,形成了一个循环利用系统。没有物质溢出循环系统之外,所有的都被利用。

四、水稻与小麦共同组成了稻麦二熟制,形成了水旱轮作系统

在唐代,为了提高土地的利用率,云南地区的人们开始将水稻与麦子的种植结合起来,形成稻麦二熟制。宋代以后,这种轮作方式在长江流域盛行。这是一种以水稻为中心的水旱轮作方式,具有较好的生态效应与价值,具体体现在五个方面。

一是有利于土壤养分的良性循环。水旱轮作措施能够调节土壤养分的积累和释放,恢复和提高地力,促进土壤养分的良性循环。

二是改善土壤的理化性状。长期种稻的土壤容易板结,通过与旱作物轮作,可使土壤疏松。

三是减轻病虫危害和农田污染作物病害。作物病害有许多通过土壤感

染,通过杂草、稻根及其他旱作作物残体感染传病。虫害则基本上在杂草、稻根和其他旱作残体上越冬,有的也在土壤中越冬。通过水旱轮作,改变农田环境,可消灭和减少病源,消灭部分虫卵,达到减轻病虫危害的目的。水旱轮作可消灭和减少病菌在土壤中的数量,破坏越冬场所。病菌一般都有一定的专一性,有的虫子也是如此,通过水旱作物的交替种植,能抑制和消除病虫害。特别是一些难以控制的病害,如水稻的白叶枯病,通过长期的水旱轮作可加以控制和根除。

四是能够消除杂草。杂草的生长有它一定的适宜环境。水旱轮作通过改变水、旱杂草的生长环境,能达到抑制、减少和消灭杂草的目的,是一项较好的综防措施。

五是有利于充分利用土壤中各层次养分。水田作物一般根系较浅,主要吸收耕层养分,旱田作物主根入土较深,能加强对耕层及耕层以下养分的吸收。[1]

稻麦二熟制对于南方经济的发展起了重要作用,使这一地区能够充分利用土地,特别是能充分利用冬闲田,从而获得更多的粮食。设想如果没有水稻,就不可能形成水旱轮作。不论长江中下游地区的稻麦轮作制的二熟制,还是珠江流域的两季稻加一麦的三熟制,都是以水稻为中心的,水稻是主角。

五、水稻促成了小的种养结合系统——稻田养鱼、养鸭等类生态农业出现

水稻除了与牛、猪形成大的循环利用体系,与小麦形成水旱轮作体系外,水稻还与养鱼、鸭、虾等结合,形成另外一种生态模式,被称作稻鱼等共生系统。稻田养鱼的历史可以追溯到东汉时期,[2]但其作用在明清时

---

[1] 叶培韬:《对水旱轮作农业生态效应的探讨》,《生态学杂志》1988 年第 2 期。

[2] 关于稻田养鱼的历史,郭清华依据陕西勉县东汉墓葬中出土的稻田养鱼模型,认为始于东汉时期。但向安强则认为起源于明代。分别见郭清华:《勉县出土稻田养鱼模型》,《农业考古》1986 年第 1 期,第 252 页;向安强:《稻田养鱼起源新探》,《中国科技史料》1995 年第 2 期,第 62—74 页。

期应用价值突显,且运用得更加普遍。人们发现稻田养鱼是一种很好的解决当时耕地面积有限,生存空间狭小,动物食物供应不足的方式。如浙江青田,很早就形成了稻鱼共生系统,这是一种在空间上进行的立体"套种",是由于人地关系紧张而发展起来的,区别于水旱作物套种的一种种养结合形式,属于比牛猪水稻之间种养结合更加紧密的一种种养结合的方式。

稻鱼共生系统的意义重大,其主要体现在四个方面。其一,稻鱼共生,种养结合,利用了空间,节约了土地,同时还减少了中耕所需要的劳动力投入,可谓一举多得。"稻田养鱼"将种稻和养鱼有机地结合起来,田鱼觅食时,搅动田水,搅糊泥土,为水稻根系生长提供氧气,促进水稻生长。田鱼吃了稻田里的猪毛草、鸭舌草等杂草以及叶蝉等害虫,田鱼的排泄物又给稻田施加有机肥料。其二,长期以来,主要从事种植业的民族,劳动所得多是一些植物性食物,食物结构单一,品质欠佳。而"稻田养鱼"则在收获水稻的同时,还能获得动物性食物,弥补了农耕民族食物中动物蛋白质不足的缺陷。其三,它是一种空间上进行的立体"套种"形式,节约了土地,在一定程度上缓和了长期以来历史上人地关系紧张的矛盾,田鱼不需要专门的鱼塘养。其四,由于稻鱼共生,减少了种植时对农药的依赖,维护了生物多样性的存在,提升了生活在水生环境中杂草的价值。

除了稻鱼共生以外,人们还从事稻蟹共生,稻鸭共生,稻虾共生,甚至稻鱼鸭三者共生。都是利用养殖的动物吃田中杂草,害虫,然后粪便肥田的方式。而这所有的优势与前景都是基于水稻这个重要的作物之上。

六、水稻促进了对丘陵与山地的高质量利用

南方高山与丘陵地区,如果没有水稻,只能种旱地作物,其产量肯定不能与水稻相提并论。由于水稻的优势存在,高山有由森林蓄水的地区出现了梯田,丘陵地区两丘之间顶部可以修建池塘蓄水的地区出现了冲田。

梯田是一种在高山地区种植水稻的土地利用形式。一般情况下,高山本来只能种旱地作物,但是一旦有水源,人们便可以开垦梯田,用来种水稻。

典型意义的梯田,即坡度较高的高山梯田多见于西南高山地区。这些地区多山,且山顶森林茂盛,能够涵养雨水。在不建立有形的水利工程的情况下,即不需要开挖专门的蓄水设施,而是主要依靠梯田上面的土壤和森林涵养水分形成隐形灌溉系统,在非下雨季节涵养的水分持续下流,以供梯田中的水稻生长所需。

梯田农业的历史起源很早,云南元阳梯田据称有1300多年的历史,贵州从江梯田也有1000年以上历史。云南红河一带,由于降水量充沛,滇西北从怒江、澜沧江、长江水系到滇南江河水系流域,梯田稻作文化越来越发达,并最终在红河南岸哀牢山南段哈尼族聚居地区形成全省乃至全国最集中、最发达的梯田稻作区。这里的梯田被解释为森林、梯田、村庄、河流四度同构,是当地人们赖以生存的依靠,同时也是生态文明的典型,被评选为联合国粮农组织的全球重要农业文化遗产。

图 9-1　哈尼梯田四度同构示意图

除了高山梯田,广泛分布于南方丘陵地区,如在湖北东部的冲田,是另外一种形式的梯田,或者说是丘陵梯田,其面积远远要比高山梯田大。冲田是利用两丘之间的土地,开垦成为梯级稻田,坡度比云南元阳等地的高山梯田小一些。人们在丘陵的上部建有人工挖掘的独立池塘,蓄水以供灌溉,持续提供水稻生长过程中所需要的水分。

无论是高山梯田,还是丘陵梯田,其主要是借助于水稻这个独特的高产作物。没有水稻这个作物,南方高山与丘陵地区只能种旱作作物,产量肯定比水稻低,我们今天也难以看到令人神往的梯田景观。

七、水稻不会造成水土流失

土壤形成并能够种植作物,是一个非常漫长的过程。在中国北方,黄土是主要的土壤类型,其堆积很深,垂直节理发育利于早期简陋工具进行耕作,缺点是遇到洪水就会流失。时间一久,松散的黄土遇较大降水,就会产生水土流失问题。北方旱作农业必然动土,所以到了汉代,水土流失已经相当严重。此后,随着自然生态环境改变,社会生态也开始出现问题,北方战乱,中国经济重心开始向南方转移。南方能够起到承接经济文化中心转移的重任,其根本原因是水稻生产在起作用。

与旱地容易导致水土流失相对照的是,低湿地水稻田不会造成水土流失,这是它的又一大优点。稻田的水面能够稳定土壤中的氮和有机质的含量。非平原地区的梯田和冲田的田埂,都能够起到减少水土流失的作用。种植水稻,既高产又不会造成像西南山地地区因为引进美洲高产旱作作物所产生的水土流失现象。

南方的水土流失问题主要出现在西南山区,种植作物不是水稻,而主要是旱作作物,流失的土壤随着水流进入长江等河流,长江流域一带的湖泊开始淤积,江汉平原一带在明代开始出现了大量垸田,类似于长江下游地区的围田,加之当地长期冲击而形成的土地因为地势原因接受了来自上游的土壤有机物质沉积,形成了肥沃的土壤,利于种稻。明代,这一带流行"湖广熟,天下足"的谚语,这也是水稻在其中起了关键作用。

八、水稻构筑了合理的自然生态系统以及有弹性的社会系统

20世纪初,美国国家土壤局局长富兰克林·金(Franklin.H.King)来东亚考察农业,他感到惊奇的是中国农民用1英亩土地养活了一家人,而同样地块在当时的美国微不足道。中国的土地连续耕种了几千年,不仅没有出现土壤退化的现象,似乎反而越种越肥沃。他将沿途的见闻写成《四千年农夫》一书,总结了中国农业以豆科作物为核心的合理轮作和使用有机肥的农法,希望西方农业学习和借鉴。这种高度合理的生态系统,构成了有机的生物系统,没有水稻是不可想象的。

水稻生态系统同时也构造了一个有弹性的社会系统。惠富平在《稻米

春秋——中国稻作历史与文化》一文中指出旱作农业与古代社会动乱之间存在着某种联系,历史上农民起义的爆发点几乎都集中在河南、山东、陕西等地区,这些地区恰好就处于黄河中下游流域旱作历史最悠久的地区。隋唐以后,中国经济主要依靠南方,特别是宋以后,南方地区人口大幅度增长,并在这个基础上保持政治系统的相对稳定。由于人口增加,人均土地数量减少,封建地租在后期达到很高的水平,剥削程度远超过北方,因而有江南重赋一说。但一直到清末,南方并未发生大规模动乱,这充分体现了南方地区稳定的农业生态系统对社会系统的支持作用。何炳棣指出,宋、明、清时期的统治者只要维护社会稳定、抗御北方的侵犯者,便可以获得长期的稳定统治,与这时期之前的那种政治动乱形成鲜明的对比。尽管没有"均田制"的推广,也没有汉武帝那样大规模地兴修水利,但宋、明、清三个王朝统治时间各长达 200 多年,只是到了清代后期,南方地区在人口压力进一步加强的条件下,才发生像太平天国那样的社会动荡局面。

明代以前的中国人口,依据官方的统计,盛世时期的人口高峰大约是在 5000 万—6000 万之间,入清以后,人口迅速增长,乾隆六年(1741)人口突破一亿,到乾隆三十年(1765)人口增加到 2 亿,乾隆五十五年(1790)又增加到 3 亿,到道光十五年(1835)人口增至 4 亿。从中国历史上看,从汉平帝元始二年(公元 2 年)5900 万人,到乾隆六年(1741)突破 1 亿,用了 1740 年,而从 1 亿增到 2 亿,只用了 24 年,从 2 亿到 3 亿,仅用了 25 年,从 3 亿到 4 亿只用了 45 年,由此可见清代人口数量增长之多,增长速度之快,是历史上绝无仅有的。关于中国清代人口出现快速增长问题,学术界认为主要原因与美洲作物的引进并大量种植有关,次要原因是清代将历代相沿的丁银并入田赋征收,即"摊丁入亩"的赋税制度,客观上减轻了最底层农民人头税的负担,促成中国人口迅速增长。固然这是一种正确的解释,但其中没有被特别给予关注的是水稻,水稻的高产与生态特性,才是关键中的关键,因为引进的美洲作物只是在旱地上替代原来的旱地作物,没有在水田里替代水稻,更没有因此将水田改作旱地。说明外来作物尽管好,只是相对于旱地作物,而对水稻没有什么优势,水稻没有替代品。当时水稻不仅从生态上水旱轮作,如稻麦二熟;同时还通过双季稻与三季稻的方式提高产量,在南方与外来美洲作物竞争而立于不败之地。

九、水稻支撑了南方的文化繁荣

人口规模与文化发展也存在关系。有学者对历史上文人学士进行过统计,发现明清以前取得科举功名的人以及被任命为官员的人,其籍贯由此前多在北方,明清以后出现逐渐南方转移的现象。即宋代以前名人主要分布于北方,此后则向南方倾斜。游修龄同意这一归纳,并认为江南文化发达的现象,与南方稻鱼结合,饭稻羹鱼的膳食结构有关。很难说文人学士、官员数量多与是否食稻米有关,因为麦子与小米的营养价值同样也很高,而从蛋白质的角度来看,可能更高,所以没有理由认为吃水稻的居民要比食小米的居民更加聪明,更具有文化品位。

但是应该看到,水稻的高产,使南方地区生活水平相对要高,人们有更多的时间来从事生产以外的活动,纯粹的生产活动与生产以外的文化活动出现了更加明显的分离,南方文化显现出来的繁荣,应该与水稻促进了经济繁荣,从而导致文化发达。水稻与文化繁荣之间有着间接的关系。

十、水稻农业的间接限制作用

当然,我们也应该看到,水稻农业还有某些不足,不过这种不足不是水稻本身的问题,而是间接的问题。

其一,水稻大量种植造成了南方低湿地开垦,围湖造田,洪水来到后,容易形成水灾。江汉平原地区尤其明显。荆江大堤不断加高,高出居民生活区地面不少,长江成为悬河。每年洪水季节,溃口现象时有发生。历史上长江洪水造成的损失、死伤不计其数。因此在"湖广熟,天下足"流传的同时,江汉平原地区还流行着"沙湖沔阳州,十年九不收"的谚语,即是说由于洪水的危害,经常导致水稻绝收。有统计指出,自公元前 185 年(西汉初)至1911 年(清朝末年)的 2096 年间,长江共发生较大洪水灾害 214 次,平均每10 年一小灾,80 至 90 年一大灾。1499 年至 1949 年大约 450 年间,仅湖北省江汉干堤溃口达 186 次,平均每 2 至 3 年一次。

其二,在某种意义上来讲,水稻成为传统社会后期主要的食物来源后,其生产方式也就成为主流的生产方式,其相应的耕作技术与工具也成为主流的技术和工具,具有明显的小型化特征,如曲辕犁就比直辕犁小,与小农经济天然结合,从而限制了耕作系统中工具的进步,机器农具没有主观的发明需求。曲辕犁加一牛耕作,成为南方水稻产区的主流耕作方式,这种小型化和轻便化的改进,固然有利于劳动效率提高,也适合水田的耕作,但某种意义上抑制了后来向重型犁方向的改进,至少在南方,犁的特点只能维持在此水准上,不再有较大的系统改进,也不可能因此而发明近代农机具。

当然,工具进步的问题,不只是水稻生产单一因素所决定的,还与中国社会小农家庭生产过程中,局部人口压力与人地关系不合理有关。如清代以来,北方的耕畜存在明显的小型化现象,对饲料要求低、体型更加小的驴大受欢迎①,耕畜小型化与工具的小型化,与家庭结构的小型化以及传统文化氛围下的"传宗接代人人有责",不断分家析产,形成小农经济有关。

总之,这只是水稻农业的小小不足,丝毫不能掩盖水稻对于中国古代社会产生的巨大贡献。水稻不仅仅在历史上为中国循环农业的发展作出了重要贡献,它使得经济中心向南方转移后,没有发生重大的问题,因为水稻在多种场合注入了生态的特征。水稻在今天依然是中国粮食作物的首选,原因不仅仅是其产量,更为重要的依然是其循环农业生态特征。农业要想可持续发展,种养结合必是首选,这就离不开水稻。2015 年,农业部、国家发展改革委、科技部等部门联合发布了《全国农业可持续发展规划(2015—2030 年)》,各地正根据规划精神,大力推广稻田养鱼、养虾、养蟹、养鸭模式,水旱轮作,并取得了非常好的经济与生态效益。

第三节　中国古代的农书

一、历代农书的概况

农书是记录人们在从事农业生产过程中产生的技术与政策的文献。中国是一个以农业著称的文明古国,随着农业科学技术的发展,农书开始出

---

① 朱洪启:《近代华北农家经济与农具配置》,《古今农业》2004 年第 1 期。

现,并成为数量仅次于医学著作的第二大科技类书籍。据王毓瑚《中国农学书录》收录了古代农书542种,北京图书馆主编的《中国古农书联合目录》收录了643种,其中流传至今的有300余种。

先秦时期,一些思想家和政治家都提倡重农,诸子百家中也有农家学派,并写出了中国历史上第一批农书。《汉书·艺文志》记载有《神农》和《野老》两种,作者"不知何世"的有《宰氏》《尹都尉》《赵氏》《王氏》等四种,但是已经佚失,今天无法看到真容。有关农业的内容更多都是散见于先秦文献中的个别篇章。如《尚书》中的"禹贡""无逸",《逸周书》中的"周月解""时训解""职方解",《管子》中的"四时""地员",《商君书》中的"垦令""农战",《吕氏春秋》中的"上农""任地""辩土""审时",等等。其中尤以"吕氏春秋""上农"等四篇最为突出,是现存最早的农书。"上农"谈农本,其余三篇分述土地利用、土壤耕作、合理密植、中耕除草、不违农时等农业生产技术问题,是保存至今的最早的农业科学技术论文。四篇联合起来,已形成一个体系。它是先秦农业生产经验的总结,同时又为中国的传统农业思想和精耕细作技术奠定了理论基础。

秦汉时期是古代农书发展的重要时期,《汉书·艺文志》所载九种农书中指明是西汉农书的有《董安国》《蔡癸书》《氾胜之书》三种,其余《尹都尉》《赵氏》等也可能是由西汉时人所撰。西汉的农书还有《神农教田相土耕种》《种树藏果相蚕》《相六畜》等数种;东汉的农书有王景《蚕织法》、崔寔《四民月令》。此外还有《月政畜牧栽种法》《卜式养羊法》《养猪法》《陶朱公养鱼法》《伯乐相马经》《阙中铜马法》《宁戚相牛经》《王良相牛经》等,一般也认为是汉代的农书。但秦汉农书大部分都已失传,只有《氾胜之书》和《四民月令》已有较可靠的辑佚本。《氾胜之书》是汉代农书中最好的一种,原有18篇,现仅辑存3000余字。其反映了西汉时期中国北方旱作农业所达到的技术水平。东汉《四民月令》则是月令类农书的首创和代表作。书中有关于每月农事作业的安排,按照轻重缓急,安排得细致合理。有些内容,较《氾胜之书》又有所发展,如水稻的育秧移栽、树木的埋枝繁殖(压条)等都是已知的历史上的首次记载。

魏晋南北朝时期农书中关于畜牧的内容较多。据《隋书·经籍志》记载,大致有《齐民要术》《禁苑实录》《田家历》《竹谱》《种植药法》《相鸭经》《相鸡经》《相鹅经》《相马经》《疗马方》《俞极治马经》《治马经目》《治马经图》《马经孔穴图》《杂撰马经》《治马牛驼骡等经》等。此外,《齐民要术》中引用的《魏王花木志》和《家政法》也可能是这一时期的著作。但这些农书大都已经散失,只有《齐民要术》《竹谱》和不见《隋书·经籍志》著录的《南方草木状》等数部流传至今。从上列的书目可以看出,这一时期相马、治马病的书相当多,这与当时西北游牧民族大举进入中原,以及战事频繁,急需军马的背景有关。

隋唐两宋时期的农书约有 150 余种,大致具有四方面的特点。其一,随着经济重心的南移,开始出现了专以江南水田农业为对象的农书,如唐代陆龟蒙《耒耜经》、宋代陈旉《农书》等。其二,随着商品经济的发展、农业技术的提高和城市经济的繁荣,以花、果、茶为中心的专业性农书明显增多,其中不少是具有开创性的著作,具有较高的学术价值。如宋代郑熊《广中荔枝谱》、韩彦直《橘录》、欧阳修《洛阳牡丹记》、周师厚《洛阳花木记》、刘蒙《菊谱》、曾安止《禾谱》、王灼《糖霜谱》、赞宁《笋谱》、陈仁玉《菌谱》、陈翥《桐谱》、陈景沂《全芳备祖》等。茶叶专书有 13 种以上。这与当时饮茶风气盛行,以及茶马互市和茶叶贸易的发展密切相关。其三,月令类农书特别多,如隋代杜台卿《玉烛宝典》、唐代韦行规《保生月录》,见于唐、宋史志著录的月令类农书,约有 27 种以上。其四,宋代还出现了《耕织图》这种以精美图像为主,配以农事诗歌的新型农书。这一时期的许多农书均已失传。流传至今的重要农书有唐代的《四时纂要》和《司牧安骥集》,宋代的陈旉《农书》、吴怿《种艺必用》、韩彦直《橘录》、蔡襄《荔枝谱》、秦观《蚕书》和陈景沂《全芳备祖》等。

元明清时期是农书创作的繁荣期,农书的明显特点主要体现在三个方面。第一,宋代以前的农书往往局限于北方或南方,元明清时期出现了大型综合性农书,不论官纂的还是私人著述,大都兼顾北方旱作和南方水田农业,成为全国性农书,如王祯的《农书》(也称《王祯农书》)、徐光启的《农政全书》、清代官纂的《授时通考》等。第二,地方性小农书增多,实用性增强。如明代专论嘉湖地区农业的《沈氏农书》和清代的《补农书》,专论河北泽地农业的《泽农要录》,专论江南早稻生产的《江南催耕课稻篇》,以及《农言著实》《马首农言》等,都是依据本地区农业生产的特点和经验写成的小农书,对指导当地农业生产具有重要意义。第三,专业性农书大量涌现,内容也更加丰富。如蚕桑专书,多达180余种,其中85%以上出现于清代中后期,且都是一些实用性较强的生产指导书,这与当时蚕丝出口贸易的迅猛发展密切相关;专述花卉的著作也很多,其中尤以菊花为最,大部分是"退居林下"的失意文人士人之作;专述植物的著作有《群芳谱》《广群芳谱》《植物名实图考》等,反映了人们对开发植物资源的高度重视;专述果树的有《水蜜桃谱》《龙眼谱》《打枣谱》《檇李谱》等;专述农作物的有《稻品》《江南催耕课稻编》《甘薯录》《木棉谱》等;关于野菜和治蝗的专书也始见于这一时期,这与明清时期蝗害严重、饥荒频繁发生有关,关于论述野菜方面有《救荒本草》《野菜谱》《野菜博录》等,论述治蝗方面的有《捕蝗考》《捕蝗要说》《治蝗全法》等。

这一时期的农书中,不乏高质量的之作,其中较突出的综合性农书有元代司农司编纂的《农桑辑要》、王祯《农书》、鲁明善《农桑衣食撮要》、明代徐光启的《农政全书》和清代官纂的《授时通考》。较著名的地方性农书有《沈氏农书》和《补农书》。较著名的兽医著作有喻氏兄弟的《元亨疗马集》和李南晖的《活兽慈舟》等。

二、古代农书的分类

如果要对中国古代农书进行分类,从内容上可以分为综合性农书和专业性农书两大类。早期的农书多属综合性农书,这与古代自给自足的自然经济密切相关。随着后来商品经济的发展和农业内部的进一步分工,各种专业性农书才渐渐多起来。综合性农书从体裁上还可以分为农业全书类、月令类和通书类三种类型。农业全书类是最基本的一种,其特点是按照广义农业的生产体系,分门别类,全面论述农业生产知识。《齐民要术》《农政全书》属于这一类型。月令类农书则按月或者按上、中、下旬,安排各月的农事活动,有的还涉及农业经营和民间习俗。其优点是可以按时间顺序指导农业生产,缺点是技术性知识显得分散,难以作系统论述。《四民月令》

《农桑衣食撮要》《农圃便览》等属于这一类型。通书类农书实际上是农村的日用百科全书,内容涉及农村生产和生活的各个方面,同时还包括了相当分量的祈禳祭祀等活动项目,其中所载的农业生产技术往往切于实用而且具有特色。《居家必用事类全集》《便民图纂》《多能鄙事》等均属这一类。专业性农书数量很多,涉及广泛。大致在三国以前已出现了相马、医马病、相六畜、养羊、养鱼、蚕织、占候等类农书。

晋唐间开始出现花、竹、茶和农具等类农书。宋代是出现花果类专谱的盛期,兰、菊、牡丹、芍药、禾、菌、笋、桐、漆、荔枝、橘等许多专谱都出现于这一时期,有的还多达四五种以上。到了明清时期,则几乎无所不有了。其中尤以花卉、蚕桑、救荒(包括野菜、治蝗、荒政)等类为多。

此外,古代农书还可按著者的身份,分为官书和私人著述;按内容涉及地区范围的大小,分为全国性农书和地区性农书。

三、古代农书的特色

古代农书呈现出四个特色。

第一,古代农书记载了中国古代的精耕细作技术,内容丰富。

第二,历代骨干农书虽然均以广义农业为对象,但却始终反映出以"农桑为主"的思想。《农桑辑要》《农桑衣食撮要》《农桑经》等还直接以"农桑"名书,而清代官纂的《授时通考》则把农作物和蚕桑以外的果、蔬、经济林木以及畜牧兽医等类归入"农余门",把棉、麻、葛等纤维作物归入"蚕桑门"作"桑余"处理。这些都反映了"农桑"在中国古代农书中的特殊地位。

第三,在各类专业性农书中,蚕桑、花卉和畜牧兽医类农书数量占有突出的地位,而农具类农书却很少,往往排在末位。畜牧兽医类多为相马、医马病著作,这与古代战争需用战马密切相关;蚕桑类农书在明清时期,特别是清代中期以后,随着蚕丝对外贸易的发展而数量大增;花卉类农书则因在综合性农书中受到排斥,而多以专书的形式出现;农具类农书数量处于末位,这大概与中国的传统农具形制到宋元已经稳定,此后变化不大有关。

第四,从地区上说,唐代以前的农书,多以黄河流域旱作农业为研究对象,记述江南水田生产技术的农书在唐代才开始出现,宋代以后逐渐增多,大致与中国经济中心南移的状况相吻合。

四、历史上重要的综合性农书

(一)现存最早的农书——《吕氏春秋》中的《上农》等四篇

《吕氏春秋》的《上农》等四篇是目前唯一保存至今的有关先秦农业生产的文章,可以看作是一部农书。《吕氏春秋》是秦相吕不韦组织门客集体编写的杂家著作,大约成书于秦统一天下的前夕。其中的《上农》等四篇是《士容论》中的后四篇,包括《上农》《任地》《辩土》《审时》。四篇内容各有侧重,《上农》主要论述重农思想和农业政策,《任地》主要介绍土地利用的原则,《辩土》主要讲述耕作栽培的要求和方法,《审时》重点论述掌握农时的重要意义。

这四篇论文在农学史上的贡献可归纳为五个方面。其一,其指出重农可以尽地利,获得更多的农产品,又可使农民安居乐业。其二,其把天时、地利、人和三要素应用到农业生产之中,指出不仅要靠天、靠地,而且更要靠人,即把遵循自然规律同发挥人的主观能动性结合起来。其三,总结了土壤耕作的经验,要求通过耕作,使对立的双方得到协调,奠定了中国传统耕作技术的理论基础。其四,总结了垄作法的一系列措施。其五,从农学的角度强调掌握农时的重要性。

《上农》等四篇虽然不是一部独立的农书,但四篇一起能构成比较完整的农业技术知识体系,从农业思想和农学理论方面为中国精耕细作农业的发展奠定了基础,对中国传统农学的发展作出了贡献。不足的是,该四篇没有论及当时已广泛推行的施肥和灌溉技术。

(二)《氾胜之书》

《氾胜之书》是中国汉代著名农书之一。作者氾胜之,西汉后期人,古代杰出的农学家,生卒年、籍贯均缺乏明文记载。《氾胜之书》原书18篇,以2000年前黄河流域关中地区农业生产技术为对象,总结了耕田法、收种法、溲种法、区田法,以及禾(粟)、黍、稻、稗、大豆、小豆、宿麦(冬小麦)、旋麦(春小麦)、苴(雌株,油料用大麻)、枲(雄株,纤维用大麻)、甜瓜、瓠、芋、桑、荏(油苏子)、胡麻(今称芝麻)等 10 多种作物的栽培技术。

《氾胜之书》的最大的特色是以精耕细作、提高单位面积产量的方法来发展农业生产。该书概括地提出了农业生产总的指导原则:"凡耕之本,在于趣时、和土、务粪泽、早锄、早获。"这十七字原则不仅适用于耕作、灌溉、施肥、锄草、收获等生产环节,而且贯穿于农业生产的全过程。该书的书写体例比较合理,内容既有总论,每一种具体作物又有扼要的栽培各论。这为中国古代农书记述传统作物栽培法打下了良好的基础,并开创了先例。

《氾胜之书》虽为关中地区农业丰产技术的总结,但对于整个北方旱地农业均有指导意义。从保存下来的 3000 多字的遗文中,可以看出中国 2000 年前的农业生产技术已经达到很高的水平。

(三)《四民月令》

《四民月令》是东汉时代的一部以农家月令为体裁的农书,也是中国最早的一部农家月令书。《四民月令》记述和总结了公元 2 世纪的黄河中游(以洛阳地区为背景)地区的农业生产水平和农家生活概况。著者崔寔(约103—170),字子真,涿郡安平(今河北安平)人,曾任议郎、东观著作、五原和辽东两郡的太守。崔寔以士大夫的身份在当时首都洛阳多年经营着一个庄田,以蚕桑(从种桑、养蚕到纺、织、染和制丝绵)、酿造等家庭手工业为辅,还进行农产品、纺织品、丝绵等的商品交易,集"士、农、工、商"于一身。他为了把自己的亲身体验传授给人们,遂仿效《礼记·月令》的体裁,把逐月应做的农事一一写了下来,题名《四民月令》。全书基本上以士民(中小地主)的家庭为背景,按月叙述有关治生(以农业为主)的事项和经验。《四民月令》中首次记述的一些农业生产技术,对后世有深远的影响。该书所要解决的是一个大家庭的衣食生活,所以除大田生产以外,农产品收获后的贮藏加工占很大的比重。在经营管理上很注意利用农产品的季节差价以获利。

《四民月令》作为一部月令农书,实际上又超越了农业生产的范畴,延伸到如何经营管理庄园家庭的经济和家庭的生活保健,以及维持传统的家族精神信仰、文化生活诸多方面。

（四）《齐民要术》

《齐民要术》是以总结北魏以前黄河流域精耕细作技术为中心，包括农、林、牧、渔和农副产品加工技术知识的农学巨著，是中国古代完整地保存下来的第一部综合性农书，也是世界上最早的农学名著之一。

贾思勰在这本书的自序中说："采捃经传，爰及歌谣，询之老成，验之行事。"所谓"采捃经传"就是汇集历史文献中有关农业技术的记载，《齐民要术》共引用前人著作 150 多种。所谓"爰及歌谣"就是搜集劳动人民口头流传的生产经验，这些经验集中表现在言简意赅、生动活泼的农谚中。所谓"询之老成"，就是请教有实践经验的老农或知识分子。《齐民要术》中所载的许多农业技术，一定是出于富有实践经验的人，否则是不可能讲述得那样具体而深刻的。所谓"验之行事"就是以自己的实践（观察和试验）来验证前人的经验和结论。例如，贾思勰就曾以自己失败的教训，阐明为牲畜贮足过冬饲料的必要性。

《齐民要术》全书十卷，92 篇，约 11 万余字。综揽农、林、牧、副、渔各个方面，大大超越先秦两汉农书的规模。《齐民要术》是对秦汉以来中国黄河流域农业科学技术的一个系统总结。不但辑录了《氾胜之书》《四民月令》等农书，保存了汉代农业技术的精华，且还着重总结了《氾胜之书》以后北方旱地农业的新经验、新成就，例如以耕—耙—耱为中心的旱地耕作技术体系以及轮作倒茬、种植绿肥、良种选育等多项技术，标志着中国北方旱地精耕细作体系已经成熟。在这以后的一千多年，中国北方旱地农业技术的发展，基本上没有超越《齐民要术》的总结。此外，《齐民要术》还第一次全面系统地总结了园艺技术，林木的压条、嫁接等繁育技术，畜禽的饲养管理、良种选育、外形鉴定技术，农副产品的加工技术，微生物利用技术等，是中国古代农学发展史上具有划时代意义的里程碑。

总之，《齐民要术》是中国现存最早和最完善的农学名著，它记载着公元 6 世纪及其以前先民在黄河中下游地区所积累的农业科学技术知识，对后世有深远影响，在中国和世界农业科学技术发展史上都占有重要的地位。

（五）《四时纂要》

《四时纂要》是唐末韩鄂所著的叙述农事活动的月令类农书，内容涉及农家生产和生活的各个方面。著者韩鄂生平及其著书年代均无史料可据，成书年代大致在9世纪末至10世纪初。《四时纂要》的内容主要摘引前人的著述，其中尤以贾思勰的《齐民要术》为最多。

全书内容可归纳为七个方面，但涉及农业方面的只有其中的两部分。一是农业技术，其内容占全书的一半以上，是本书的主体。其中以大田作物和蔬菜种植技术所占比重最大，畜牧、兽医、果树、蚕桑、渔业等处于从属地位；二是农副产品贮藏加工，这一类约占全书的五分之一，内容包括织造、染色、酿酒、制酱和饴糖、乳品、油脂、淀粉、动物胶等的加工以及食品的腌藏等。其中酿酒、制酱、制淀粉的技术均较前代有较大的发展。

《四时纂要》收录的资料有不少是历代农书中的首次记载，特别是保存了从6世纪初的《齐民要术》到12世纪的《陈旉农书》之间散失的资料，是研究唐和五代农业生产技术史、社会经济史和民间习俗史的重要文献。

（六）《陈旉农书》

《陈旉农书》是第一部反映南方水田农事的专著。作者陈旉（1076—？）自号西山隐居全真子，又号如是庵全真子，在真州（今江苏省仪征市）西山隐居务农，于南宋绍兴十九年（1149）74岁时写成此书，经地方官吏先后刊印传播。全书3卷22篇，1.2万余字，上卷论述农田经营管理和水稻栽培，是全书重点所在，中卷叙说养牛和牛医，下卷阐述栽桑和养蚕。因作者亲自务农，所以该书具有理论和实践相结合的特色。《陈旉农书》篇幅不大，但它在中国农学史上的贡献却不小。它第一次系统地讨论了土地利用，叙述了"地力常新壮""用粪犹用药"的重要主张，记载了开辟肥源、保存肥料、合理施肥等方面的创新。书中对水田作业论述相当精要具体。

（七）《农桑辑要》

《农桑辑要》是元代司农官颁布的大型农书，约于至元十年（1273）编成。作为一部指导全国农业技术的官修农书，《农桑辑要》的体系完备、规模较大，引用典籍繁多。书中大量记载了引入中原不久的作物，以及当时较为少见的农业技艺，如苎麻、棉花、西瓜、胡萝卜、茼蒿、甘蔗等物种的种植和养蜂技术。该书有关蚕桑的内容占有较大比重，同时还大力提倡种植苎麻、棉花，并批判了过分强调风土不宜的说法。

（八）《王祯农书》

《王祯农书》在中国古代农学遗产中占有重要地位。它首次兼论当时的中国北方农业技术和南方农业技术。王祯是山东人，在安徽、江西两省做过地方官，又到过江、浙一带。每到一处，常常深入农村作实地观察，因此王祯对南北地区的农业都有深入的了解。书中无论是记述耕作技术，还是农具的使用，或是栽桑养蚕，总是时时顾及南北的差别，致力于南北的相互交流。

将农具列为综合性农书的重要组成部分，是从《王祯农书》开始的，这是该书一大特点。中国传统农具到宋、元时期已发展到成熟阶段，种类齐全，形制多样。宋代已出现了较全面地论述农具的专书，如曾之瑾所撰的《农器谱》，可惜该书已亡佚。《王祯农书》中的《农器图谱》所记农具在数量上是空前的。《氾胜之书》中提到的农具只有 10 多种，《齐民要术》谈到的农具也只有 30 多种，而《农器图谱》记载的却有 100 多种，绘图 306 幅。不仅形象地记载了当时通行的农具，还将古代已失传的农具经过考订研究后，绘出了复原图。

（九）《农政全书》

《农政全书》是明末的一部大型综合性农书，总结汇集了 17 世纪中叶以前中国传统农政措施和农业科学技术发展的历史成就，在中国和世界农学史上均占有重要的地位。

作者徐光启是上海徐家汇人，是明代杰出的农学家、科学家和了解近代科学的先行者，《农政全书》为其毕生研究农业科学的总结性著作。为了撰写这本书，他除了披检大量典籍外，"尝躬执耒耜之器，亲尝草本之味，随时采集，兼之访问，缀而成书"。他在天津、上海等地进行长期的、多方面的试验研究，先后写出了《甘薯疏》《农遗杂疏》等八九种农学著作。其内容成为全书最有特色的部分，为《农政全书》的编写作了充分的准备。

《农政全书》对中国传统农学进行了高度概括，不仅内容广泛，包罗了广义农业的各个方面。而且全书对农业技术的分析研究和编写记述较前代农书更富于创见性。

第一，它把"农政"摆在首位，以农本、开垦、水利、荒政等为保证农业生产与农民生活的政策措施，并加以系统论述，其篇幅几乎占全书的一半。明代多灾荒，据统计，在明朝276年间发生了1011次灾害。因此，作为政治家的徐光启在编农书时特别注重"荒政"。

第二，它开始运用近代科学方法分析研究农业问题。如在《除蝗疏》中，分析统计从春秋到元代所记111次蝗灾发生的月份，得出蝗灾发生的时间是"最盛，于夏秋之间，与百谷长养成熟之时正相值"的结论，准确地指出了中国蝗灾发生的时间特点。

第三，极力反对"唯风土论"，指出这种保守思想大伤民事，会使农民坐失佳种美利。他从福建引种甘薯，从广东、福建引种棉花，从浙江引种女贞树，以及在天津试种水稻，以实际行动反对"唯风土论"。

第四，记录大量作者本人的心得与成就，代表了当时农业科技的先进水平。这部分内容大都是作者亲自调查或试验所得的真知灼见。

《农政全书》问世后，一直享有很高的声誉。有的地方官按照书中的方法实践，收到较好的效果。

总之，农书是古代农耕文明的结晶，其作者多是令人钦佩的，他们关注的是孔子认为有远大志向的人不该过问的稼穑，他们是知识阶层中的少众。古代多数知识分子热衷于科举考试，第一要务是谋官。在孔子看来问稼的都是小人，由此形成了"学者不农"的传统。与此同时"农者不学"也是一种客观现实，因为广大的农民不太容易总结生产方面的知识。

例外的是这些农书的作者则能够做到既学也农。这些农学家们记录并研讨古代的农业科学技术，让其传承为农业生产服务。他们所记录下来的古代农业科学技术，不仅让我们了解历史的发展过程，同时也能够留下宝贵的遗产，指导今天的农业生产。

第四节　传统农耕文明的现实意义

传统农耕文明包括农业政策、农业思想与哲学、农业技术三个层面，其对今天的中国农业发展依然具有重要的现实意义。

一、传统农业政策的现实意义

（一）传统的农业政策

传统农业政策大致包括劝农政策、开垦政策、水利政策、蠲免政策、储备政策。

1. 劝农政策

劝农政策是国家刺激生产以固本宁邦的首要政策。劝农政策的内容主要有籍田亲蚕制。该制度始于西周，周天子每年春耕开始时都在其领地籍田，只做做扶耒躬耕的样子，然后由各级官吏监督庶民"终于千亩"。每年春天王后也率领嫔妃采桑饲蚕。后来仪式中断，直到汉文帝恢复籍田亲蚕制，此后历代相沿，清代，籍田仪式还推广到地方一级。

在劝农政策下，国家设立农官，推广农耕技术。据文献记载，先秦时已设有农官。据《国语》载，西周农官有后稷、农师、农正等。春秋战国时，有的国家设立大田，为掌管农业与税收的职官。秦代中央有治粟内史。汉代中央设置大司农以执掌农事、督劝农桑，边郡有农都尉主管屯田殖谷事务。

政府还委派专官或颁行农书，进行具体教谕，指导耕作，推广作物新品种，推介先进农具和耕作技术。先秦农稷之官指导农业生产，总结农业生产经验，形成先秦农家中的"官方农学"。《吕氏春秋》的《上农》诸篇所引《后稷农书》《礼记·月令》等即其代表。汉代赵过教田三辅，并在这一过程中发明了耧车，用于快速播种。

奖励耕织是实施重农政策的重要措施。战国商鞅即实行奖励农耕，对生产成绩优异的免除一定差徭。汉代奖励力田，将力田提到与孝悌并重的地位。推选勤勉耕作的人给予褒奖，或使之担负乡间劝督指导农桑的责任。勤力耕作的农民、自由农被给以一定爵位，对依附农恢复其自由。南北朝时设有农爵，并对不听从劝教，惰于农桑的农民则加以处罚。唐代前期要求各县推选熟悉农业生产者担任田正，执行劝农任务。宋初曾要求各州县遴选擅长耕作树艺方法的人担任农师，劝课耕植。

2. 水利政策

水利政策主要体现在水利工程的建设上。在秦汉以来形成了种植业为主的农业结构以后,水利工程事业的建设及成效,直接决定着农业的收成好坏,同时也决定着王朝的兴衰。古代重视水利事业主要表现在以下两个方面:一是治河,即修筑河堤,疏通河道,以防泛滥。治理对象主要是黄河,其次为永定河、淮河、长江等主要河流,以及其他影响农业生产的地方性河流。二是农田水利。先秦重在疏通河道与沟洫排涝,战国始兴堤防工程和农田灌溉。秦统一后,黄河中下游有了统一堤防,又产生漕运,治河成为历代王朝的重要任务,农田水利也不断发展。

3. 开垦政策

开垦政策主要体现在鼓励开垦荒闲田土,增加耕地面积。历代政府均以鼓励开垦为重要农业政策,每个朝代建立初期,政府特别强调开垦,以迅速恢复遭受破坏的农业生产。在明清人口激增的情况下,政府尤以鼓励拓垦来扩大生产,以养活众多人口。随着土地的垦辟,开垦地区从平原、边疆向山地、河湖淤地逐渐转移。

4. 蠲免政策

蠲免政策主要体现在特殊时期减免农民的负担上。历代政府经常出台减免赋税的政策,方式有恩蠲、灾蠲与常蠲。恩蠲是统治者因重大喜庆而实行的优免;灾蠲是对遭受水旱虫风等自然灾害的地区实行的赋税减免;常蠲是在国家财政收入比较充裕的情况下,对各地轮流实行的常年蠲免。前两种方式贯穿于整个古代历史,第三种方式主要发生于古代后期。蠲免是为了减轻农民负担,保证农业生产。因此,蠲免政策既是社会救济性政策,也是生产性政策。

5. 储备政策

储备政策主要体现在储备粮食以备灾荒。中国古代的储备政策分为国储与民储,其形式为各种粮仓储备,主要是正仓、常平仓、义仓、社仓。前两种为国储,后两种为民储。初期以国储为主,同时,政府对民储控制较紧;后来民储地位逐渐提升,政府控制逐渐放松,只起督促、监督作用。正仓作为官仓,主要储备皇粮官俸,其生产性质是次要的。

上述历代重农政策的实施对于缓和矛盾有积极作用。一般在各朝前中期,重农政策基本上可以贯彻实行;到了王朝后期,由于社会动乱、经济崩坏,这类政策措施往往走形,变成负面资产,也随之废止。如为修建大规模工程而调发大量夫役;为建立储备而强行摊派,从而加重了农民负担;官僚的腐败使得这些政策在实施过程中产生了许多人为的弊害,同样阻碍生产发展。另一方面,抑商政策在古代社会前期对经济有一定积极作用,但随着商品经济的发展,其消极作用日益突出。

(二)传统农业政策的现实意义

自秦汉以来,政府特别强调农业的基础地位与主导地位,重农与抑商并行,并成为中国历代封建王朝最基本的经济指导思想,其主张是重视农业、以农为本,限制工商业的发展。从李悝变法、商鞅变法规定的奖励耕战,到汉文帝的重农措施,直到清初恢复经济的调整,都是重农抑商政策的体现。李悝认为农业几乎是国家财富的唯一源泉,所以他说"农伤则国贫",接着他又把工商业与农业对立起来,认为工商业的发展会损害农业,会使民人饥寒,国家贫困。

重农抑商政策当然存在很多的弊端,因为发展商业能够很好地促进农业的发展,并可以通过价格来调节生产行为。但是其中心思想或者出发点是要求鼓励生产,保障粮食供给。

改革开放以来,农村经济开始有了活力。但是随着城市化进程加快,乡村"空心化"现象较为严重。政府已经认识到城乡发展不平衡会影响国家整体发展战略,并采取一系列措施扶持农业发展,如及时免除农业税,启动新农村建设,连续多年来中央一号文件专门针对农业而发,推动城乡统筹发展,党的十九大提出乡村振兴战略,等等。政策从此前偏重工业化与城市化调整为城乡融合,协调发展。但是农业、农村与农民问题依然不少,农村基本上没有年轻人,尤其是缺乏懂现代农业技术的年轻人,解决谁来从事农业的问题迫在眉睫。诚然,目前中国现今农产品价格与国际市场存在倒挂现象,无法再提高收购价格,但是,我们更应该看到中国农业普遍经营规模小,无法承担市场与自然灾害等多方面的风险。因此需要从农产品价格以外的渠道,对农业农村与农民进行补贴,以缓解城乡发展不平衡问题。

二、传统农业思想的现实意义

勤劳勇敢的古代劳动人民在长期的生产实践中,面对自然,逐渐积累了丰富的生产与生活经验,进而产生了早期的农业哲学理念,这些优秀的农业哲学思想主要见诸早期的著作之中,特别是农书,如最早的农书《吕氏春秋》的《上农》《任地》《辨土》《审时》等四篇就包含有早期的人们从事农业活动的思想与理念。传统农业哲学理念形成以后,成为后来农业实践活动中可资依靠的思想体系。在长期的生产过程中,中国古代形成了内涵丰富,科学实用的哲学理念与农耕智慧,它们分别是协调统一的三才观,趋利避害顺天应季的农时观,辨土肥田肥瘠可变的地力观,种养三宜因势利导的物性观,变废为宝废物可用的循环观,可持续发展开源备储的节用观。这些理念在今天依然具有特别重要的意义。

现代农业技术对中国粮食长期短缺问题的解决起了重要的推动作用,但是代价也是巨大的,污染与不可持续问题突出。随着人们对食物由追求温饱向追求质量的转变,同时经济水平提高有利于提高人们对高品质食品价格的接受能力,传统农业思想也就有用武之地。在经济增长的条件下,污染问题将有条件逐渐解决。原因是一方面农业投入会相应增长,另外一方面人们愿意消费高品质、高成本的有机农产品。这两者都可以引导传统的农耕方式回归,使得有机的农业生产方式的比重逐渐增加。

传统农业思想的精髓就是天人合一,循环利用,没有废弃物留存在生产过程中,所有的物质进入循环体系,构筑了一个和谐循环的生态系统。

具体来说,传承传统农业思想与哲学理念,应该从以下几个方面着手:

第一,应该秉承天人合一的理念,将农业生产过程变成与自然和谐相处的过程,而不是对立的过程。通过优质优价,让符合环保与和谐理念的产品有利润空间。

第二,应该发扬传统农业用地养地相结合的原则,大力开展绿肥与有机肥的使用比例,特别是豆科绿肥与豆科作物。应充分利用豆科作物的共生固氮作用,减少化肥的使用量,实现未来化肥与农药的零增长,及至零使用目标。2017年,农业部开始实施农业绿色发展五大行动,其一便是"果菜茶有机肥替代化肥行动"。这是贯彻传统农业思想的积极实践。

第三,充分发挥物性三宜的理念,在合适的地方、合适的季节、种合适的作物,利用测土配方原则,选择合适的生产方式。

第四,充分发挥传统的物质循环理念,将传统的种养结合链条重新"焊接"起来,全面充分地利用农业生产过程中的废弃物,诸如将规模化养殖过程中产生的粪污变成可利用的粪肥,重新进入自然循环领域。推动秸秆无害化处理,特别是在饲料化与肥料化方面做好文章,减少各种有机质退出土壤的比例。利用休耕种植绿肥,以改良土壤。

第五,充分发挥物种之间相生相克的理念,共生的理念,间作套种的理念,大力推广种养结合、各种轮作技术,其中特别要推广目前已经产生了非常好的示范效应的稻鱼、虾、鸭、蟹共生,水旱轮作技术,这些技术不仅符合可持续发展的理念,同时也能够产生很好的经济效益。

第六,大力提倡传统的耕作保墒技术,推广中耕,通过耕作保水、肥,减小农药的使用量,提高水分养分的利用率等。

第七,大力利用传统农业中的有害生物控制技术,替代或减少化学农药的使用。其中的典型是利用天敌昆虫防治病虫害,克服和削弱病虫害对农业生产的负面影响,保证农业生态系统效益的充分发挥。

总之,从传统农业智慧中寻找有价值的生态模式、技术和方法,是现代生态农业立身之本。目前许多正在推广应用的生态农业模式,就是在总结传统农业经验的基础上发展而来的。

三、传统农业技术的现实意义

中国传统农耕文明博大精深,涉及种植与养殖领域等各个方面,以下就其对当前农业生产领域具有重要意义的内容分别予以叙述:

(一)种养结合系统的现实意义

种养结合即在同一地块上,种植作物与养殖动物同时进行,如稻田养鱼、稻田养鸭、稻田养虾、稻田养蟹。其中最典型的是稻鱼共生系统。浙江青田稻鱼共生系统于2005年被联合国粮农组织列为全球重要农业文化遗产(GIAHS),是首批全球仅有的五项遗产之一。目前传统农耕文明体系中,稻鱼鸭共生系统在现实中运用得最为普遍,也最易推广,原因是它不需要额外的大量劳动力投入，成本增加很少，收益却非常可观。

稻鱼共生体系使水稻（最大初级生产者）与鱼（最大消费者）有机结合，形成鱼与稻互利互促的生态系统，提高稻田生态系统总体功能与总体生产力。

据俞水炎研究表明，大规格的稻田鱼类可以剥食稻丛基部的带病叶鞘、叶片和无效分蘖，增加田间的通风透光能力，抑制菌源，减少再侵染机会，减少病害的发生概率，使枯纹病病株率和病指数明显下降。

稻田中的杂草与水稻争肥、争地面、争空间、争水分、争阳光，稻田中的鱼类对杂草有良好的控制作用。

稻鱼共生系统中，鱼类通过两方面的作用增强了土壤肥力。第一，鱼类吃掉杂草并将鱼粪排入田中。鱼粪是一种优质、高效的肥料，特别是草鱼粪，含有丰富的磷肥，是水稻分蘖、孕穗和防倒伏等不可缺少的肥料。第二，投喂饲料时的饵料残渣等，增加了土壤有机质的含量，起到了肥田作用。除了稻鱼共生系统以外，类似的系统有稻蟹共生、稻鸭共生和稻虾共生，以及稻鱼鸭三者共生等，其基本原理大同小异，都是种养结合的典范。

（二）轮作的现实意义

轮作主要是指在同一块土地上有顺序地在季节间或年度间轮换种植不同作物或复种组合的种植方式。从作物类型来看，有禾谷轮作、禾豆轮作、粮食和经济作物轮作；从土地类型来看，有水旱轮作、草田轮作等。

轮作的历史悠久，《齐民要术》中有"谷田必须岁易""麻欲得良田，不用故墟"等记载，指出了作物轮作的必要性，并记述了当时的轮作顺序。

研究与生产实践表明，轮作有调养地力、防除病虫害、消除抗生物质和减少化肥与农药的用量等作用。2016年，农业部会同财政部等十部委办局印发了《探索实行耕地轮作休耕制度试点方案》，即是充分认识到轮作的生态价值。关于轮作的效益，学者们做了大量的研究，总体表明，这种方式非常有利于农业生产和可持续发展。其中最具特色和意义重大的是水旱轮作和禾本科与豆科轮作。

1. 水旱轮作

水旱轮作是指种完一季旱作以后，改种水田作物。典型的水旱轮作是稻田种植一季水稻后,改种旱作作物,包括麦与蔬菜,不断循环。李清华、王飞等通过实验研究,指出水旱轮作对冷浸田土壤碳、氮、磷养分活化会产生积极影响,有机碳活性低、微生物氮含量低和磷养分缺乏等是冷浸土壤重要的养分障碍因子。

四川荣县进行稻菜轮作,以迟中稻—早春大棚菜为主要栽培模式,实现了"千斤粮万元钱"的粮经复合种植,亩均增收上万元。这种生产方式好处很多。一是提高了土地利用率和复种指数,稳定了粮食生产,增加了农民收入,生产效益显著;二是水旱轮作,改善土壤的通透性,提高地力,减少蔬菜病虫害发生,利于水稻生长,且稻谷品质得到提高;三是水田自然的高地下水位能充分满足蔬菜高需水的生理要求,这是旱地大棚菜无法比的优势;四是充分利用空闲劳力,实现劳动力资本转化。

目前,在不改变其他要素的条件下,采用水旱轮作可以产生良好的效益,因此它是种养结合模式之外又一值得推广的传统农耕文明技术。

2. 禾本科与豆科轮作

禾本科与豆科轮作的历史相当悠久,其作用也非常明显,主要优点如下:一是均衡土壤养分,改善土壤性状,调节土壤肥力;二是土壤微生物多样性明显增加,功能固氮基因的表达量也得以增加;三是减轻病虫害,连作情况下,往往使病虫害提早发生且为害严重,轮作可改变某些病菌、害虫的生存环境,减轻病虫害;四是综合防除杂草,不同作物栽培过程中所运用的不同农业措施对田间杂草有不同的抑制和防除作用。

(三)绿肥的现实意义

绿肥是中国传统的重要有机肥料之一。最早的绿肥可以追溯到西晋时期的苕子。发展绿肥有如下好处:

一是来源广,适应性强,易栽培。农田荒地均可种植,绿肥植物产量高,一般亩产可达千公斤以上。

二是肥效好。绿肥作物有机质丰富,含有氮、磷、钾和多种微量元素等养分,它分解快,肥效迅速,一般含1公斤氮素的绿肥,可增产稻谷、小麦9—10公斤。其中以豆科绿肥肥效最好,因为豆科作物其根部有根瘤,根瘤菌有固定空气中氮素的作用,如紫云英、苕子、豌豆、豇豆等,可以及时补充氮素。

三是改良土壤,防止水土冲刷。由于绿肥含有大量有机质,能改善土壤结构,提高土壤的保水保肥和供肥能力;绿肥有茂盛的茎叶覆盖地面,能防止或减少水、土、肥的流失。

四是投资少,成本低。绿肥只需少量种子和肥料,就地种植,就地施用,节省人工和运输力,比化肥成本低。

五是综合利用,效益大。绿肥可作饲料喂牲畜,发展畜牧业,而畜粪可肥田,互相促进;绿肥还可作沼气原料,解决部分能源供给,留下的沼气池肥也是很好的有机肥;还有一些绿肥是很好的蜜源,如紫云英等,可以发展养蜂业。

绿肥还能分解产生大量的腐殖质,可以对土壤中的重金属进行吸附和络合,能有效地减少植物对重金属的吸收,从而很好地减缓土壤重金属的污染问题。绿肥覆盖有利于昆虫天敌种群数量的增加,保护生物多样性,给作物营造一个新的生态环境,从而促进作物自然生态的平衡与稳定。

(四)绿肥以外的有机肥的现实意义

绿肥以外的有机肥主要是来源于植物(秸秆)和动物(粪便),这些有机肥经过处理后,施于土壤以提供植物营养。生物物质、动植物废弃物、植物残体等经过加工,消除了其中的有毒有害物质后,其富含的大量有益物质不仅能为农作物提供全面营养,而且肥效长,可增加和更新土壤有机质,促进微生物繁殖,改善土壤的理化性质和生物活性,是绿色食品生产的主要养分来源。

(五)农林牧复合系统的现实意义

农林牧复合系统,包括农林、农牧复合以及农林牧复合。农林牧复合系统主要是利用林下空地种植作物与养殖动物,可以起到发展循环经济的作用。传统的农林牧复合系统在中国也已经有上千年的历史,并表现出显著的生态和经济效益。20世纪50年代,现代农林牧复合系统有一个快速的发展。然而,由于农林牧复合系统的复杂性和相对长的周期性,农林牧复合系统的科学研究远远落后于实践。因此其发展远远不能令人满意。鉴于其能够促进循环利用,产生较好的生态与经济效应,应大力推动农林牧复合系统在生产领域的应用,为发展现代生态农业助力。

参 考 文 献

一、古籍

(晋)陈寿著,裴松之注:《三国志》,中华书局 2007 年版。

(唐)房玄龄:《晋书》,中华书局 2015 年版。

(后魏)贾思勰著,缪启愉校释:《齐民要术》,中国农业出版社 2009 年版。

(北魏)贾思勰著,石声汉校释:《齐民要术今释》,中华书局 2009 年版。

(宋)乐史撰,王文楚等校:《太平寰宇记》,中华书局 2007 年版。

(宋)李昉:《太平御览》,中华书局 2011 年版。

(唐)李延寿:《北史》,中华书局 2013 年版。

(唐)李延寿:《南史》,中华书局 2016 年版。

(梁)沈约:《宋书》,中华书局 1974 年版。

(北齐)魏收:《魏书》,中华书局 2017 年版。

二、著作

曹幸穗、王利华等:《民国时期的农业》,《江苏文史资料》编辑部,1993 年版。

曾雄生:《中国农业通史(宋辽夏金元卷)》,中国农业出版社 2014 年版。

陈耳东:《河套地区水利简史》,水利水电出版社 1988 年版。

陈文华:《中国农业通史(夏商西周春秋卷)》,中国农业出版社 2007 年版。

郭文涛、陈仁端:《中国农业经济史纲》,河海大学出版社 1999 年版。

郭文韬、曹隆恭:《中国近代农业科技史》,中国农业科学技术出版社 1989 年版。

何炳棣:《黄土与中国农业的起源》,香港中文大学出版社 1969 年版。

李文治:《中国近代农业史资料》,第 1 辑,三联书店 1957 年版。

梁家勉主编:《中国农业科学技术史稿》,中国农业出版社 1989 年版。

闵宗殿:《中国农业通史(明清卷)》,中国农业出版社 2016 年版。

缪启愉、缪桂龙:《齐民要术译注》,上海古籍出版社,2006 年版。

轻工业部甘蔗糖业科学研究所:《中国甘蔗栽培学》,中国农业出版社 1985 年版。

王景新、鲁可荣、刘重来:《民国乡村建设思想研究》,中国社会科学出版社 2013

年版。

王利华:《中国农业通史(魏晋南北朝卷)》,中国农业出版社 2009 年版。

徐旺生:《中国养猪史》,中国农业出版社 2009 年版。

徐馨、沈志达:《全新世环境——最近一万多年来环境变迁》,贵州人民出版社 1990 年版。

游修龄、曾雄生:《中国稻作文化史》,上海人民出版社 2010 年版。

游修龄:《中国农业通史(原始社会卷)》,中国农业出版社 2008 年版。

袁仲翔、王质彬、徐福龄:《黄河志》,河南人民出版社 1991 年版。

张波、樊志民:《中国农业通史(战国秦汉卷)》,中国农业出版社 2007 年版。

张芳、王思明:《中国农业科技史》,中国农业科技出版社 2011 年版。

长江流域规划办公室:《长江水利史略》,水利水电出版社 1979 年版。

郑大华:《民国乡村建设运动》,社会科学文献出版社 2000 年版。

郑丕留主编:《中国猪品种志》,上海科技出版社 1986 年版。

中国畜牧兽医学会编:《中国近代畜牧兽医史料集》,中国农业出版社 1992 年版。

中国农业博物馆:《中国近代农业科技史稿》,中国农业科学技术出版社 1996 年版。

中国农业遗产室:《中国农学史》,科学出版社 1984 年版。

《中国农业百科全书·农业历史卷》,中国农业出版社 1995 年版。

珠江水利委员会:《珠江水利简史》,水利电力出版社 1990 年版。

邹介正:《中国古代畜牧兽医史》,中国农业科技出版社 1994 年版。

三、论文

《东南大学农科畜牧系沿革》,《农学杂志》1925 年第 5 期。

何炳棣:《华北原始土地耕作方式:科学、训诂互证示例》,《农业考古》1991 年第 1 期。

贾兵强:《隋唐时期黄河中下游地区气候变化初步研究》,《农业考古》2014 年第 3 期。

蓝勇:《唐代气候变化与唐代历史兴衰》,《中国历史地理论丛》2001 年第 61 卷第 1 辑。

雷平、王静:《试析中国古代特色婚姻制度——一夫一妻多妾》,《法制与社会》2011 年第 3 期。

李文梁:《我国近代畜种的引进和开发利用史》,北京农业大学 1986 年硕士论文。

刘东生等:《黄土与环境》,科学出版社 1985 年版。

刘行骥:《新疆省畜牧兽医事业概述》,《畜牧兽医月刊》1944 年 4 卷第 4-5 期。

刘玉照:《村落共同体、基层市场共同体与基层生产共同体——中国乡村社会结构及其变迁》,《社会科学战线》2002 年第 5 期。

刘煜:《土地制度与近代中国农村经济发展》,西南财经大学 2003 年硕士学位论文。

王建革:《从人口负载量的变迁看黄土高原农业和社会发展的生态制约》,《中国农史》1996 年第 3 期。

王蓉:《民国农民贫困问题初探》,武汉大学 2010 年博士学位论文。

王思明、沈志忠:《中国农业发明创造对世界的影响——在 2011 年"农业考古与农业现代化"论坛上的演讲》,《农业考古》2012 年第 1 期。

徐旺生:《中国农业本土起源新论》,《中国农史》1994 年第 1 期。

徐旺生:《论原始农业起源过程中的"观念农业阶段"》,《中国农史》2001 年第 1 期。

徐旺生:《农业起源——中纬度地区冰后期贮藏行为的产物》,《古今农业》2013 年第 3 期。

徐秀丽:《民国时期的乡村建设运动》,《安徽史学》2006 年第 4 期。

游修龄:《我国水稻品种资源的历史考证》,《农业考古》1981 年第 2 期。

原颂周:《中国化学肥料问题》,《农报》1937 年第 4 卷。

张鸣:《20 世纪开初 30 年的中国农村社会结构与意识变迁——兼论近代激进主义发生发展的社会基础》,《浙江社会科学》1999 年第 4 期。

张泉鑫:《清代兽医著述〈医牛宝书〉述评》,《农业考古》1994 年第 1 期。

郑南:《美洲原产作物的传入及其对中国社会影响问题的研究》,浙江大学 2009 年博士学位论文。

竺可桢:《中国近五千年来气候变迁的初步研究》,《考古学报》1972 年第 1 期。

后　记

　　这是一本简明扼要的中国农业发展史读本。编著的目的很明确，就是试图让读者在不长的阅读时间里，快速了解中国农耕文明发展的历程，简明扼要地纵揽时贤的众多学术成果。目前的农业历史著述中，通史类著述众多，影响较大的主要有日本学者天野元之助的《中国农业史研究》，南京农业大学中国农业遗产研究室的《中国农学史稿》（上下册），英国学者李约瑟主编的《中国科学技术史·农业卷》，梁家勉主编的《中国农业科学技术史稿》，中国科学院自然科学史研究所范楚玉等主编的《中国农学史》，吴存浩、王德顺的《中国农业史》，近年来多卷本《中国农业通史》陆续问世，这些鸿篇巨著，资料翔实，脉络清晰地展示了波澜壮阔的中国农业发展历程，但都有些许的遗憾，主要是不够简明，缺乏一本简明的农业发展史，而本书希望以简明的方式对中国农业发展的过程给予系统地展示与回溯。

　　叙述历史有很多方式，如何做到简明，做到扼要，对于作者来说并非一件容易的事情。如果仅仅描述表面所看到的若干的历史事实，即点之所在，或者历史事实的铺陈，肯定不够，人们还希望了解其表面的事件背后的规律，特别是其中的核心要素与决定因子，即线之所在。因而本书试图在对历程的叙述同时，扼要交代它为什么是这样而不是那样，即在其中演变的规律与现象之间存在的联系。期待满足两千多年前的司马迁在《报任安书》中的一段文字，"究天人之际，通古今之变，成一家之言"的要求。人们对司马迁这句话的解读为：通过史实现象揭示本质，探究自然现象和人类社会之间的相互作用关系，通晓从古到今的历朝历代的发展演变，进而寻找历代王朝兴衰成败之规律，通过史实记述，有所取舍有所褒贬，形成自己独特的自成一家的史学实践。本书在努力向这一目标进发的时候,尝试利用绪论与综论,总结了几种特殊的文化现象,或许能够帮助我们间接理解中国历史发展中,社会形态始终处于一个相对稳态,变化少,而近代工业革命以来,特别是1840年以来中国落后的原因。

本书尽管只是一个简史,但还是集体合作的结晶。我们这个临时集体的成员分别是:潍坊科技学院农圣文化研究中心研究员、中国农业博物馆研究馆员徐旺生,西南大学历史文化学院教授田阡,青岛农业大学马克思主义学院讲师包艳杰,绵阳师范学院民间文化研究中心助理研究员陈桂权。

需要说明的是,这本简明的农业历史,显然是学界众多同仁积数十年心血的共同努力完成的研究成果的汇总,没有众多著作的铺垫,本书将逊色不少。如果本书能够为大众提供一点关于中国农业发展历史的有益食粮,那么只能说是我们站在众人的肩膀上的缘故。不过需要说明的是,诸贤的研究成果没有用页注——标明,只是统一为文后参考文献。

本书出版需要特别感谢中国社会科学院当代中国研究所武力研究员,南京农业大学王思明教授、李群教授,西北农林科技大学樊志民教授,中国农业大学张法瑞教授,中国农业博物馆胡泽学研究员,《中国社会科学》杂志社国际部主任舒建军副编审,他们在谋篇过程中,给予了很多的指点与帮助,责任编辑柴晨清博士也付出了很多努力,在此一并表示衷心的感谢。

编　者

2020年5月

责任编辑：柴晨清

图书在版编目（CIP）数据

中国农业发展简史/徐旺生 等 编著.—北京：人民出版社，2020.11
ISBN 978-7-01-022369-8

Ⅰ.①中…　Ⅱ.①徐…　Ⅲ.①农业史-中国　Ⅳ.①S-092

中国版本图书馆 CIP 数据核字（2020）第 136708 号

中国农业发展简史
ZHONGGUO NONGYE FAZHAN JIANSHI

徐旺生　田　阡　包艳杰　陈桂权　编著

人民出版社 出版发行
（100706　北京市东城区隆福寺街 99 号）

中煤（北京）印务有限公司印刷　新华书店经销

2020 年 11 月第 1 版　2020 年 11 月北京第 1 次印刷
开本：710 毫米×1000 毫米 1/16　印张：18.75
字数：310 千字

ISBN 978-7-01-022369-8　定价：69.00 元

邮购地址 100706　北京市东城区隆福寺街 99 号
人民东方图书销售中心　电话（010）65250042　65289539